W. Eberlein

CAD-Datenbanksysteme

Architektur Technischer Datenbanken für Integrierte Ingenieursysteme

Mit 55 Abbildungen

Springer-Verlag
Berlin Heidelberg New York Tokyo 1984

Dr. Werner Eberlein
Siemens AG, E 861
D-8520 Erlangen

ISBN-13:978-3-642-69671-8   e-ISBN-13:978-3-642-69670-1
DOI: 10.1007/978-3-642-69670-1

CIP-Kurztitelaufnahme der Deutschen Bibliothek
Eberlein, Werner: *CAD-Datenbanksysteme : Architektur techn. Datenbanken für Integrierte Ingenieursysteme /*
Werner Eberlein. –
Berlin ; Heidelberg ; New York ; Tokyo : Springer, 1984.
ISBN-13:978-3-642-69671-8

2145/3140-5 4 3 2 1 0

Einleitung

Die seit Ende der sechziger Jahre durchgeführten Forschungen auf dem Gebiet der Datenbanksysteme haben seit der Entwicklung einsatzreifer Datenbankverwaltungssysteme vor allem bei betriebswirtschaftlichen Anwendungssystemen breiten Einzug in die Praxis gefunden und zu einer veränderten Architektur solcher Programmsysteme geführt.
Während früher jedes Anwendungsprogramm seine langfristigen Daten in einem für sich spezifischen Format auf Dateien speicherte, ermöglichen nun Datenbankverwaltungssysteme (DBVS) die (logisch) *zentrale* und *redundanzfreie* Speicherung langfristiger Informationen in Datenbanken.
Diese Datenbankverwaltungssysteme gestatten die beliebige Verknüpfung und Auswertbarkeit von Daten, sichern bei Modifikationen und Mehrbenutzerbetrieb die Integrität der Daten, sorgen für Datenschutz und Datensicherheit und bieten eine geeignete Programmierschnittstelle.
Solche Funktionen sind aber nicht nur in den traditionellen betriebswirtschaftlichen Anwendungen erwünscht. Ähnliche Anforderungen an die Datenhaltung finden sich z.B. in Anwendungen der rechnergestützten Konstruktion (*computer-aided design*, CAD) und Fertigung (*computeraided manufacturing*, CAM), Systemen der Büroautomatisierung, Geographischen Auskunftssystemen, „Information-Retrieval" Systemen, manchen Systemen der Mustererkennung und allgemein in grafisch-interaktiven Systemen. Zwar wird die Notwendigkeit des Datenbankeinsatzes in diesen exemplarisch aufgezählten Anwendungsgebieten allerseits betont, vorherrschend ist dort aber immer noch eine dateiorientierte Datenspeicherung. Allerdings unterscheiden sich auch diese „Nicht-Standard Anwendungen" («HÄRDER/REUTER83a») bei den zu verarbeitenden Datenstrukturen von den „klassischen" Anwendungen von Datenbanksystemen. Weil die Architektur herkömmlicher DBVS entscheidend von den erwarteten Anwendungen beeinflußt wurde, wirft jetzt der Einsatz konventioneller Datenbankverwaltungssysteme in diesen neuen Anwendungen beträchtliche Probleme auf.
Im Rahmen dieses Buchs soll nun für das Teilgebiet der rechnergestützten Konstruktion untersucht werden, inwieweit die bisher entwickelte Datenbanktechnologie für anwendungsgerechte Definition und Verarbeitung von Informationen aus diesem Einsatzgebiet hinreichend ist.
Datenbankverwaltungssysteme in diesem Bereich speichern ein Modell technischer Objekte. Technische Objekte sind z.B. Teile, Baugruppen, Produkte oder Anlagen. DBVS zur Speicherung technischer Objekte wollen wir deshalb *Technische Datenbankverwaltungssysteme (TDBVS)* nennen.

Alle wichtigen physikalischen, geometrischen und technologischen Eigenschaften dieser technischen Objekte sind so als *Produktmodell* in der *Technischen Datenbank* repräsentiert. Erst das Vorhandensein einer solchen integrierten Darstellungsform ermöglicht die Rechnerunterstützung aller Phasen der Produktentwicklung, der Produktionsvorbereitung und der eigentlichen Produktion. Ein System, das solches leistet, bezeichnen wir als *Integriertes Ingenieursystem.* Ein solches Integriertes Ingenieursystem unterstützt z.B. *technische Berechnungen, Zeichnungserstellung, Arbeitsplanung* oder die Programmierung numerisch gesteuerter Werkzeugmaschinen *(NC-Programmierung).*
Während des Konstruktionsprozesses werden so die Daten des Produktmodells soweit verfeinert, daß sie letztlich ausreichen, um das Produkt zu fertigen.

Der Aufbau dieses Buchs gliedert sich wie folgt:

Den Ausgangspunkt der Überlegungen im *Kapitel 1* bilden allgemeine Untersuchungen zur Architektur Integrierter Ingenieursysteme und eine Darstellung der Informationsstrukturen technischer Objekte, also eine Betrachtung typischer Produktmodelle. Diese Analyse wird zu einer Liste von Anforderungen an Technische Datenbankverwaltungssysteme führen. Dabei zeigen wir auch, daß die herkömmlichen Datenmodelle wie das relationale, Netzwerk- oder hierarchische Datenmodell nicht voll ausreichen, um diese Informationsstrukturen adäquat abzubilden. Des weiteren werden wir erläutern, warum das Leistungsverhalten traditioneller DBVS für CAD-Anwendungen nicht ausreicht.
Danach wollen wir die in der Literatur vorgeschlagenen Konzepte und Implementationen Technischer Datenbankverwaltungssysteme darstellen, klassifizieren und bewerten *(Kapitel 2).*
Aufbauend auf die im Kapitel 1 ermittelten Anforderungen und zurückgreifend auf die im Kapitel 2 erläuterten Verfahren versuchen wir, eine neue Systemstruktur Technischer Datenbankverwaltungssysteme zu entwickeln *(Kapitel 3).*
Diese Systemstruktur berücksichtigt verteilten Datenbankzugriff im Sinn von Arbeitsplatzrechner-Konfigurationen. Dem Vorschlag liegt ein Datenmodell zugrunde, das die aus neueren Programmiersprachen bekannten Typkonzepte benutzt. Datendefinition und Datenmanipulation erfolgen über spezielle Anweisungen, die Spracherweiterungen der Programmiersprache MODULA darstellen. Ein spezielles Laufzeitsystem im Arbeitsplatzrechner ermöglicht einen schnellen Zugriff auf die aktuell zu verarbeitenden Daten. Auf dem Zentralrechner übernimmt ein herkömmliches relationales Datenbankverwaltungssystem die langfristige Speicherung des Produktmodells.

Inhaltsverzeichnis

1 Integrierte Ingenieursysteme

In dem folgenden **Abschnitt** 1.1 wollen wir zunächst allgemein das Problem der Rechnerunterstützung in der Konstruktion beleuchten. Dabei werden wir sehen, daß die drei Hauptproblempunkte beim Aufbau eines Integrierten Ingenieursystems die Einbeziehung einer Konstruktionsmethodologie, die geeignete Repräsentation und Verwaltung technischer Objekte in Datenstrukturen und der Entwurf einer Benutzerschnittstelle sind.

Dies führt uns zu einer erwünschten Architektur Integrierter Ingenieursysteme, die im **Abschnitt** 1.2 genauer erläutert wird. Zentrale Komponente eines Integrierten Ingenieursystems ist das Technische Datenbankverwaltungssystem. Anwendungsmodule innerhalb des Integrierten Ingenieursystems benutzen das Technische Datenbankverwaltungssystem zur Speicherung, Abfrage und Manipulation des Produktmodells. Über eine Dialogsteuerungskomponente und ein geräteunabhängiges Grafiksystem wird der Dialog zwischen dem Benutzer und den Anwendungsmodulen abgewickelt.

Abschnitt 1.3 erklärt den Aufbau von Produktmodellen. Die Daten des Produktmodells stellen die Grundlage aller Funktionen innerhalb eines Integrierten Ingenieursystems dar. In diesem Abschnitt entwickeln wir eine grafische Spezifikationsmethode zur Darstellung von Produktmodellen. Mit deren Hilfe können die Eigenschaften technischer Objekte und deren Beziehungen untereinander beschrieben werden. Anschließend benutzen wir diese Darstellungsform, um damit Produktmodelle der mechanischen Konstruktion und des VLSI-Entwurfs zu spezifizieren.

In **Abschnitt** 1.4 schließlich formulieren wir Anforderungen an Technische Datenbankverwaltungssysteme und grenzen sie gegen herkömmliche Datenbankverwaltungssysteme ab.

1.1 Rechnerunterstützung für Konstruktionsprozesse

Die Automatisierung von Konstruktions- und Fertigungsprozes-
sen in der Stückgutindustrie verspricht signifikante Verbes-
serungen der Qualität der Produkte und eine Zeitersparnis
beim Durchlaufen dieser Prozesse.
Vorteile einer Automatisierung ergeben sich unter anderem aus
einer Reduktion der Produktentwicklungszeit und insgesamt der
Auftragsdurchlaufzeit, einer erhöhten Produktqualität, der
Möglichkeit der schnellen Prototypfertigung und einer flexi-
blen Reaktionsmöglichkeit auf die Auftragslage.

Diese Automatisierung muß aufgrund der notwendigen Investi-
tionen aber nicht notwendigerweise bedeuten, daß die direkt
der Konstruktionsabteilung zurechenbaren Kosten gesenkt werden (<HATVANY77>). Eine Kostenersparnis resultiert sozusagen
aus "Späteffekten" in der Fertigung, da die dort anfallenden
Kosten im wesentlichen bereits durch die Konstruktion determiniert wurden (vgl. <SPUR/KRAUSE76>).
Eine quantitative Angabe des durch den Einsatz von CAD-
Systemen verursachten Produktivitätszuwachses in der Konstruktionsabteilung ist schwierig zu normieren und deshalb
oft fragwürdig (man vgl. hierzu <CHASEN75>, <EIGNER/
MAIER82>, <IMechE80>, <WESTERMANN80>).

Gleichzeitig hat aber eine solche Automatisierung auch enorme
organisatorische und soziale Konsequenzen. Entwurf, Planung
und Einsatz von CAD/CAM-Systemen stehen jeweils in einem
Umfeld von technischen, ökonomischen, normativen und sozialen
Gesichtspunkten (<EBERLEIN/WEDEKIND82>, vgl. auch <ABBAS/
ea77>, <KÜHN80>, <MERCHANT75>, <WARMAN79>, <WINGERT80>).

Technisch gesehen steht die Automatisierung von Konstruktionsprozessen in einem Problemkreis, der sich in den drei Begriffen Konstruktion, Repräsentation und Interaktion widerspiegelt. Ein Integriertes Ingenieursystem muß ja der Konstruktionspraxis gerecht werden und eine systematische Vorgehensweise bei der Konstruktion erzwingen. Es muß darüber hinaus die bisher manuell verwalteten Konstruktionsunterlagen (z.B. technische Zeichnungen) in geeigneten Datenstrukturen als Produktmodell ablegen und dem Konstrukteur über eine benutzerfreundliche Mensch-Maschine Schnittstelle Möglichkeiten des Zugriffs und der Manipulation erlauben. Diese drei Problempunkte überlappen sich gegenseitig. So ist z.B. ohne eine exakte Methodologie der Konstruktionsprozesse keine anwendungsgerechte Repräsentation der zu behandelnden technischen Objekte möglich, ohne eine korrekte Repräsentation wiederum keine konsistente Interaktion mit dem Benutzer.

1. Konstruktion:
   Konstruieren ist ein Lösungsfindungsprozeß, der zumeist in einer kommunikativen Situation stattfindet. Die Tätigkeiten innerhalb dieses Lösungsfindungsprozesses sind dabei teils mechanisch-schematischer, teils kreativ-heuristischer Natur. Die Konstrukteurstätigkeit wird in <VDI2223> folgendermaßen definiert:

   "Konstruieren ist das vorwiegend schöpferische, auf Wissen und Erfahrung gegründete und optimale Lösungen anstrebende Vorausdenken technischer Erzeugnisse, Ermitteln ihres funktionalen und strukturellen Aufbaus und Schaffen fertigungsreifer Unterlagen."

Zur systematischen Darstellung bzw. Durchführung oder Automatisierung der Konstruktionsprozesse wurden zahlreiche Methodologien entwickelt (vgl. <HUBKA76>, <KOLLER 79>, <PAHL/BEITZ77>, <RODENACKER76>, <ROTH82>). So teilt z.B. eine **phasenorientierte**, d.h. zeitlich gliedernde Methodologie nach <VDI2222> die Konstruktionsprozesse in vier nacheinanderfolgende Aktivitäten ein (vgl. auch <KRAUSE76b>, <SPUR/KRAUSE76>), <VDI2210>):

o **Planen:** Die Planung neuer Produkte hat sich, neben technisch-wissenschaftlichen Gesichtspunkten, an konstruktionsfremden Gegebenheiten wie z.B. Marktlage und Kapazitätsauslastung zu orientieren. Dies wird durch Planungsvorgaben (Zweck- und Aufgabenspezifikation) aus der Produktions- und Absatzplanung berücksichtigt.

o **Konzipieren:** In der Konzeptphase der Konstruktion wird die gewünschte Funktion des zu entwickelnden Systems ermittelt und diese Gesamtfunktion in Teilfunktionen untergliedert (**Funktionsfindung**). Danach werden die verschiedenen möglichen Lösungsprinzipien kombiniert und die resultierenden Konzeptvarianten bewertet (**Prinziperarbeitung**).

o **Entwerfen:** In der Entwurfsphase wird das Lösungskonzept von seiner funktionellen Beschreibung in eine gestaltorientierte Darstellung übergeführt (**Gestaltung**), sowie Schwachstellen ausgemerzt und Gestaltungsdetails optimiert (**Detaillierung**).

o **Ausarbeiten:** Die Ausarbeitung des Entwurfs muß der für die Arbeitsvorbereitung zuständigen Abteilung Fertigungsunterlagen von so hohem Detaillierungsgrad liefern, daß daraus alle für die Fertigung notwendigen Informationen entnommen werden können (Fertigungsvorbereitung).

(Nebenbemerkung: Der mit dem Gebiet des Software Engineering vertraute Leser wird in dieser Methodologie die unmittelbare Analogie zu Phasenmodellen der Softwarekonstruktion erkennen.)

Oft unterscheidet man dabei auch die Konstruktionstypen **Varianten-, Anpassungs- und Neukonstruktion** (<SEIFERT77>).
Grundlage der Aktivitäten jedes Abschnitts im Phasenmodell sind Informationen über das zu konstruierende Objekt aus den vorangegangenen Phasen. Diese werden ergänzt, vervollständigt oder auch verworfen. Ein Integriertes Ingenieursystem muß diese Informationen sammeln und auswertbar machen, sowie durch geeignete Anwendungsmodule die Durchführung der einzelnen Phasen geeignet unterstützen und steuern. In jeder einzelnen Phase möchte sich der Konstrukteur über den aktuellen Stand der Konstruktion informieren, diese darstellen, bewerten oder ändern, sowie Berechnungen durchführen. Anstatt des traditionellen Mediums "Technische Zeichnung" (vgl. <NEDOLUHA60>) und anderer Dokumentationsformen tritt deshalb die Speicherung des Produktmodells in der Technischen Datenbank. Das Produktmodell wird auch oft "rechnerinterne Darstellung" des zu konstruierenden Erzeugnisses oder "Werkstückmodell" genannt.
Dieses Modell wird während der Konstruktion zunehmend komplettiert und ist nach der Detaillierungsphase konstruktionstechnisch determiniert, d.h. es beschreibt dann alle erforderlichen physikalischen, geometrischen,

Zur Ermittlung eines solchen Schemas stehen grundsätzliche zwei Wege offen. Dabei führt der eine Weg über eine mathematische oder physikalische Theorie, während der andere Weg sich mehr am natürlichen Sprachgebrauch und den Begriffsstrukturen bestimmter Anwendungsgebiete orientiert. Jede dieser beiden Analysemethoden hat ihre jeweiligen Einsatzschwerpunkte in bestimmten Bereichen und Phasen des Schemaerstellungsprozesses.

Die Modellbildung mit Hilfe einer mathematischen oder physikalischen Theorie empfiehlt sich dann, wenn sich diese zur Beschreibung bestimmter Sachverhalte eingebürgert hat oder mit Hilfe von Sätzen oder Modellen dieser Theorie die Programmierung von Anwendungsmodulen erleichtert wird. In manchen Fällen wird eine Theorie eine Beschreibung gar erst ermöglichen. Die Modellbildung geschieht dabei in zwei Schritten:

o   Durch Abstraktions- und Idealisierungsprozesse wird für bestimmte Eigenschaften ein mathematischer oder physikalischer Modellierungsraum gefunden.

o   Dieses mathematische oder physikalische Modell wird in eine logische Datenstruktur abgebildet, die das Modell eindeutig beschreibt.

So sind in unserem Beispiel Teilmengen des dreidimensionalen euklidischen Raums, genauer sog. r-Mengen (<REQUI-CHA80b>, vgl. auch 1.3.2), ein mathematisches Modell zur Darstellung der Form eines Körpers. Es muß nun eine endliche Datenstruktur gefunden werden, die es gestattet, jede dieser nicht endlichen Teilmengen eindeutig zu beschreiben.

technologischen und organisatorischen Eigenschaften des zu fertigenden Erzeugnisses mit einem so hohen Maß an Konkretion, daß daraus wiederum Fertigungsinformationen wie Stücklisten, Technische Zeichnungen oder NC-Programme abgeleitet werden können.

Das Problem, welche Konstruktionsmethodologie als Paradigma für das Rechnerunterstützte Konstruieren gelten kann, wollen hier nicht weiter verfolgen (man konsultiere hierzu z.B. <BEITZ79>, <BUSCHMANN76>, <EBERLEIN/WEDEKIND82>, <FRANKE75>, <FOCKEN79>, <JUNG74>, <NEES80>, <ROTH79>, <TJALVE75>). In jedem Fall aber wird erst durch das Vorhandensein einer zentralen und einheitlichen Darstellung zur Beschreibung des zu konstruierenden Objekts eine zusammenhängende rechnerunterstützte Bearbeitung mehrerer Einzelaufgaben ermöglicht und somit der durch mehrfache Eingaben verursachte Aufwand vermieden.

2. <u>Repräsentation</u>:
Um Konstruktionsprozesse zu automatisieren bzw. im interaktiven Dialog mit dem Konstrukteur durchzuführen, bedarf es der modellhaften Beschreibung technischer Objekte in Datenstrukturen. Ziel einer solchen Modellbildung ist es letztlich, technische Objekte in Symbolstrukturen darzustellen. Im grammatisch-generativen Sinn kann dabei jede Datenstruktur als Symbolfolge aufgefaßt werden. Eine solche Struktur wird auch oft als logisches Schema bezeichnet. Die Datenstrukturen des logischen Schemas können dann mit Hilfe geeigneter Speicherungsstrukturen auf Speichermedien abgebildet werden.
<u>Beispiel</u>: Es müssen zur Beschreibung der Form von zu konstruierenden Körpern Datenstrukturen gefunden werden oder die jeweiligen Eigenschaften bestimmter Arten von Teilen wie Standardteile, Normteile, Zukaufteile, Baugruppen, etc. klassifiziert und in ein Schema gefaßt werden.

Die Modellierung durch Begriffsbildung (vgl. <WEDE-KIND81>) hat den Vorteil, traditionelle Begriffskonzepte des Benutzers zu bewahren. Sie versucht vor einer eventuell vorschnellen Formalisierung zunächst ein gründliches Durchleuchten der in den Anwendungen vorzufindenden begrifflichen Strukturen. Diese Methodologie schlägt folgenden Weg vor:

o Die in bestimmten Fachabteilungen oder Disziplinen geläufigen Begriffe werden semantisch analysiert und orthogonalisiert. Inkonsistenzen und Redundanzen in der Begriffsbildung werden also beseitigt. Parallel dazu werden inhaltliche Beziehungen zwischen Begriffen festgestellt.

o Ergebnis dieser Analyse ist ein **Begriffsdiagramm**. Das Begriffsdiagramm enthält **Begriffe**, **Attribute** (Eigenschaften der durch die Begriffe dargestellten Objekte) und **Beziehungen** zwischen Begriffen. Das Begriffsdiagramm dient dann zur Aufstellung eines logischen Schemas.

So wird man in unserem zweiten Beispiel zunächst versuchen, die Semantik der verschiedenen **Begriffe** "Standardteil", "Normteil", "Zukaufteil", usw. zu klären und sie gegeneinander abzugrenzen. Gleichzeitig werden charakteristische **Attribute** ("Teilenummer", "Preis", "Gewicht", etc.) der durch diese Begriffe bezeichneten Objekte (Teile) aufgezeichnet und **Begriffsbeziehungen** festgehalten.
Wichtige Begriffsbeziehungen sind dabei beispielsweise die **Art/Gattungsbeziehung** oder **Generalisierung** (ein "Normteil" <u>ist ein</u> "Teil", Subsumtion von Begriffen oder extensional: Untermengenbildung), die **Komposition** (die Beziehung mehrerer Konstituenten zu einem Ganzen: mehrere "Teile" bilden eine "Baugruppe") oder die Ab-

straktion (in Form und Fertigung ähnliche "Teile" bilden eine "Teilefamilie". Mathematisch gesehen ist dies eine Äquivalenzklassenbildung).

Mit Hilfe beider Analysemethoden kann also ein logisches Schema des Produktmodells aufgestellt werden (vgl. 1.3). Dieses Produktmodell dient der einheitlichen und redundanzfreien Darstellung der gesamten Produktinformation. Das Produktmodell enthält je nach Einsatzfall verschiedene Anteile an Standarddaten, branchen-, firmen- und projektspezifischen Daten.

3. <u>Interaktion</u>:
Der Aufbau der Benutzerschnittstelle zur Abwicklung der Mensch-Maschine Kommunikation bestimmt entscheidend die Akzeptanz und die Effektivität eines Integrierten Ingenieursystems. Betrachtet man rechnergestütztes Konstruieren als einen synergetischen und individuellen Dialog zwischen System und Konstrukteur, so wird klar, daß heutige CAD-Systeme nur sehr begrenzte Möglichkeiten für einen kreativen Dialog mit dem Konstrukteur bieten (<CAD78>, <NEES80>, <NEGROPONTE77>). Anforderungen an eine solche Benutzerschnittstelle sind deshalb:

o **Geeignete Visualisierung:**
   Große Teile des Produktmodells beinhalten inhärent grafische Information, beispielsweise Form von Teilen und Werkzeugen, Werkzeugwege und dergleichen. Diese Information muß geeignet visualisiert werden, um einen hinreichenden Realismus in der Darstellung zu erreichen (<NEWELL/BLINN77>). Geläufige Methoden sind z.B. das Ausblenden verdeckter Kanten, die Erzeugung schattierter Darstellungen (<PHONG75>), die Verwendung verschiedener Projektionen (<CARLBOM/ PACIOREK78>) und der Einsatz anderer Darstellungsformen wie Schnittbilder oder Explosionszeichnungen.

Nicht-grafische Information (z.B. Oberflächenbehand-
lungsangaben, Hitzebeständigkeit von Werkstoffen und
dergl.) kann durch die Verwendung von Ikonen (Pikto-
gramme, Farbcodes) dargestellt werden.
Wünschenswert bei der Visualisierung ist die Möglichkeit der Darstellung in verschiedenen Abstraktions-
stufen, d.h. für die gleiche Information sollten
verschiedene Präsentationsformen existieren, von der
globalen Übersicht bis zur detaillierten Darstellung.

o **Grafisch orientierte Abfrage- und Eingabefunktionen:**
Der Konstrukteur muß die Information des Produktmodells bequem abfragen können. Dies beinhaltet sowohl
die Abfragefunktionen einer herkömmlichen Datenbankabfragesprache als auch Möglichkeiten zum direkten
"Blättern" in Katalogen, die gemischt grafische und
alphanumerische Information enthalten (z.B. Stan-
dardteil-Kataloge).
Ein besonders einfacher und wirkungsvoller Abfrage-
modus wäre dabei die "Navigation" in in einem "Daten-
raum" ikonisch dargestellter Datenbankinformation
(<HEROT80>, <STONEBRAKER/KALASH82>).
Neben der grafischen Abfrage ist auch die grafische
Eingabe ein wichtiger Gesichtspunkt beim Entwurf der
Benutzerschnittstelle. Insbesondere sollten bei der
Geometrieeingabe bewährte Praktiken der rißweisen
Eingabe beibehalten werden, um den dem Konstrukteur
geläufigen Arbeitsstil zu erhalten. Dies gilt nur
für die Benutzerschnittstelle. Das Produktmodell muß
die dreidimensionale Beschreibung der zu konstru-
ierenden Objekte enthalten.

o **Konsistente Dialoge:**

Gegenüber dem herkömmlichen alphanumerischen Dialog bieten grafische Eingabegeräte (Lichtgriffel, Maus, Funktionstasten) ein wesentlich grösseres Spektrum an Interaktionsmöglichkeiten. Dies birgt allerdings die Gefahr in sich, daß die Anwendungsmodule keine einheitliche Konvention bei der Eingabesyntax verwenden. Dabei können erheblichen Probleme bei der Dialogdurchführung entstehen. (<FOLEY/WALLACE74>, <JONES78>). Während sich beim alphanumerischen Dialog der Gebrauch einer Syntax zur Festlegung gültiger Eingaben eingebürgert hat, befindet sich der Einsatz formaler Methoden, wie etwa Zustandsdiagramme zur Spezifikation grafischer Dialoge, noch in den Anfängen.
Entwurfsprozesse beinhalten oft iterative oder vorläufige Handlungen. Die Benutzerschnittstelle des Systems muß dies berücksichtigen, indem z.B. Kommandofolgen gespeichert und modifiziert wieder ausgeführt werden können oder Kommandoabschnitte wieder rückgängig gemacht werden können. Durch geeignete Definitionsmöglichkeiten, z.B. über Kommandomakros, sollte sich der Benutzer auch eine "persönliche" Arbeitsumgebung schaffen können.

Diese Anforderungen an eine Benutzerschnittstelle sind so gewichtig, daß wir einen eigenen Softwarebaustein zur Dialogsteuerung innerhalb des Integrierten Ingenieursystems vorsehen. Ein weiterer Gesichtpunkt systemtechnischer Art ist die Geräteunabhängigkeit der Anwendungsmodule vom aktuell verwendeten grafischen Gerät. Die Verwendung sog. geräteunabhängiger grafischer Systeme bietet den Anwendungsprogrammen eine geräteunabhängige Programmierschnittstelle (s.u.). Ein solches System ist daher ein weiterer Bestandteil unserer Architektur Integrierter Ingenieursysteme.

Auch die mit dem Entwurf einer geeigneten Benutzerschnittstelle verbundenen Probleme können wir in dieser
Arbeit nicht bis ins Detail weiterverfolgen (der Leser
sei auf <BOOTH79>, <BURCHI80>, <FREEMAN80>, <FOLEY/
VanDAM82>, <KAY80>, <MYERS79>, <NEWMAN/SPROULL79> und
<SHNEIDERMAN80> verwiesen).

Zusammenfassend können wir also festhalten:

o   Ein **Integriertes Ingenieursystem** muß alle Phasen des Kon-
    struktionsprozesses mit Hilfe geeigneter **Anwendungsmodule**
    unterstützen. Die globale Datenstruktur aller Anwen-
    dungsmodule ist das Produktmodell.

o   Das **Produktmodell** beschreibt die physikalischen, geome-
    trischen, technologischen und organisatorischen Eigen-
    schaften von Teilen, Baugruppen und Endprodukten, sowie
    Beziehungen zwischen diesen. Dieses Produktmodell ist
    die zentrale Datenstruktur, die den Fortgang der Kon-
    struktion widerspiegelt. Das **Technische Datenbankverwal-
    tungssystem** ist die Softwarekompente, die das Produktmo-
    dell aufgabenneutral verwaltet.

o   Alle Anwendungsmodule sollen mit dem Konstrukteur einen
    konsistenten grafisch-interaktiven Dialog führen. Dazu
    benutzen sie eine separate **Dialogsteuerungskomponente**.
    In der gleichen Weise, wie das TDBVS Geräteunabhängigkeit
    von speziellen Speichermedien und -geräten bietet,
    erlaubt ein **geräteunabhängiges grafisches System** den an-
    wendungsbezogenen Betrieb grafischer Endgeräte.

Der nachfolgende **Abschnitt 1.2** wird diese zunächst sehr grobe
Beschreibung der erwünschten Softwarestruktur Integrierter
Ingenieursysteme verfeinern.

1.2 Systemstrukturen Integrierter Ingenieursysteme

Bevor wir die soeben skizzierte Architektur eines Integrierten Ingenieursystems detaillierter erläutern, wollen wir zunächst kurz zeigen, mit welchen systemtechnischen Folgen zu rechnen ist, falls man keine zentrale Datenstruktur zur Darstellung des Produktmodells benutzt.

1.2.1 Fallbeispiel zur Systemstruktur von CAD-Systemen

Als Fallbeispiel ziehen wir dazu den Aufbau eines Systems zur Unterstützung der Konstruktion von Leiterplatten heran (siehe Abbildung 1-1). Dieses System ist bei einer Firma der elektrotechnischen Industrie im Einsatz und ist typisch für den momentanen Integrationsgrad bei der Rechnerunterstützung in der Konstruktion.

Die Hardware-Konfiguration des Systems besteht aus drei Rechnern mit der Möglichkeit des Dateitransfers zwischen Rechner 1 und 2, bzw. 2 und 3. Rechner 1 enthält Programme zur Digitalisierung manuell erstellter Leiterplattenentwürfe. Die dabei anfallenden Daten dienen der Erstellung von Vorlagen für die Leiterplattenfertigung oder werden archiviert. Auf dem Rechner 2 findet der rechnergestützte Entwurf und die Entflechtung von Leiterplatten statt. Dazu wird ein kommerzielles CAD-System verwendet, das die Daten in einem ihm spezifischen Format auf Dateien speichert. Um aus der, mit diesem System erstellten Beschreibung einer Leiterplatte Vorlagen zur erzeugen, wird diese Beschreibung vom Format des CAD-Systems zunächst in ein firmenspezifisches Format konvertiert, das ebenfalls im wesentlichen die Verbindungen zwischen jeweils zwei Punkten der Leiterplatte angibt. Dies geschieht mit Hilfe eines Abbildungsprogramms (Umsetzers). Die so entstehende Datei wird dann zum Rechner 1 transferiert.

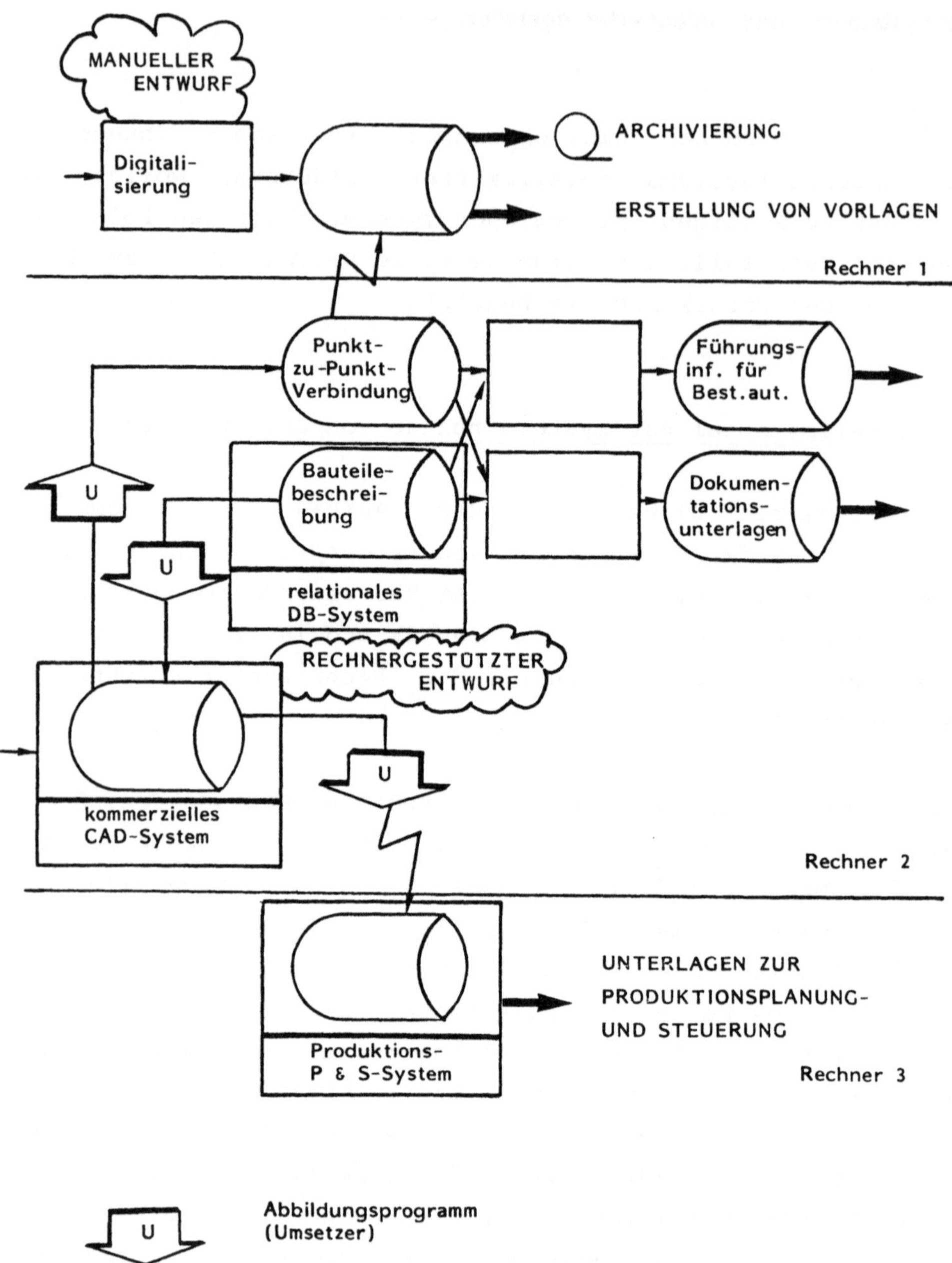

Abbildung 1-1: Fallbeispiel: Rechnergestützter Entwurf von Leiterplatten

Das CAD-System benötigt für die Plazierung von Bauteilen wie
Integrierte Schaltkreise oder Widerstände Informationen über
die Geometrie des Bauteils und dessen Anschlußpunkte. Auch
für diese Daten hat das CAD-System eine interne Datenstruktur. Da die Komponentenbeschreibung auch von anderen Anwendungsprogrammen benutzt wird und diese zusätzliche Informationen benötigen, wird diese Bauteilebeschreibung nochmals
getrennt gespeichert. Dieser Datenbestand wird von einem
herkömmlichen relationalen Datenbanksystem verwaltet. (Den
kompletten Entwurf einer Komponentendatenbank kann man in
<SUCHER/WANN79> finden.) Im Laufe der Zeit werden neue Kompo-
nenten verwendet. Es ist dann nötig, diese Bauteilebeschrei-
bungen nach geeigneter Formatkonvertierung in das CAD-System
zu laden.

Mit Hilfe der Datei der Punkt-zu-Punkt Verbindungen und der
Bauteilebeschreibung erzeugen Anwendungsprogramme weitere
Dateien, die z.B. Führungsinformationen für Bestückungsauto-
maten oder Dokumentationsunterlagen enthalten.

Ebenfalls über ein Abbildungsprogramm werden Teile der im
CAD-System enthaltene Information über eine konstruierte Leiterplatte an das Produktionsplanungs- und Steuerungssystem
auf Rechner 3 weitergegeben, das z.B. Stücklisten erstellt.

Die geschilderte Systemarchitektur weist mehrere offensicht-
liche Nachteile auf:

o Hohe Redundanz der Daten, da die gleiche Information in
   mehreren Dateien parallel gehalten wird.

o Geringe Systemintegration, da die jeweiligen Dateien
   jeweils nur für einen speziellen Zweck eingerichtet sind
   und untereinander keine Verbindung haben.

o   Niedrige Datenqualität, da Integrität und Aktualität der
    Daten nicht der Kontrolle des Systems unterliegt.

o   Schlechte Datenzugriffsmöglichkeiten, da die gesamte In-
    formation über eine Leiterplatte über mehrere Dateien
    verstreut ist.

o   Mangelnde Benutzerkontrolle, da der Zugriffsschutz auf
    Dateiebene vonstatten geht und der Benutzer z.B. nicht
    daran gehindert wird, in sich inkonsistente Versionen von
    Dateien zu erzeugen.

Heterogene Hardware- und Softwareumgebungen wie der geschilderte Systemaufbau führen dann oft zu Lösungen, bei
denen ein weiteres Verwaltungssystem benötigt wird.   Dieses
enthält Verweise auf alle die in verschiedenen Subsystemen
und bzw. Rechnern verstreuten Dateien. Darüber hinaus leistet es Such- und Konvertierungsdienste (vgl. <CADNet82>,
<EDL83>).

1.2.2 Stufen der Integration des Produktmodells

Allgemein gesehen können wir zwei Stufen der Integration des
Produktmodells unterscheiden: die dateiorientierte Speicherung und die Verwendung einer zentralen Datenbank.   (Die
Systemarchitektur unseres Beispiels ist vorwiegend datei-
orientiert.) Die Abbildungen 1-2 und 1-3 zeigen den Weg von
der dateiorientierten Speicherung des Produktmodells hin zur
Verwendung einer Datenbank in Form eines Entwicklungsprozesses (man vgl. <FOSTER75>, <NASH78>). Ein solcher Entwick-
lungsprozeß muß in der Praxis oft beschritten werden, da auf
bestehende Softwarekomponenten und -schnittstellen und um-
fangreiche Datenbestände Rücksicht genommen werden muß.

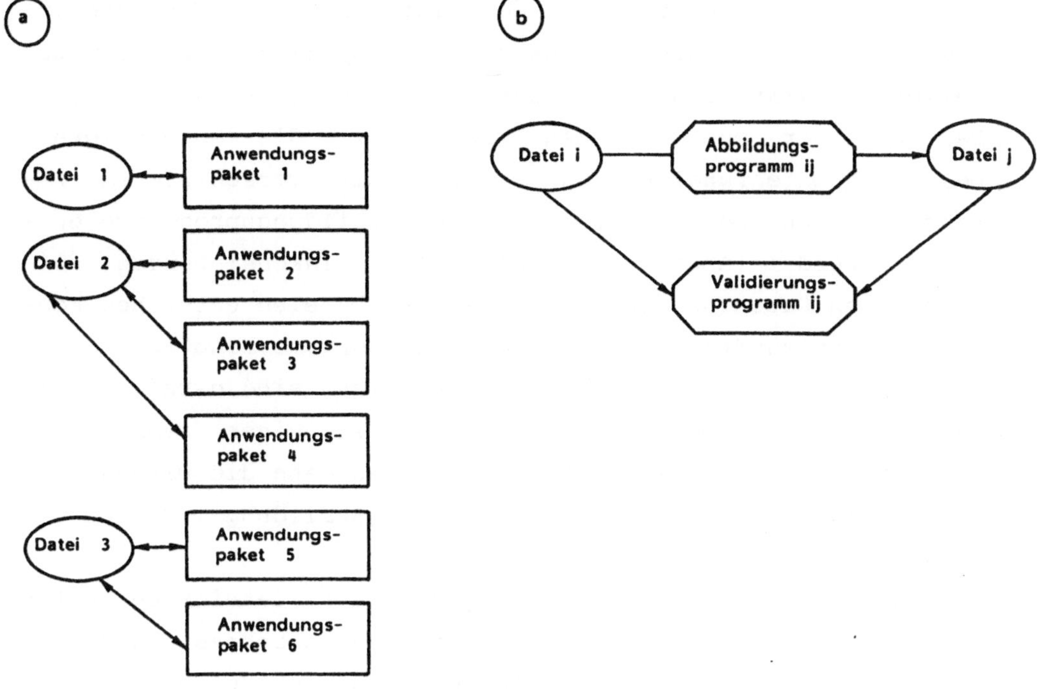

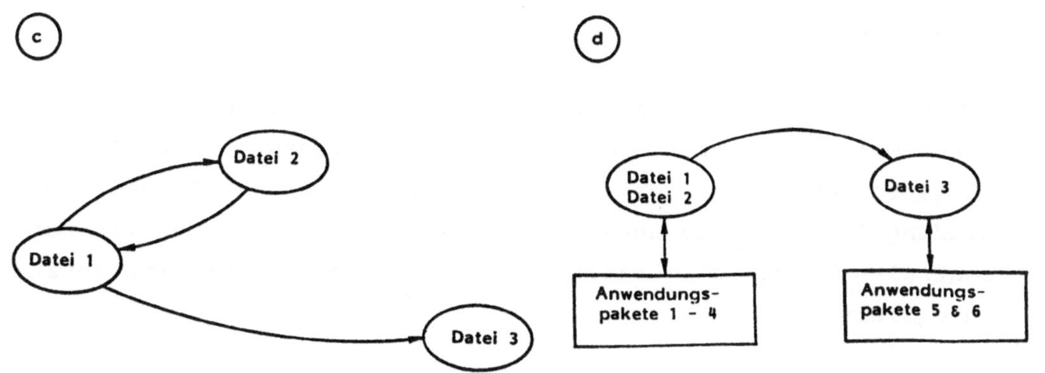

Abbildung 1-2: Stufe 1 der Integration
(a) Isolierte Anwendungen
(b) Verknüpfung durch Abbildungsprogramme
(c) Resultierendes Netzwerk von Dateien
(d) Integration der Datenstrukturen zweier Dateien

Abbildung 1-2 zeigt Stufe 1 der Integration. Verschiedene Anwendungspakete greifen dabei auf spezielle Dateien zu. Teilweise existieren gemeinsame Dateien (Abbildung 1-2a). Da, wie wir oben gesehen haben, oft die Notwendigkeit besteht, Dateninhalte aus Dateien mit verschiedenen Datenstrukturen zu kopieren, müssen Abbildungsprogramme entwickelt werden (Abbildung 1-2b). Weil Inkonsistenzen zwischen den Dateninhalten verschiedener Dateien entstehen können, werden zusätzliche Validierungsprogramme benötigt. Zur wechselweisen Abbildung von N Dateien sind dabei jeweils N*(N-1) solcher Konverter notwendig. Bei einer sehr engen Kopplung zwischen zwei Dateien können dann die Datenstrukturen beider Dateien vereinigt werden (Abbildung 1-2c und d).

In Abbildung 1-3 ist der Übergang von der dateiorientierten Datenverwaltung zum Einsatz eines Datenbanksystems dargestellt, das die Stufe 2 der Integration kennzeichnet. Zunächst werden die Daten in der Technischen Datenbank und in Dateien redundant gehalten. Ein Extraktionskonverter überspielt den Inhalt eines bestimmten Teils der Datenbank in die dafür vorgesehene Datei. Ein Rückkonverter übernimmt die inverse Funktion (Abbildung 1-3a).
Die Anwendungsprogramme arbeiten weiterhin mit Dateien. Die zentrale Datenbank hat Archivfunktion (Abbildung 1-3b). In einem weiteren Schritt kann nun die Adaptierung der Anwendungsprogramme auf die Datenbankschnittstelle erfolgen (Abbildung 1-3c). Alle Anwendungsprogramme arbeiten nun mit der zentralen Technischen Datenbank. Das Produktmodell ist jetzt integriert.

In der Praxis findet man wiederum zahlreiche Mischformen dieser Entwicklungsstufen vor.

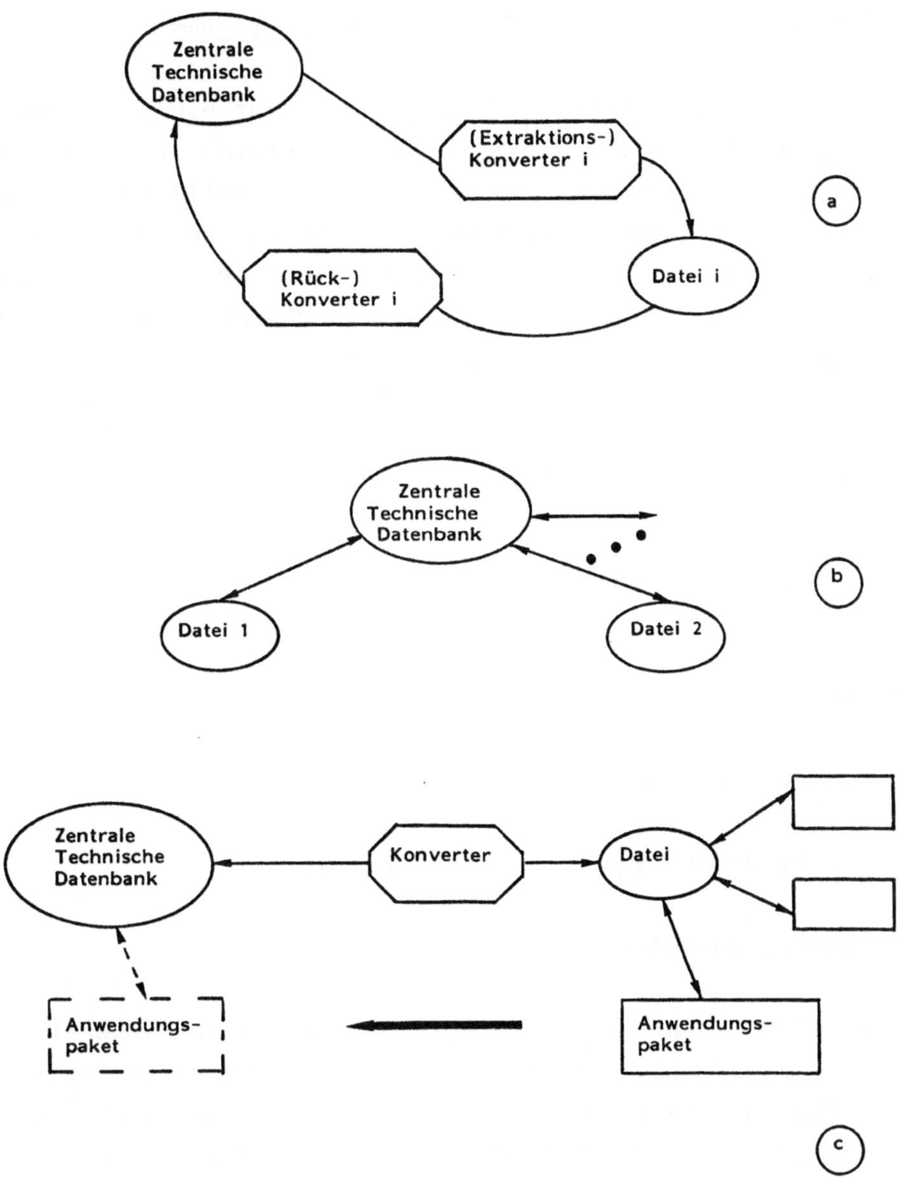

Abbildung 1-3: Stufe 2 der Integration
(a) Ankopplung von Dateien an eine zentrale Technische
    Datenbank mittels Konverterprogrammen
(b) Resultierende Anbindung an die
    Technische Datenbank
(c) Migration von Anwendungspaketen zur
    Technischen Datenbank

1.2.3 Architektur Integrierter Ingenieursysteme

Die von uns angestrebte Softwarearchitektur eines Integrierten Ingenieursystems entspricht der letzten Stufe des skiz-
zierten Entwicklungsprozesses und ist in Abbildung 1-4 dargestellt. Verwandte Vorschläge zum Aufbau integrierter CAD-
Systeme finden sich beispielsweise in <APS82>, <BEEBY82>,
<ENCARNACAO/SCHLECHTENDAHL78>, <ENCARNACAO77>, <EMDE/
ERLACHER80> oder <LEMON/TOLANI/ea80>.
In dieser Abbildung sind die zur Entwicklung und Pflege eines
solchen Systems unabdingbaren Softwarewerkzeuge nicht dargestellt.

Ein Integriertes Ingenieursystem besteht aus den folgenden
Komponenten:

o Geräteunabhängiges Grafiksystem

o Dialogsteuerungskomponente

o Technisches Datenbankverwaltungssystem

o Anwendungsmodule

Dabei bilden mehrere Anwendungsmodule ein Anwendungspaket im
Sinne eines ablauffähigen Programms. Gewöhnlicherweise ist
die Dialogsteuerungskomponente und das geräteunabhängige
Grafiksystem zu einem Anwendungspaket hinzugebunden, während
der Verkehr mit dem TDBVS über Interprozeß-Kommunikation geschieht.

Jede Komponente soll dabei eine fest normierte Schnittstelle
aufweisen (vgl. <LANG-LENDORFF80>). Nachfolgend wollen wir
die Funktionen der einzelnen Komponenten kurz erläutern.

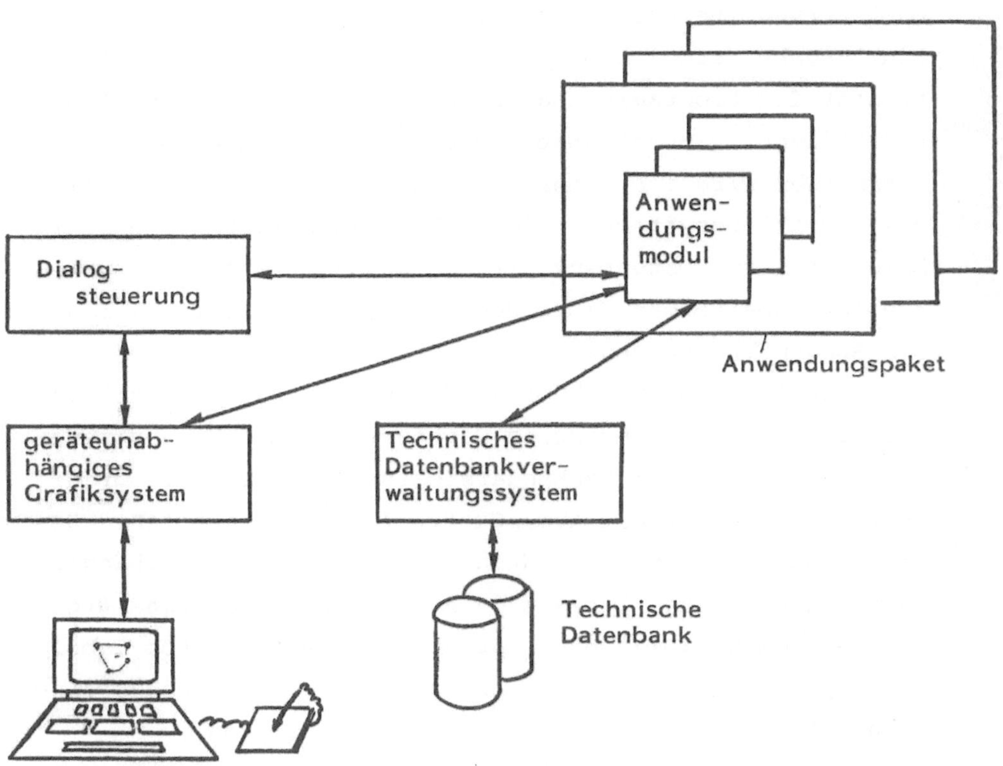

**Abbildung 1-4: Softwarearchitektur
Integrierter Ingenieursysteme**

1. <u>Geräteunabhängiges</u> <u>Grafiksystem</u>:

Geräteunabhängigkeit bedeutet, daß Anwendungsprogramme
beim Ansprechen eines Geräts nicht dessen spezielle
Ansteuerung (Befehlscodes, Art und Synchronisation der
Ein/Ausgabe, etc.) kennen müssen. Dies erhöht die Porta-
bilität der Programme und erleichtert deren Erstellung
und Pflege. Geräteunabhängigkeit bei Geräten mit Speichermedien wird i.A. bereits von der Dateischnittstelle
des Betriebssystems ("logische Ein/Ausgabe") und im
besonderen von Datenbanksystemen gewährleistet. Geräte-
treiber übernehmen dabei den gerätespezifischen Teil der
Ein/Ausgabebehandlung.
Diese Geräteunabhängigkeit wird aber bei Datenendgeräten,
wie z.B. alphanumerischen Sichtgeräten mit Cursorsteue-
rung (z.B. bei der Maskendarstellung) oder bei grafischen Sichtgeräten, zum Großteil nicht geboten. Bei
alphanumerischen Sichtgeräten läßt sich Geräteunabhängigkeit durch den Einsatz von **Maskengeneratoren** (vgl.
<CARLSON/METZ/ea81>) oder durch die Verwendung von Tabel-
len, in denen Fähigkeiten und spezielle Steuercodes einzelner Terminals klassifiziert sind, erreichen.
Wegen der großen Diversifikation grafischer Geräte ist
hier die Situation komplizierter. Grafische Geräte weisen
zum Beispiel verschiedene Auflösungen auf oder haben
eine, durch die differierenden Bildschirmtechnologien wie
Vektor-Refresh, Raster-Scan oder Speicherbildschirm be-
dingte, unterschiedliche Funktionalität. Speziell für
grafische Geräte wurden deshalb Schnittstellen konzipiert, die dem Anwendungsprogramm ein geräteunabhängiges
Ansprechen dieser Geräte ermöglichen. Eine international
genormte Schnittstelle ist das Grafische Kernsystem GKS
(vgl. <ENDERLE/KANSY/ea83>, <ISO82b>). ANDERL et al.
diskutieren den Einsatz dieser Schnittstelle in CAD-
Systemen (<ANDERL/RIX/ea83>). Weitere Schnittstellen
sind der CORE Vorschlag (vgl. <BERGERON/BONO/ea78>,

<GSPC77>, <GSPC79>, <MICHENER/VanDAM78>, <MICHENER/FO-
LEY78>, <NEWMAN/VanDAM78>) oder die Funktionen anderer
Grafikpakete (vgl. <PRECVISU80>, <SCHÖNHUT80>,
<SEPP83>).

Solche Geräteunabhängigen Grafischen Systeme abstrahieren
von den Spezifika der einzelnen grafischen Geräte und
stellen auf ihrer Schnittstelle abstrakte grafische Funktionen zur Verfügung. Im Normalfall sind diese Systeme
Unterprogrammpakete.

Allerdings hat man bei der Verwendung solcher Systeme gegenüber der direkten Geräteansteuerung mit Leistungseinbußen zu rechnen, die hauptsächlich in den notwendigen
Koordinatentransformationen und Clipping-Prozessen be-
gründet liegen (vgl. <PFEFFER83>, <REINHARDT83>).

Für bestimmte Anwendungen sollte deshalb auch auf tiefere
Schichten eines solchen Systems mit weniger Programmier-
komfort, aber schnellerer Ausführungszeit, in definierter
Weise zugegriffen werden können. Beispielsweise erfordert das "Blättern" in Katalogen den schnellen Bildtrans-
fer aus der Datenbank auf das grafische Ausgabegerät.

2. Dialogsteuerungskomponente:

Die Dialogsteuerungskomponente sorgt für eine einheitliche Interaktionssteuerung und übernimmt die folgenden
Funktionen:

   o Verwaltung von Fenstern auf der Ausgabefläche des
     grafischen Geräts

   o Verwaltung dynamischer Menüs

o Ausgabe   von   Fehlermeldungen   und   Hilfstexten,
   Dialogprotokollierung

o Syntaxprüfung der Eingaben bei einzelnen Dialog-
   schritten

o Steuerung der Dialogfolge

Sowohl aus softwaretechnischen Gesichtspunkten heraus,
als auch wegen der erwünschten Vielfalt der Dialogspra-
chen (verschiedene Fachsprachen in den Teilgebieten der
Konstruktion, verschiedene Muttersprachen und unterschiedliche Expertise der Benutzer) sollte die Dialogsteuerungskomponente in hohem Maße parametrisierbar sein.
Techniken wären z.B. die Abspeicherung von Steuerdaten
wie Menübeschreibungen oder Dialogsequenzen in der Datenbank, Generierung dieser Komponente (<DROSSMANN80>)
oder der Einsatz von Präprozessoren (<BAUBÖCK78>).
Ob die Anwendungsmodule nur über die Dialogsteuerungskomponente das grafische Gerät ansteuern, oder ob sie auch
direkt Funktionen des Geräteunabhängigen Grafiksystems
benutzen dürfen, hängt dabei vom jeweiligen speziellen
Systementwurf ab.

3. <u>Technisches Datenbankverwaltungssystem</u>

Das TDBVS verwaltet das Produktmodell. Dazu muß dem
TDBVS das <u>Schema</u> des Produktmodells bekannt sein. Das
TDBVS enthält im wesentlichen Funktionen für:

o die Definition und Modifikation des Schemas des Produktmodells,

o   den Zugriff von Anwendungsmodulen auf die Daten des
    Produktmodells und

o   die Datenkontrolle (Datenschutz, Vorkehrungen für den
    Mehrbenutzerbetrieb, Recovery im Fehlerfall).

Abbildung 1-5 zeigt, daß i.A. die Technische Datenbank
auf mehrere Rechner verteilt ist. Auch unser Fallbeispiel weist bereits verteilte Daten auf. Während der Da-
tentransport zwischen den oberen Rechnern einer solchen
Hierarchie i.A. nicht zeitkritisch ist und mit den im
Zusammenhang mit verteilten Datenbanken oder Rechnernetz-
werken entwickelten Methoden zu bewerkstelligen wäre,
benötigt der Konstrukteur am grafischen Arbeitsplatz
einen direkten und schnellen Zugriff auf die gerade akti-
ven Entwurfs-, Analyse- und Testdaten.

In **Kapitel** 3 werden wir daher eine Architektur für eine
spezielle Form dieser Datenverteilung unterbreiten.
Dabei gehen wir von einer zweistufigen Hierarchie aus,
bei der der Abteilungsrechner die Technische Datenbank
enthält. Die Anwendungsmodule laufen auf den Rechnern
ab, die die grafischen Arbeitsplätze ansteuern (<u>Arbeits-
platzrechner</u>) und greifen, etwa über ein lokales Netzwerk, auf das Produktmodell der Technischen Datenbank zu.

Die Arbeitsplatzrechner enthalten ein spezielles Laufzeitsystem, das die von den Anwendungsmodulen angeforder-
ten Daten des Abteilungsrechners in den virtuellen
Adreßraum des Rechners überträgt und dann dort verwaltet.
Nach erfolgter Verarbeitung im Arbeitsplatzrechner werden
die Daten in die Technische Datenbank zurückgeschrieben.

DATENBANK enthält:

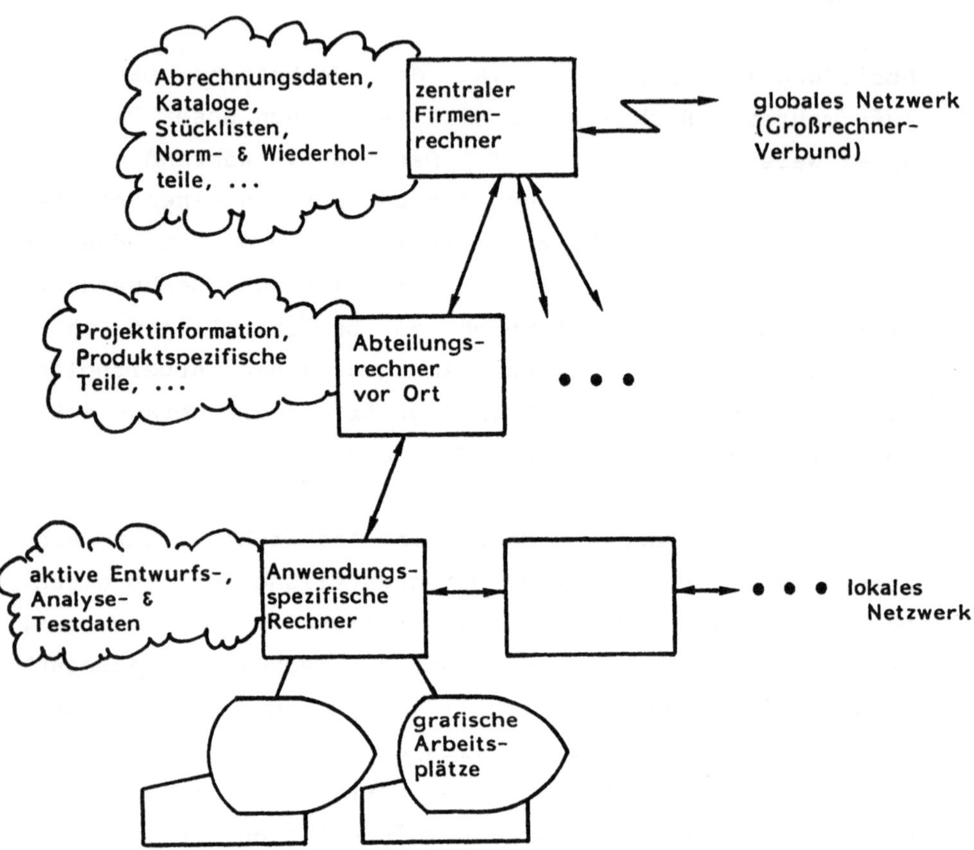

Abbildung 1-5: Verteilter Datenbankzugriff
             auf das Produktmodell

4. Anwendungsmodule

Die Anwendungsmodule realisieren entweder bestimmte Unterstützungsfunktionen für einzelne Phasen des Konstruktionsprozesses (z.B. Zeichnungserstellung, Arbeitsplanung <EVERSHEIM/WIEVELHOVE/ea77>, <WESSEL/STEUDEN80>, <SPUR80>, NC-Programmierung <SCHULTZ77>) oder allgemeine, in allen Phasen benötigte Funktionen. So werden z.B. geometrische Operationen in der Zeichnungserstellung zur Darstellung und Manipulation von Konturen oder in der NC-Programmierung zur Ermittlung der Werkzeugwege benötigt. Eine Folge von Anwendungsmodulen, die jeweils auf bestimmte Phasen des Konstruktionsprozesses zugeschnitten sind und den gesamten Prozeß durchgängig unterstützen, nennt man auch oft "Programmkette" (vgl. <LANGLENDORFF79>, <ROTHENBERG/WEISS77>).

Unabhängig vom Einsatzbereich der Konstruktion (wie mechanische oder elektrische Konstruktion) und deren speziellen Phasen lassen sich bestimmte Kernmodule für wiederkehrende Aufgabenklassen identifizieren:

o Geometrischer Modellierer
   Dieser Modul stellt, gesehen als abstrakter Datentyp, Operationen wie Verschieben, Drehen, Durchschnitt oder Vereinigung auf Objekten geometrischen Typs (z.B. Kurven, Flächen, Körper) zur Verfügung.

o Archivierungskomponente
   Dieser Modul sorgt für die langfristige Speicherung von Teilen des Produktmodells in Archiven. Bei der Archivverwaltung benutzt er wiederum das TDBVS zur Speicherung von Verweisen auf extern lagernde Datenträger.

o <u>Datentransfer</u> <u>in</u> <u>einem</u> <u>externen</u> <u>Datenformat</u>

Zum Transfer der Information des Produktmodells in andere Systeme, die das Produktmodell in einem vom Quellsystem differierenden Format erwarten (z.B. sog. "turn-key"-Systeme) müssen Konvertierungsmodule existieren. So möchte z.B. ein Zulieferer das Produktmodell des von ihm entwickelten Teils dem Abnehmer übermitteln, der diese Beschreibung dann zu weiteren Konstruktions- und Planungsprozessen benutzt. Ein solcher Datenaustausch muß im allgemeinen die komplette Datenstruktur des Teils beinhalten und nicht nur unstrukturierte Zeichnungsinformation im Sinne einer Plotdatei (**Metafiles** in GKS-Terminologie).

Zum Transfer der **geometrischen** Eigenschaften innerhalb des Produktmodells wurden spezielle Datenformate entwickelt (man vgl. <LIEWALD/KENNICOTT82>, <NAGEL/BRAITHWAITE/ea80>, <CAMI81>). Ist ein solches Datenformat standardisiert, so wird im Quell- bzw. Zielsystem der Datenübertragung jeweils ein Konverter benötigt, der die Beschreibung des Produktmodells aus der Technischen Datenbank in das neutrale Austauschformat umwandelt bzw. in umgekehrter Richtung konvertiert.

o <u>Freigabeverwaltung</u>

Zur Freigabe einer Konstruktion muß ein innerbetrieblicher Prüfprozeß durchlaufen werden. Die betrieblichen Normen der Freigabeverwaltung sind dabei stark firmenabhängig. Dieser Modul verwaltet die zur Freigabe notwendigen Daten und steuert den Ablauf des Freigabeprozesses.

Im nachfolgenden **Abschnitt** 1.3 wollen wir nun den Aufbau
typischer Produktmodelle schildern. Dazu benutzen wir eine
spezielle grafische Darstellungsform, die in **Abschnitt** 1.3.1
erläutert wird. Im **Abschnitt** 1.3.2 stellen wir mit Hilfe
dieser Methode das Produktmodell der mechanischen Konstruktion dar. Im **Abschnitt** 1.3.3 tun wir dies in gleicher
Weise für den VLSI-Entwurf.

Diese Darstellung wird offenlegen, daß solche Produktmodelle
Datentypen und Datenstrukturen enthalten, die mit herkömmlichen Datenbankverwaltungssystemen nicht oder nur umständlich
zu speichern und zu verarbeiten sind. Darauf werden wir dann
im **Abschnitt** 1.4 näher eingehen.

1.3 Produktmodelle

Daten und Datenstrukturen können auf verschiedenen **Ebenen der Abstraktion** betrachtet werden (vgl. <SENKO/ALTMAN/ea73>, <GRABOWSKI/EIGNER78>, <MYERS82>). Datenstrukturen werden dabei auf jeder Ebene durch Schemata beschrieben. Angestrebt wird eine isomorphe Abbildung von Datenstrukturen und Operationen der einen Ebene auf die jeweils nächstniedrige. Man unterscheidet gewöhnlich zwischen:

o   Informationsstruktur (Semantische Struktur),

o   Datenstruktur (Logische Struktur),

o   Zugriffsstruktur (Zugriffsstrukturen unter Annahme eines linearen Adreßraums) und

o   Speicherungsstruktur (die durch die Abbildung des linearen Adreßraums auf physische Speichermedien, z.B. Seiten des Hauptspeichers oder Spuren einer Platte, entstehenden Strukturen)

Während man beim Aufstellen einer Informationsstruktur noch versucht, der inhaltlichen Bedeutung der Daten aus dem darzustellenden Anwendungsbereich so weit wie möglich gerecht zu werden, argumentiert man bei Datenstrukturen nur noch auf mathematisch-logischer Ebene. Man abstrahiert also beim Übergang von Informationstruktur zur Datenstruktur von der Interpretation der Daten. Der Zugriffsstruktur liegt bereits ein Speichermodell zugrunde, nämlich ein beliebig grosser, direkt adressierbarer, eindimensional-linearer Speicherraum. Die Speicherungsstruktur schließlich ist die Repräsentation dieses Adreßraums auf physischer Ebene.

Die beiden prinzipiellen Vorgehensweisen bei der Analyse von
Informationstrukturen und der Gewinnung logischer Schemata
haben wir in Abschnitt 1.1 schon dargestellt.
Was wir zur Notation eines Produktmodells jetzt benötigen,
ist ein formales Hilfsmittel zur Darstellung der Datenstrukturen des Produktmodells auf logischer Ebene.

1.3.1 Ein grafisches Hilfsmittel zur Darstellung von Produktmodellen

Um das aus der Analyse der Informationsstrukturen technischer
Objekte resultierende logische Schema festhalten und dokumen-
tieren zu können, benötigen wir also eine Spezifikationssprache zur Darstellung des logischen Schemas des Produktmodells.

Dazu benutzen wir eine von uns modifizierte Form des Entity/
Relationship-Modells (vgl. <CHEN76>, <ISO82a>, <ORTNER82>),
einem Modell mit grafischer Darstellungsform zur Spezifikation von Datenstrukturen (Abbildung 1-6). Unsere Abwandlung
dieses Modells kennt die Bausteine (vgl. Abbildung 1-6a):

o Objekttypen,

o Attribute,

o Beziehungstypen und

o Variantenbeziehungstypen.

Bei der Auswahl dieser Bausteine mußten wir einen Kompromiß
schließen. Zum einen besteht der Wunsch nach einer möglichst
einfachen und kompakten Darstellungsweise typischer Produktmodelle. Zum anderen ermöglicht eine größere Anzahl an
Grundbausteinen eine genauere Darstellungsmöglichkeit der
Vielfalt innerhalb der Datenstrukturen des Produktmodells.

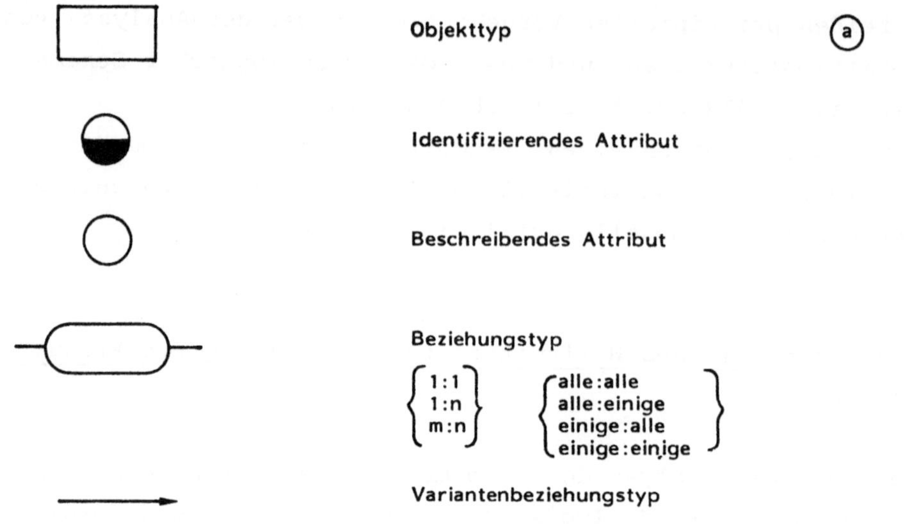

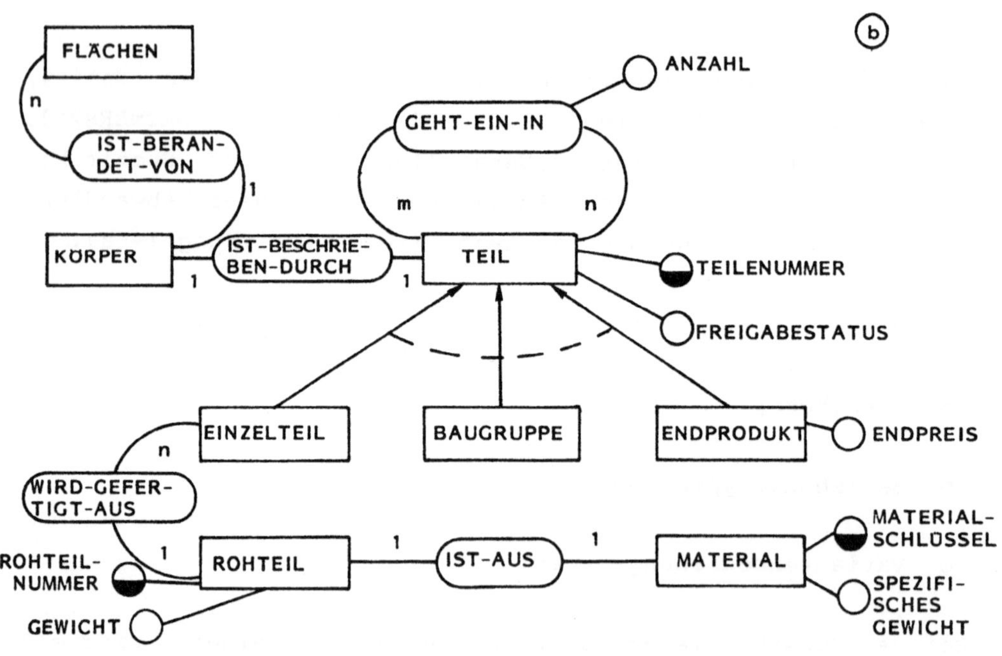

Abbildung 1-6: Grafische Darstellungsform
für Produktmodelle
(a) Grundbausteine
(b) Beispiel

Es gelten die folgenden Regeln zum korrekten Aufbau eines
Diagramms:

1. Objekttypen
   Ein Objekttyp repräsentiert eine Objektmenge. Objekttypen werden durch Attribute näher beschrieben.

   Beispiel: Der Objekttyp **TEIL** steht für die Menge
     aller in der Technischen Datenbank darzustellenden
     Teile. (Bemerkung: Beziehen wir uns im folgenden
     im Text auf Bestandteile des Diagramms, so schrei-
     ben wir sie groß.)

2. Attribute
   Attribute sind Eigenschaften von Objekten. Wir unter-
   scheiden identifizierende und beschreibende Attribute.
   Ein Objekttyp enthält maximal ein identifizierendes
   Attribut und eine beliebige Anzahl an beschreibenden
   Attributen. Wir verbieten also aus praktischen Überle-
   gungen heraus alternative Schlüssel.

   Beispiel: **TEILENUMMER** ist ein identifizierendes und
     GEWICHT ein beschreibendes Attribut des Objekttyps
     TEIL. Bestimmte Objekttypen haben a priori nur ar-
     tifizielle Identifikatoren (identifizierende Attri-
     bute). Beispielsweise können wir für den Objekttyp
     PUNKT im Prinzip eine beliebige eindeutige Identi-
     fikation verwenden, während der Aufbau von
     TEILENUMMERn innerbetrieblich genau geregelt ist.

   Objekttypen brauchen also kein identifizierendes Attribut
   besitzen. Sie enthalten in diesem Fall automatisch ein
   Surrogat, also ein künstliches, jedes Objekt in eindeutiger Weise identifizierendes Attribut, das wir NUMMER nennen.

Der zulässige Wertebereich eines Attributs ist durch
einen Attributtyp festgelegt. Wertebereiche dieser elementaren Datentypen wollen wir dabei zunächst nur
informell in PASCAL-ähnlicher Notation formulieren.

Beispiele: Das Attribut **FREIGABESTATUS** des Objekttyps
    TEIL besitzt den Attributtyp (Freigegeben, In Kon-
    struktion).

Attribute wie **TEILENUMMER** oder **DATUM** sind i.A.
nicht mehr durch die die herkömmlichen Typmechanismen darstellbar. Diese Wertebereiche müssen durch
externe Prozeduren auf ihre Gültigkeit geprüft werden.

3. Beziehungstypen

Ein Beziehungstyp beschreibt logische Beziehungen zwischen Objekten zweier, nicht notwendigerweise verschiedener Objekttypen. Wir beschränken uns hier also wieder
aus praktischen Gründen heraus auf dyadische Beziehungstypen.

Beispiele: Der Beziehungstyp **IST-AUS** zwischen den Ob-
    jekttypen **ROHTEIL** und **MATERIAL** ordnet einem Rohteil
    ein bestimmtes Material zu.

Der zweistellige Beziehungstyp **GEHT-EIN-IN** auf dem
Objekttyp **TEIL** gibt an, welches Teil in welchen
übergeordneten Teilen (Baugruppen, Endprodukten) im
Sinne einer Montagestruktur Verwendung findet.

Beziehungen zwischen Objektmengen sind im mathematischen
Sinn Relationen. Die Beziehungstypen können durch die
Analyse der Eigenschaften dieser Relationen genauer be-
schrieben werden (vgl. <EL-MASRI/WIEDERHOLD80>, <ISO

82a>, <GRABOWSKI/EIGNER79b>, <EIGNER80a>, <EIGNER80b>, <GRABOWSKI/EIGNER82>, <THURNHERR80>, <ZEHNDER81>). Wir unterscheiden Beziehungen

1. nach Funktionalität 1:1, 1:n und m:n und

2. nach Abhängigkeit alle:alle, alle:einige, einige:alle und einige:einige.

In Abbildung 1-7 sind alle sich ergebenden Möglichkeiten zusammengestellt.

Die Größen m bzw. n bei der Funktionalität eines Beziehungstyps sind dabei konstant (z.B.: zu 1 STRECKE gehören 2 PUNKTE) oder variabel (z.B.: aus 1 ROHTEIL lassen sich n EINZELTEILE fertigen). Bei einer genauen Vorgehensweise könnten wir bei einer variablen Anzahl auch Unter- und Obergrenzen festlegen. m bzw. n bewegt sich dann zwischen c1 und c2. Wir wählen der Einfachheit halber hier jedoch c1 gleich 1 (bei "einige": 0) und c2 gleich unendlich, wohl wissend, daß wir Spezialfälle (wie: zu einem POLYGON gehören 3 bis n STRECKEn, n größer 3) nicht ganz exakt darstellen.

Bei einem gegebenen Beziehungstyp X zwischen den Objekttypen A und B regelt die Abhängigkeit, ob Objekte des Objekttyps A unabhängig von Objekten des Objekttyps B, bzw. umgekehrt, existieren können oder nicht. Hängt die Existenz aller Objekte a des Objekttyps A von der Existenz eines Objekts b des Objekttyps B ab, so schreiben wir (*):

$$A(X)B$$

Für Abhängigkeiten alle:alle gilt A(X)B und B(X)A. Für Abhängigkeiten alle:einige A(X)B. Der Fall einige:alle ist invers zu alle:einige (vgl. Abbildung 1-7).

___

(*) Sprechweise: "A hängt über X von B ab"

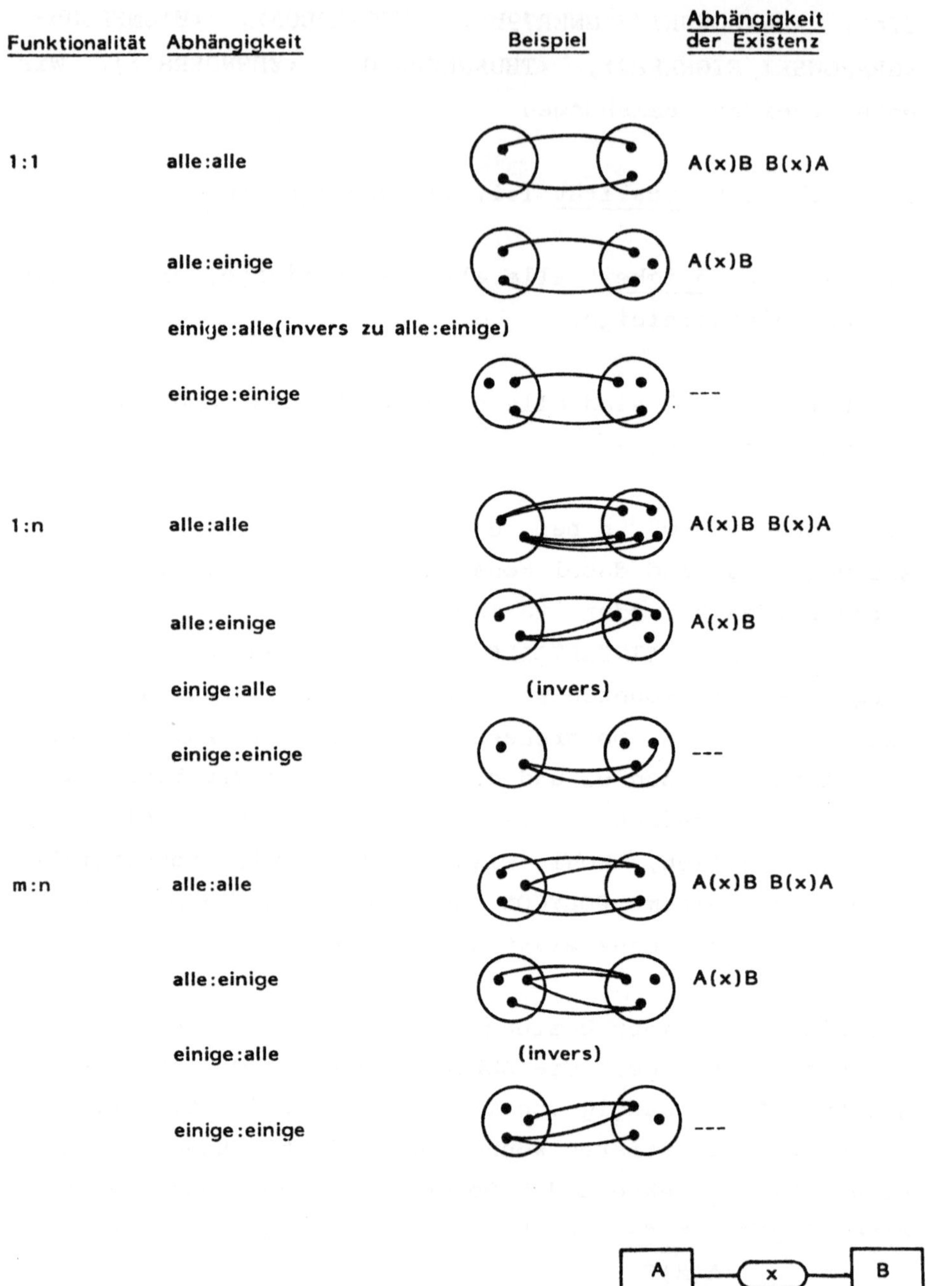

Abbildung 1-7: Funktionalität und Abhängigkeit
bei Beziehungstypen

Gibt es irgendeinen Beziehungstyp X zwischen den Objekttypen A und B und gilt A(X)B, so schreiben wir
> A( )B

Es gilt die Transitivität:
> Aus A( )B und B( )C folgt A( )C

<u>Beispiele</u>: Der Beziehungstyp **GEHT-EIN-IN** ist vom Typ
m:n, **einige:einige**. Ein Teil kann ja in n Baugruppen verwendet werden (Teileverwendungssicht) und
eine Baugruppe besteht aus m Teilen (Stücklisten-
sicht). Endprodukte gehen in keine weiteren Teile
ein. Einzelteile bestehen wiederum nicht aus Unterteilen, daher ist der Beziehungstyp nicht total
definiert bzw. surjektiv.

Der Beziehungstyp **IST-AUS** ist vom Typ 1:1,
alle:einige, weil ein Rohteil aus genau einem
Material besteht und der Materialkatalog Materialen
beschreiben kann, die in keinem der momentan in der
Datenbank beschriebenen Rohlinge vorkommen. Es
gilt ROHTEIL(IST-AUS)MATERIAL, aber nicht MATERIAL
(IST-AUS)ROHTEIL.

Gibt es einen Beziehungstyp X zwischen den Objekttypen A
und B, bei dem sowohl A(X)B als auch B(X)A gilt, so wählen wir die Notation
> A(-)B

Fassen wir nun (-) als Relation zwischen Objekttypen auf.
Die Relation (-) ist symmetrisch (per Definition), re-
flexiv mit Hilfe der Konvention A(-)A und transitiv, also
eine Äquivalenzrelation.
Die Äquivalenzklassen bezüglich (-) nennen wir <u>komplexe</u>
<u>Objekttypen</u>. Sie stellen die stark voneinander abhängi-
gen Teile innerhalb des Produktmodells dar.

Zu den komplexen Objekttypen zählen wir jeweils auch
zusätzlich alle zu ihnen direkt oder indirekt gehörenden
Artobjekttypen (s.u.).

Beziehungstypen der **Funktionalität m:n** können beschreibende Attributtypen enthalten. Wie wir später sehen
werden, sind m:n-Beziehungstypen, die Attribute enthalten, innerhalb von Produktmodellen sehr selten.

<u>Beispiel</u>: Das beschreibende Attribut **ANZAHL** des Be-
        ziehungstyps **GEHT-EIN-IN** legt fest, mit wieviel
        Stück ein Teil in ein übergeordnetes Teil bei der
        Montage eingeht.

Solche Beziehungstypen bilden, inhaltlich gesehen, einen
neuen Begriff. Das Attribut macht Aussagen über Objekte,
die unter diesen Begriff fallen. In unserem Beispiel
wäre das der Begriff "Struktur" oder "Kante". "Menge"
ist eine Aussage, die sich auf eine "Kante" bezieht. Im
Sinne der semantischen Relativität könnten wir genausogut
einen **Objekttyp KANTE** einführen und diesen mit TEIL in
Beziehung setzen.

Beziehungstypen der **Funktionalität 1:1** könnten wir
ebensogut als Attribute formulieren. Allerdings können
mit Hilfe dieser Beziehungstypen mehrere Attribute zu
einem neuen Begriff komponiert werden. So können wir
entweder sagen:
    "Eine STRECKE hat 4 Koordinaten XANFANG, YANFANG,
    XENDE, YENDE"
oder mit Hilfe des Beziehungstyps die genauere Aussage
treffen:
    "Zu einer STRECKE gehört ein ANFANGSPUNKT und ein
    ENDPUNKT. Ein ANFANGSPUNKT bzw. ein ENDPUNKT hat
    jeweils zwei Koordinaten X, Y"

4. <u>Variantenbeziehungstyp</u>

Der <u>Variantenbeziehungstyp</u> ist ein spezieller Beziehungstyp, der ebenfalls zwei, jetzt verschiedene Objekttypen
in Beziehung setzt. Diese beiden Objekttypen sind dabei
im Sinne einer Art/Gattungsbeziehung verwandt. Wir spre-
chen vom <u>Artobjekttyp</u> (Unterbegriff) bzw. vom <u>Gattungs-
objekttyp</u> (Oberbegriff). Der Variantenbeziehungstyp
setzt Artobjekttyp zu Gattungsobjekttyp in Beziehung.

<u>Beispiele</u>: **EINZELTEIL**, **BAUGRUPPE** und **ENDPRODUKT** sind
jeweils Artobjekttypen des Gattungsobjekttyps **TEIL**.

Ein Beispiel geometrischer Natur wäre: **KEGEL**,
ZYLINDER, **ELLIPSOID**, **PARABOLOID** und **HYPERPARABOLOID**
sind verschiedene Artobjekttypen des Gattungsobjekttyps **QUADRIK**.

Durch den Variantenbeziehungstyp wird die Spezialisierung
bzw. Generalisierung in Datenstrukturen ermöglicht.
Solche Ansätze finden sich auch im Konzept des varianten
Strukturtyps in PASCAL, im Typgenerator **union** in ALGOL68,
in semantischen Netzwerken (vgl. <FINDLER79>, <SIG-
ART80>) oder in semantischen Datenmodellen (vgl. <HAM-
MER/McLEOD81>, <PingreePark80>, <SMITH/SMITH77a>, <SMITH/
SMITH77b> und <THURNHERR80>).

Der Variantenbeziehungstyp ist ein Beziehungstyp der Art
1:1, **alle:einige**, d.h. zu jedem Artobjekt gibt es genau
ein Gattungsobjekt. Der Variantenbeziehungstyp unterscheidet sich von den normalen Beziehungstypen durch die
Regeln der <u>Attributvererbung</u>:

1. Der Artobjekttyp darf <u>keine</u> identifizierende Attribute enthalten.

2. Der Artobjekttyp **erbt** alle Attribute des Gattungsobjekttyps.

3. Der Artobjekttyp kann weitere beschreibende Attribute enthalten.

Des weiteren gelten die Regeln:

1. Weitere (normale) Beziehungstypen zwischen Art- bzw. Gattungs-Objekttyp eines Variantenbeziehungstyps sind verboten. Solche Beziehungstypen können auch auf dem Gattungsobjekttyp allein mit der Abhängigkeit **einige:einige** angelegt werden.

2. Zwei Objekttypen können über maximal einen Variantenbeziehungstyp verbunden sein (trivial).

Bilden mehrere Artobjekttypen eine Partition des Gattungsobjekttyps, so sollte dies im Diagramm geeignet gekennzeichnet werden (vgl. Abbildung 1-6b).

Damit sind die Vorschriften zum Aufbau dieser Diagramme komplett. Des weiteren gelten nur noch Regeln zur eindeutigen Namensvergabe im Diagramm, die intuitiv klar sein dürften.

<u>Beispiel 1</u>
Abbildung 1-6b zeigt einen mit Hilfe dieser Darstellungsform beschriebenen Ausschnitt eines Produktmodells, der eine Auswahl der oben verwendeten Beispiele nochmals zusammenstellt. Einige Bemerkungen:

o EINZELTEIL, BAUGRUPPE und ENDPRODUKT bilden eine Partition des Objekttyps TEIL. Dies ist im Diagramm durch die
   gestrichelte Linie zwischen den Pfeilen dargestellt, die
   die Variantenbeziehungstypen ausdrücken. Diese drei Objekttypen erben alle Attribute des Objekttyps TEIL.

o Die Stücklistenstruktur GEHT-EIN-IN könnte auch alter-
   nativ wie in Abbildung 1-8 dargestellt werden. Dabei hat
   GEHT-EIN-IN jetzt die Abhängigkeit alle:alle.

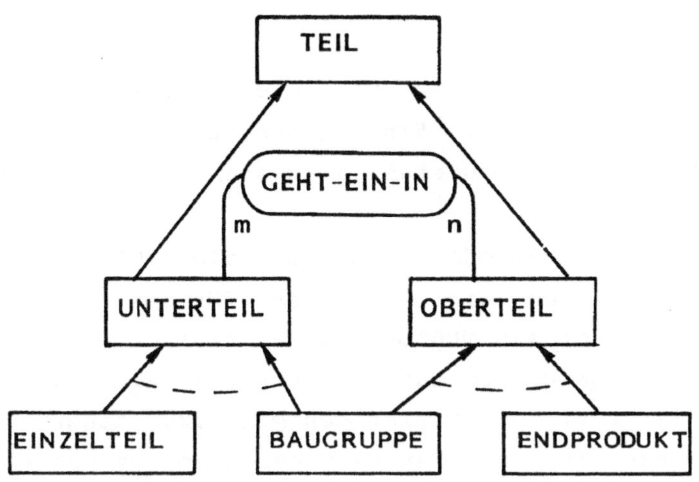

Abbildung 1-8: Alternative Darstellung
           der Stücklistenstruktur

o KOERPER und FLAECHEN haben implizit das Attribut NUMMER.

o Attributtypen und die Abhängigkeiten der Beziehungstypen haben wir der Einfachkeit halber weggelassen.

o Beziehungstypen innerhalb typischer Produktmodelle haben zum Großteil nur Bezeichnungen wie "geht ein in", "besteht aus", "ist begrenzt durch", und so weiter. Da die Bedeutung der Beziehungen zum Großteil aus den in Beziehung gesetzten Objekttypen ersichtlich ist, wollen wir die Bezeichnungen dieser Relationen in den folgenden Abschnitten 1.3.2 und 1.3.3 in die Diagramme nicht mehr mit eintragen.

<u>Beispiel 2</u>

Als zweites Beispiel betrachten wir die Darstellung von **Blechstanzteilen** (ohne Bild). Ein solches **WERKSTÜCK** besteht aus einer **AUSSENKONTUR** und mehreren ausgestanzten oder genibbelten **INNENKONTUREN**.

Eine **INNENKONTUR** ist entweder eine normale **KONTUR**, ein **STANDARDELEMENT** (Konturen wie Langlöcher, für die spezielle Stempel existieren) oder ein **MUSTER** (eine häufig benötigte Innenkontur). Eine **KONTUR** besteht aus mehreren **TEILKONTUR**en. Eine **TEILKONTUR** ist z.B. ein Kreisbogen mit dazu tangentialer Gerade. Diese **TEILKONTUR**en bestehen also aus mehreren **KONTURELEMENT**en. Ein **KONTURELEMENT** ist ein **KREISBOGEN** oder eine **STRECKE**, die über **KONTURPUNKT**e definiert sind. Daneben gibt es noch **HILFSPUNKT**e, die der Benutzer zur geometrischen Berechnung der Konturen benötigt.

Eine **AUSSENKONTUR** ist eine normale **KONTUR**.

Zu einem **MUSTER** gehören eine Menge von **KONTUR**en, **STANDARD-ELEMENTE** und Unter**MUSTER**. Ein **STANDARDELEMENT** ist z.B. ein **LANGLOCH**, ein **KREIS** oder ein **RECHTECK**.

Damit haben wir die Datenstruktur der **geometrischen** Darstellung des Teils skizziert. Zur NC-Programm-Erstellung für dieses Teil brauchen wir **technologische** Informationen über die vorhandenen Stanz- und Nibbel-<u>Werkzeuge</u>.

Ein **WERKZEUG** ist entweder ein **STANDARDWERKZEUG** oder ein **SONDERWERKZEUG**. Ein STANDARDWERKZEUG ist ein **RUNDSTEMPEL**, ein **QUADRATSTEMPEL**, ein **RECHTECKSTEMPEL**, ein **LANGLOCHSTEMPEL** oder ein **TRENNWERKZEUG**.

RUND- und QUADRATSTEMPEL haben einen **DURCHMESSER**. RECHTECK-STEMPEL, LANGLOCHSTEMPEL und TRENNWERKZEUG haben jeweils ein **X-MASS** bzw. **Y-MASS**.

Die dargestellte, grafisch orientierte Spezifikationssprache für die Datenstrukturen das Produktmodells gestattet es also, wichtige logische Zusammenhänge im Produktmodell auszudrücken. Von denkbaren Erweiterungsmöglichkeiten erscheinen uns folgende beiden am sinnvollsten:

o **Geordnete Beziehungstypen**

  Beziehungstypen, so wir sie definiert haben, drücken ungeordnete Beziehungen zwischen den Objekten zweier Objekttypen aus. Oftmals sind diese Beziehungen aber <u>geordnet</u>.

  <u>Beispiel</u>: Ein **SYMBOL** (in einem elektrischen Schaltplan z.B. ein Widerstandsymbol) **BESTEHT AUS** n **PRIMITIVE**n (einem gefüllten Rechteck, zwei Linien und dem Text "R43" beispielsweise). Bei der grafischen Darstellung dieses Symbols (z.B. auf einem Rasterbildschirm) spielt die Reihenfolge der PRIMITIVE ein Rolle. Es muß nämlich zuerst das Rechteck und dann der Text gezeichnet werden und nicht umgekehrt.

  Geordnete Beziehungstypen könnten im Diagramm durch eine geeignete Symbolik dargestellt werden.

o **Operatoren**

Operatoren sind auf einer Menge von Objekttypen definiert und besitzen Resultate eines Resultatobjekttyps. Sie haben als Operanden ein oder mehrere Objekte der jeweiligen Typen und erzeugen als Wert ein oder mehrere Objekte des Resultattyps.

Beispiele: Der Operator **SCHNITT** ist auf dem Objekttyp **FLAECHE** definiert und liefert als Resultat eine **RAUMKURVE**. Wir schreiben:

      SCHNITT (FLAECHE, FLAECHE: RAUMKURVE)

Der Operator **TEILEVERWENDUNG** liefert zu einem **UNTERTEIL** die **OBERTEIL**e, in die das Teil eingeht:

      TEILEVERWENDUNG (UNTERTEIL: set of OBERTEIL)

Zusätzlich dürfen als Argumente bzw. als Resultat von Operatoren auch normale, als Attributdatentypen Verwendung findende Datentypen eingesetzt werden.

Beispiele:

      ROTATION (KOERPER, ACHSE, REAL: KOERPER)
      KOLINEAR (STRECKE, FLAECHE: BOOL)

Auch Operatoren könnten wir in das Diagramm mit eintragen. Dabei müßten wir festhalten, ob Argument bzw. Resultat einzelne Objekte oder Objektmengen der entsprechenden Objekttypen oder elementare Datentypen sind.

Ausgerüstet mit dem Repertoire dieses Beschreibungswerkzeugs können wir nun darangehen, Produktmodelle typischer Konstruktionsbereiche darzustellen. Der folgende Abschnitt 1.3.2 beschreibt Produktmodelle in der mechanischen Konstruktion, Abschnitt 1.3.3 das Produktmodell beim VLSI-Entwurf.

1.3.2 Produktmodell in der mechanischen Konstruktion

Eine grobe Unterteilung des Produktmodells in der mechanischen Konstruktion gibt Abbildung 1-9.

Grundsätzlich wollen wir die Datenstrukturen der **Teile-logistik** (Beschaffung, Lagerung und Absatz von Teilen), der **Buchung und Abrechnung** (Rechnungswesen) und der **Fertigungs-planung und -steuerung** aus der Darstellung in der **Technischen Datenbank** ausgliedern. (Eine vollständige CODASYL-Datenstruktur für diese Bereiche findet sich in <SCHEER78>.) Diese betriebswirtschaftlichen Bereiche der Wert- und Mengenführung sowie anderer Gebiete (etwa die Personalverwaltung) verweisen wir in den Bereich der **Betriebswirtschaftlichen** Datenbank. Verweise zwischen beiden Datenbanken sind systemextern durch eine einheitliche Schlüsselvergabe zu regeln. Davon ist hauptsächlich die Teilenummer betroffen.

Das Produktmodell selbst beschreibt Funktionsweise und Gestalt technischer Objekte, genauer **Produktstrukturen** und **physikalische, technologische und geometrische** Eigenschaften von Teilen. Dementsprechend gliedern wir das Produktmodell in

1. das **Produktstrukturmodell**,

2. das **physikalische Modell**,

3. das **technologische Modell** und

4. das **geometrische Modell**.

Neben der rein **teilebezogenen** Information enthält das technologische Modell auch Beschreibungen von Maschinen, Werkzeugen und dergleichen.

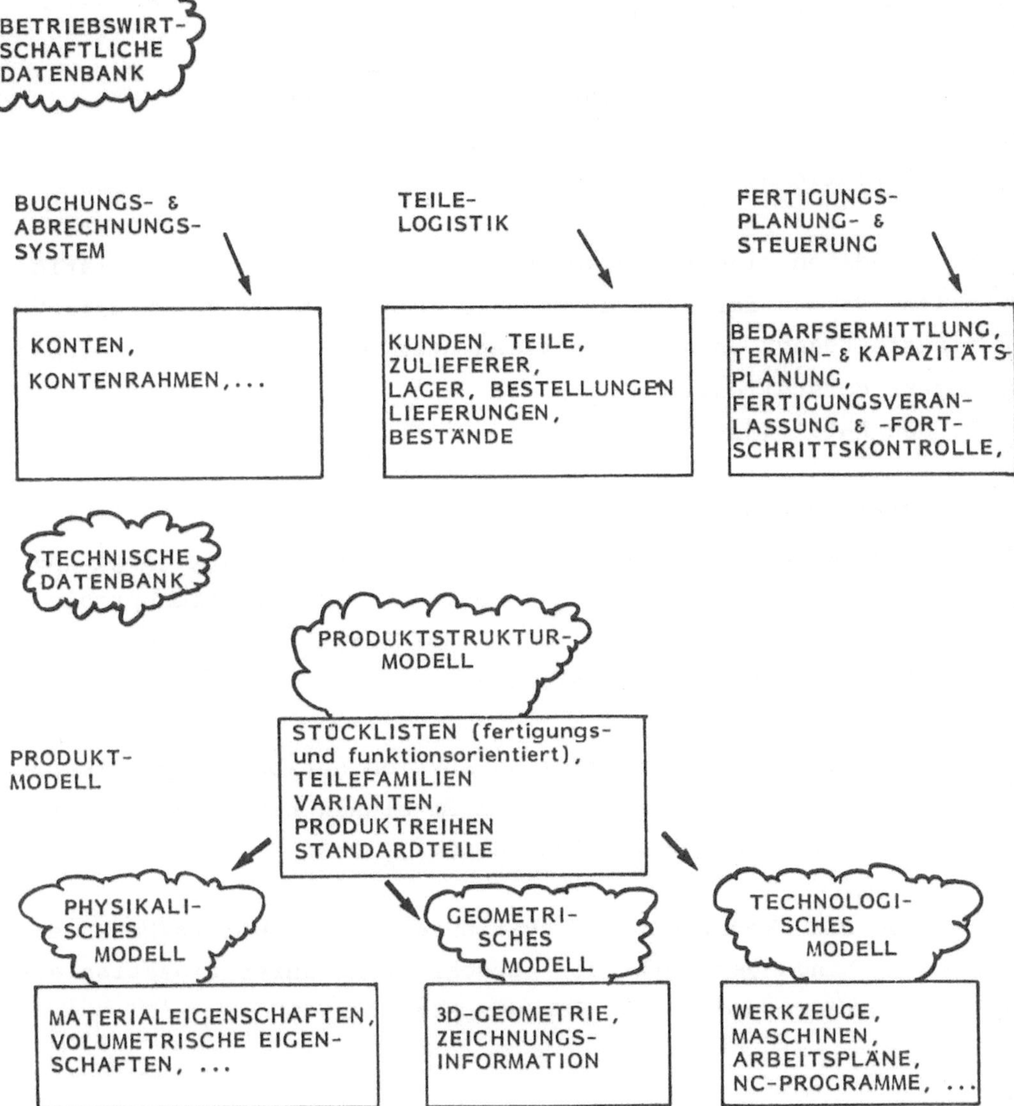

Abbildung 1-9: Informationsstrukturen des Produktmodells in der mechanischen Konstruktion

Eine hierzu orthogonale Klassifikation ist die von GRABOWSKI
und EIGNER (<GRABOWSKI/EIGNER79a>, <GRABOWSKI/EIGNER79b>) getroffene Unterscheidung zwischen

1. <u>Katalogdaten</u>("informationelle Daten") und

2. <u>Operationalen</u> <u>Daten</u>

Katalogdaten sind Daten konstanter Art, während die operationalen Daten des Produktmodells die im Laufe des Konstruk-
tionsfortgangs anfallenden Daten über das zu konstruierende
Objekt darstellen.
Zu den **Katalogdaten** zählen:

1. **Konstruktionskataloge**
   Sie beinhalten eine systematische Aufstellung möglicher
   Entwurfsalternativen für bestimmte Konstruktionsprobleme
   (vgl. etwa <KOLLER79> oder <ROTH82>). Ein solcher Kata-
   log beschreibt beispielsweise:

   o alle in der Prinzipkonstruktion nutzbaren physikali-
     schen Effekte, die zum Entstehen bzw. zur Übertra-
     gung einer Kraft führen oder

   o die konstruktiven Varianten bei Wellen/Nabenver-
     bindungen mit der Beschreibung ihres Einsatzspiel-
     raums und der Auslegungsparameter.

2. **Normen und andere Dokumentationsunterlagen**
   Dies sind DIN-Normen (<KLEIN70>) und Werksnormen sowie
   andere textuelle Konstruktionsunterlagen.

3. **Standardteile**

   Hierunter fallen Normteile (Schrauben, Muttern, Scheiben, Nieten, usw.) und Wiederholteile. Letztere sind Teile, die in sehr vielen übergeordneten Teilen Verwendung finden und daher kostengünstiger gefertigt werden können. Diese Teile sollten aus innerbetrieblichen Standardisierungsgründen heraus häufig eingesetzt werden.

4. **Technologische Karteien**

   Diese Karteien finden in der <u>Arbeitsplanung</u> und <u>NC-Programmierung</u> Verwendung (<BUDDE/ERNST/ea82>). Sie beschreiben unter anderem:

   o **Maschinen** (z.B. bei Drehmaschinen: Typ, Drehzahlbereiche, Drehmomentverhalten, Vorschub),

   o **Werkzeuge** (z.B. Einsatzbedingungen, Parameter der Werkzeuggeometrie),

   o **Werkstoffe** (z.B. Typ: Gußeisen, Stahl, usw.; Form des Rohstoffs: Barren, Blech, usw.; Behandlungszustand wie durchgeführte Wärmebehandlung bei Eisen und Stahl; physikalische Eigenschaften des Werkstoffs) und

   o **Bearbeitungsverfahren.**
     (Diese Kartei enthält beschreibende Parameter und die Entscheidungslogik zur Bestimmung der Ablauffolge einzelner Bearbeitungsschritte, z.B. bei der Bohrbearbeitung.)

Typisch für Katalogdaten ist die Mischung aus **freien Texten**, Tabellen, also strukturierter Information, und **grafischen Darstellungen.**

Im folgenden wollen wir die einzelnen Teilbereiche des Produktmodells in der mechanischen Konstruktion näher besprechen, wobei wir hauptsächlich die Darstellung des geometrischen Modells betonen.

Das Produktstrukturmodell

Das Produktstrukturmodell beschreibt die strukturelle Gliederung mechanischer Teile in Unterelemente. Weiterhin enthält
es Datenstrukturen zur Abbildung von Ähnlichkeiten und
Varianten mechanischer Teile (vgl. Abbildung 1-10).

Typisch für Produktstrukturen ist die hierarchische Gliederung von Produkten. Mit dieser Gliederung wird eine Kom-
plexitätsreduktion bei der Konstruktion erreicht. In unserem
Fall werden Produkte in Baugruppen unterteilt, die ihrerseits
wieder in Unterbaugruppen gegliedert werden. Diese Gliederung setzt sich fort bis zum Einzelteil.
Eine solche Strukturierung können wir einerseits im Sinne
einer **Montagestruktur** (ein Teil geht bei der Montage in ein
anderes Teil ein) als auch im Sinne einer **funktionalen Struktur** (die von einem Teil realisierte Funktion ist Unterfunk-
tion der von einem anderen Teil realisierten Funktion) auf-
fassen.

Teile können weiterhin nach **Funktion**, **Form** oder **Planungs-** und
Fertigungsanforderungen in Ähnlichkeitsklassen zusammengefaßt
werden. Solche Ähnlichkeiten ermöglichen die Teilefamilien-
bildung und -fertigung (vgl. <VDI75>).

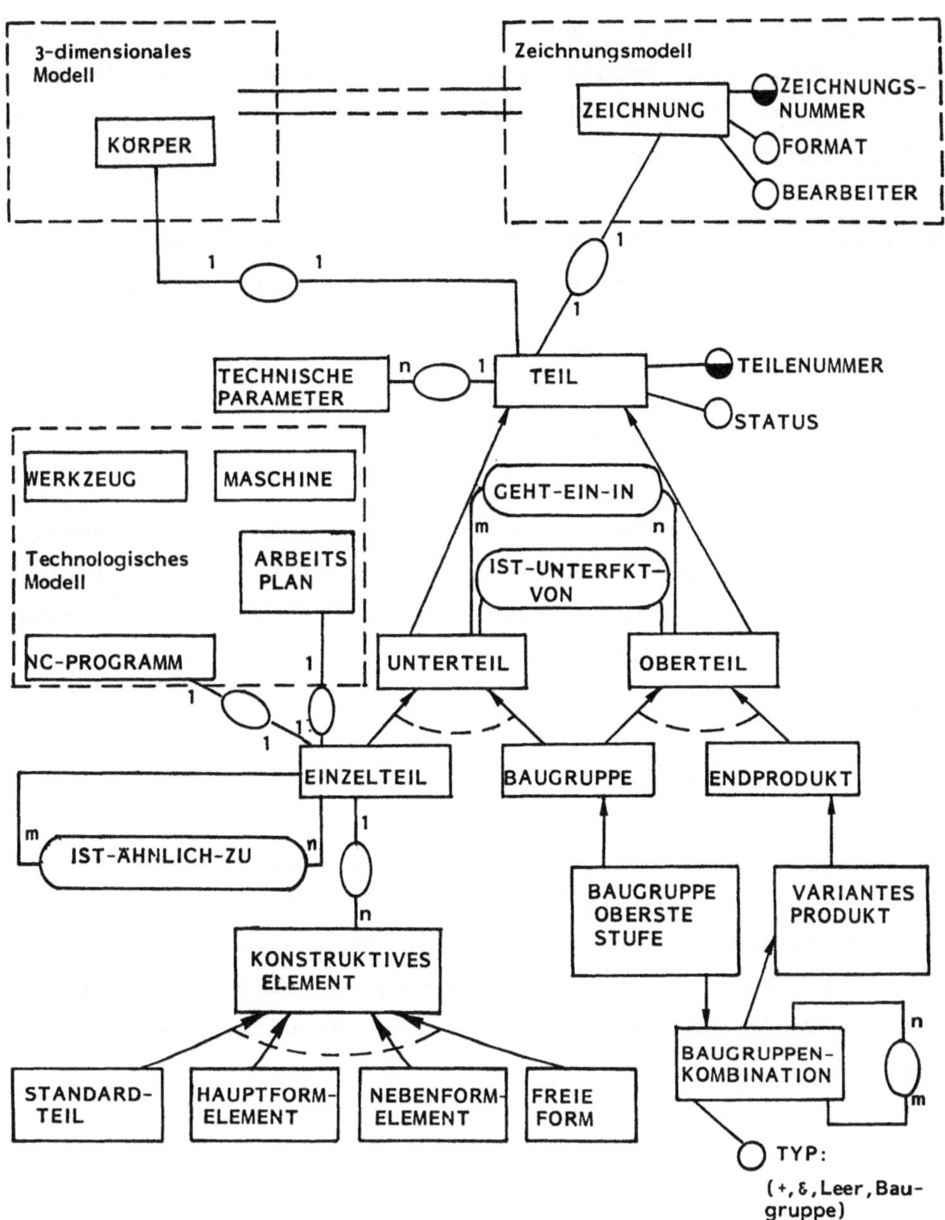

Abbildung 1-10: Produktstrukturmodell

Weiterer Bestandteil des Produktstrukturmodells ist die
Beschreibung von Produktvarianten. Hierzu kann ein Baum,
dessen Knoten logische Elemente (UND, EXKLUSIVES ODER) enthalten, eingesetzt werden (vgl. <WEDEKIND/MÜLLER81>).

Abbildung 1-10 stellt diese Zusammenhänge in unserem Modell
dar. Das Produktstrukturmodell dient gleichzeitig als
Einstieg in alle anderen Teile des Produktmodells.

Das physikalische Modell

Das physikalische Modell enthält an operationalen Elementen
im wesentlichen die Ergebnisse strukturanalytischer Verfahren
sowie Massen- und Volumeneigenschaften wie Volumen, Schwerpunkt, Hauptachsen oder Oberfläche.

Das technologische Modell

Das technologische Modell enthält beispielsweise den Flächen
im geometrischen Modell zugeordnete Bearbeitungshinweise zur
erwünschten Oberflächengüte und ebenfalls geometrischen Elementen zugeordnete Toleranzinformation, sowie die zur Fertigung des Teils notwendigen Unterlagen (Arbeitspläne, NC-Programme).

<u>Das</u> <u>geometrische</u> <u>Modell</u>

Im geometrischen Modell wird die Geometrie und Topologie von Teilen beschreiben. Dieses Modell können wir weiter zergliedern in

1. das **dreidimensionale Modell**,

2. das **Zeichnungsmodell** und

3. das **Bildmodell**.

Das <u>dreidimensionale Modell</u> enthält eine eindeutige Darstellung der Teileform. Das <u>Zeichnungsmodell</u> enthält die aus dem dreidimensionalen Modell abgeleiteten **Projektionen** und **Ansichten** des Körpers und zusätzliche Elemente einer normgerechten Zeichnung (Toleranzangaben, Beschriftungen, usw.). Dieses Modell ist strukturiert (beispielsweise in Konturzüge) und enthält entsprechende Verweise auf das dreidimensionale Modell (z.B. Verweise auf die zu einer Kante gehörenden Flächen). Modifikationen innerhalb dieses Modells müssen konsistent zum dreidimensionalen Modell geschehen. Das <u>Bildmodell</u> enthält die zu zum Zeichnungsmodell gehörigen Metafiles (vgl. 1.2.3) und ist unstrukturiert.

Das **dreidimensionale Modell** ist also innerhalb des geometrischen Modells die Basisdarstellung. Die beiden anderen Modelle sind aus diesem ableitbar. Im folgenden wollen wir daher die Inhalte dieses Modells näher erläutern.

Beschreibungsmöglichkeiten dreidimensionaler Körper zu untersuchen und geometrische Datenstrukturen und Algorithmen zu finden, fällt in das Gebiet der **Geometrischen Modellierung**. Wir wollen hier nur die Grundprinzipien dieses Felds darstellen. Der Leser sei auf <BAER/EASTMAN/ea77>, <BADLER/BAJCSY 78>, <BROWN/REQUICHA/ea78>, <CGAA82>, <ELLIOT78>, <GI82>,

<GRAYER80>, <REQUICHA80a>, <REQUICHA80b>, <SCHÖN81>, <VOEL-
CKER/REQUICHA77>, <WESLEY80a>, <WOO77> und die Bibliographie
<BARSKY82> verwiesen.

Hauptproblem bei der Darstellung dreidimensionaler Gebilde
ist, systemseitig sicherzustellen, daß der Konstrukteur bei
der Manipulation des geometrischen Modells nur **eindeutige
Darstellungen** und **physikalisch realisierbare** Körper erzeugen
kann. Dies wollen wir nachfolgend kurz erläutern. Dabei
führen wir zuerst ein **mathematisches Modell** für mechanische
Körper ein. Für dieses Modell gibt es dann verschiedene Dar-
stellungsschemata (Datenstrukturen).

Zur Beschreibung der Räumlichkeit von Objekten ist der dreidimensionale euklidische Raum E3 geeignet. Eine Abbildung
des E3 auf sich selbst wird <u>Versetzung</u> genannt, wenn sie
durch eine endliche Sequenz von Translationen und Rotationen,
die abstands- und winkeltreu sind, beschrieben werden kann.
Zwei (endliche) Untermengen des E3 heißen <u>kongruent</u>, wenn sie
durch Versetzung ineinander abgebildet werden können. Die
Äquivalenzklassen bezüglich der (Äquivalenz-) Relation "kon-
gruent" stellen formgleiche, toleranzfreie Körper dar.

Die damit definierten Körper müssen aber nicht im physikalischen Sinn räumlich sein. So ist z.B. eine Strecke im E3
kein echtes dreidimensionales Gebilde, da sie kein Volumen
hat und somit physikalisch nicht realisierbar ist. Solche
Objekte dürfen wir im dreidimensionalen Modell nicht
zulassen. Wir müssen also weitere Einschränkungen vornehmen.

Sei X eine Untermenge des E3. Die <u>Regularisierung</u> von <u>X</u>,
r(X), ist definiert durch

$$r(X) := k(i(X)),$$

wobei k(i(X)) der Abschluß der Menge der inneren Punkte von X ist. In unserem Beispiel der (dreidimensionalen) Strecke ist

$$i(X) = 0, \text{ also } r(X) = k(i(X)) = 0$$

Die Regularisierung bewirkt also, daß die physikalisch nicht realisierbaren Teile von Körpern unterdrückt werden.

Eine Menge heißt <u>regulär</u> oder <u>r-Menge</u>, wenn

$$X = r(X)$$

Des weiteren fordert man, daß aus Körpern durch Hinwegnahme bzw. Hinzufügen von "Material" wieder Körper entstehen müssen. Da die herkömmlichen Mengenoperationen, angewandt auf r-Mengen, nicht wieder r-Mengen liefern (man betrachte etwa den Durchschnitt zweier sich berührender Quader), führt man regularisierte Versionen von Mengenoperationen auf r-Mengen ein (<REQUICHA80>, <TILOVE80>, <TILOVE/REQUICHA80>).

Solche r-Mengen bilden ein mathematisches Modell für Körper. In einem zweiten Schritt müssen nun endliche Beschreibungsformen für r-Mengen gefunden werden (vgl. 1.1). Eine solche Beschreibungsform nennen wir ein <u>Darstellungsschema</u>. Ein Darstellungsschema ist eine Abbildung zwischen r-Mengen und Datenstrukturen (syntaktisch gesehen: in die von einer formalen Sprache erzeugten Wortmenge). Dabei ist zu bemerken:

o Der <u>Definitionsbereich</u> dieser Abbildung gibt an, welche Körper dargestellt werden können. Er bestimmt also die deskriptive Mächtigkeit des Darstellungsschemas (z.B. durch analytische Flächen oder auch durch Freiformflächen begrenzte Körper).

o Kann es vorkommen, daß eine konkrete Datenstruktur
   mehrere r-Mengen darstellt, so ist das Darstellungsschema
   nicht eindeutig.

o Die Datenstrukturen sollen kompakt und redundanzarm sein
   und effienziente Algorithmen (etwa Volumenbestimmung,
   Detektion der Interferenz von Körpern) erlauben.

Beispiel:

Zur Repräsentation von Polyedern (durch Ebenen begrenzte
Vielflächner) wählen wir das Darstellungsschema

$$M = (\ (X_i,\ Y_i,\ Z_i,\ X_j,\ Y_j,\ Z_j)\ )$$

Wir bilden also einen Polyeder durch eine Datenstruktur
ab, die aus einer Menge von 6-Tupeln besteht. Deren Elemente interpretieren wir als Koordinaten von Anfangs- bzw.
Endpunkten der Kanten des Polyeders. **Syntaktisch** gesehen
können wir diese Datenstruktur durch die folgende Grammatik beschreiben:

```
<s> ::= <e> <s>
<e> ::= (<real> <real> <real> <real> <real> <real>)
```

Das Darstellungsschema bildet von dieser Grammatik erzeugte Worte mittels der oben definierten Semantik in r-Mengen
ab. Dabei gilt:

o Der Definitionsbereich des Darstellungsschemas enthält
   die Menge der Polyeder.

o Es können physikalisch nicht realisierbare Körper dargestellt werden (etwa eine einzelne Strecke).

o Die Darstellung ist nicht eindeutig (s.u.). Daher sind mit dieser Darstellung arbeitende Algorithmen a priori nicht robust.

o Die Darstellung enthält Redundanzen.

Dieses Darstellungsschema ist also offensichtlich schlecht gewählt.

Eine Übersicht über die bekanntesten Darstellungsschemata gibt Abbildung 1-11.

Nicht eindeutige Darstellungsschemata

Technische Zeichnung
(Darstellung durch Ansichten)

Punktmodell

Kantenmodell

Eindeutige Darstellungsschemata

Parametrisierte Prototypen

Punktmengendarstellung
(approximative Darstellung)

CGS-Darstellung — Standardkörper
— Halbräume

Begrenzungsflächen- — analytische Flächen
darstellung
— Freiformflächen

Zellzerlegung
("Kontaktflächen-
verknüpfung")

Translation/Rotation
von Formelementen

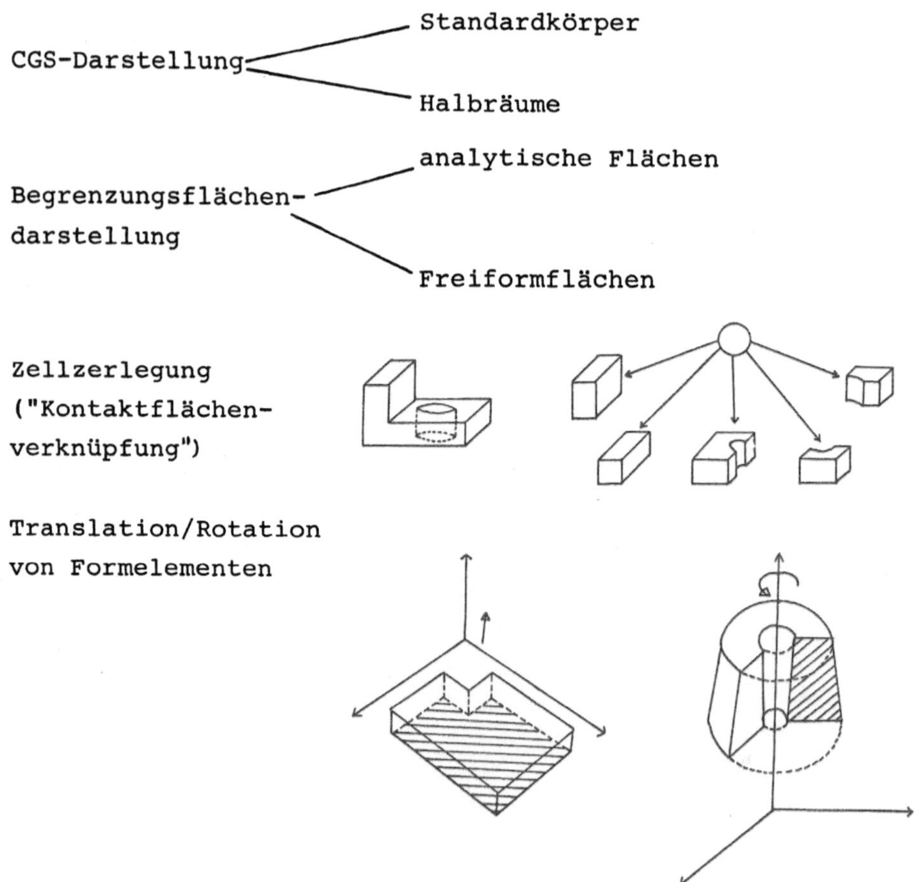

Abbildung 1-11: Übersicht über Darstellungsschemata für Körper

Wir unterscheiden zwei **mehrdeutige** und daher als geometrisches Modell unbrauchbare Darstellungsschemata:

1. die **technische Zeichnung** sowie

2. das **Kantenmodell**

Technische Zeichnung

Das traditionelle Medium zur Spezifikation mechanischer Teile, die technische Zeichnung, repräsentiert einen Körper durch eine **Menge von Ansichten**. Das technische Zeichnen ist keine streng formale Definition der Zeichnung im Sinne eines Darstellungsschemas. Zeichnungsrichtlinien legen nur fest, daß eine "genügende" Anzahl von Projektionen, Teilansichten, Details und Begriffen in der Zeichnung festgehalten werden soll, um Mehrdeutigkeiten zu vermeiden. Zur Interpretation der technischen Zeichnung sind Vorkenntnisse über Darstellungsart und Funktionsweise des Teils notwendig. Da die Validität einer technischen Zeichnung automatisch nur schwer zu prüfen ist, scheidet der Einsatz der technischen Zeichnung als primäres geometrisches Modell aus.

Kantenmodell

Abbildung 1-12a zeigt die prinzipielle Datenstruktur des Kantenmodells. Ein KÖRPER (und damit ein TEIL) wird durch seine KANTEn beschreiben. KANTEn stehen zu PUNKTen in Beziehung. Durch ein Beispiel kann man zeigen, daß das Drahtmodell bereits bei Polyedern (d.h. die KANTEn sind Strecken) zu mehrdeutigen Darstellungen führen kann (Abbildung 1-12b, nach <CGAA82>).

(a)

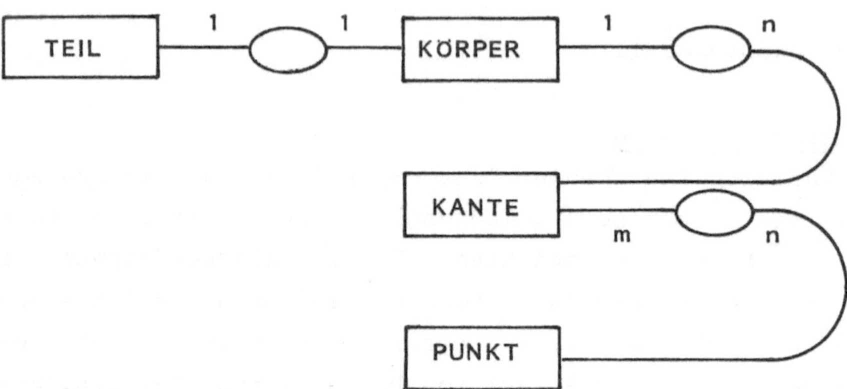

(b)

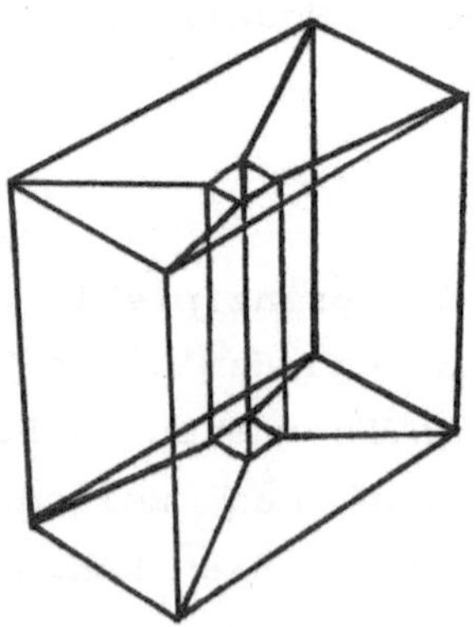

Abbildung 1-12: Drahtmodell
(a) Prinzipielle Datenstruktur
(b) Beispiel einer nichteindeutigen Körperdarstellung

Je nach Raumdefinition der beteiligten Grundkörper können insgesamt sechs verschiedene Körper gemeint sein (negative Raumdefinition für jeweils zwei gegenüberliegende Pyramidenstümpfe in Verbindung mit positvem oder negativem Innenquader).
Geht man einen Schritt weiter und setzt die Kanten mit den Flächen, die das Objekt umschliessen, in Beziehung, kommt man zur (eindeutigen) Begrenzungsflächendarstellung (s.u.).

Für die **eindeutige** Darstellung von Körpern innerhalb des dreidimensionalen Modells lassen sich folgende Möglichkeiten angeben:

1. Parametrisierte Prototypen

2. Punktmengendarstellung

3. Darstellung durch **Standardvolumenelemente** (Volumenmodell, CSG-Darstellung)

4. **Begrenzungsflächendarstellung**

5. **Zellzerlegung** ("Kontaktflächenverknüpfung")

6. **Translation/Rotation** von **Formelementen** ("sweep representations")

Von diesen eindeutigen Darstellungsschemata wollen wir nur 1 bis 4 näher besprechen (vgl. auch <REQUICHA80a>, <REQUICHA 80b>). (Das Prinzip der Darstellungsschemata 5 und 6 ist in Abbildung 1-11 gezeigt.) Dabei kommt es uns weniger auf die Ausleuchtung geometrischer Subtilitäten an. Unser Hauptaugenmerk liegt vielmehr auf der Darstellung typischer geometrischer Datenstrukturen. Diese Strukturen sollen ja letztlich in der Technischen Datenbank verwaltet werden.

Parametrisierte Prototypen

Sogenannte **Parametrisierte Prototypen** beschreiben eine
Familie gestaltähnlicher Teile. Diese Familie (der **Prototyp**)
wird durch eine Menge von Parametern beschrieben. Jede
Instanz dieser Familie ist durch entsprechende aktuelle Para-
meterwerte ausgezeichnet.

In Abbildung 1-13b (nach <REQUICHA80a>) sind als Beispiel
drei Prototypen zu sehen.
Der Parameter der ersten Familie von Zahnrädern (ZAHNRAD1)
besteht aus dem Raddurchmesser D und der Anzahl N gleich-
artiger Zähne. Die zweite Familie (ZAHNRAD2) besitzt einen
zusätzlichen Parameter D'. Die dritte Familie (STIFT) hat
als Parameter die Gesamtlänge L und den Stiftdurchmesser Ds.
Alle anderen Objektcharakteristiken sind implizit definiert.
Sie sind entweder konstant für die ganze Familie (etwa Höhe
und Durchmesser der Radwelle) oder sie hängen von den spezi-
fizierten Parametern ab (z.B. ist der Durchmesser DK des
Stiftkopfes proportional zum Stiftdurchmesser DS).
Vorteile dieser Repräsentation sind in der leichten
Handhabung und der Förderung der Standardisierung von Ein-
zelteilen zu sehen. Haupteinsatzgebiet ist die Varianten-
konstruktion. Weiterhin ist die logische Konsistenz einer
Darstellung leicht zu prüfen. So ist beispielsweise jede
Instanz des Prototyps ZAHNRAD1 aus Abbildung 1-13b für
positive Parameter D und N richtig. Weitere solche Integri-
tätsbedingungen sind leicht einführbar (etwa D größer D' bei
ZAHNRAD2).

Abbildung 1-13a zeigt die Datenstruktur für dieses Darstellungsschema. Ein **PROTOTYP** ist durch n **FORMALE PARAMETER**
(eines bestimmten **PARAMETER-TYPs**) beschrieben. Eine **INSTANZ**
liefert die **AKTUELLEn PARAMETER**. Ein **TEIL** kann durch eine
INSTANZ beschrieben werden, eine **TEILEFAMILIE** durch den
PROTOTYP.

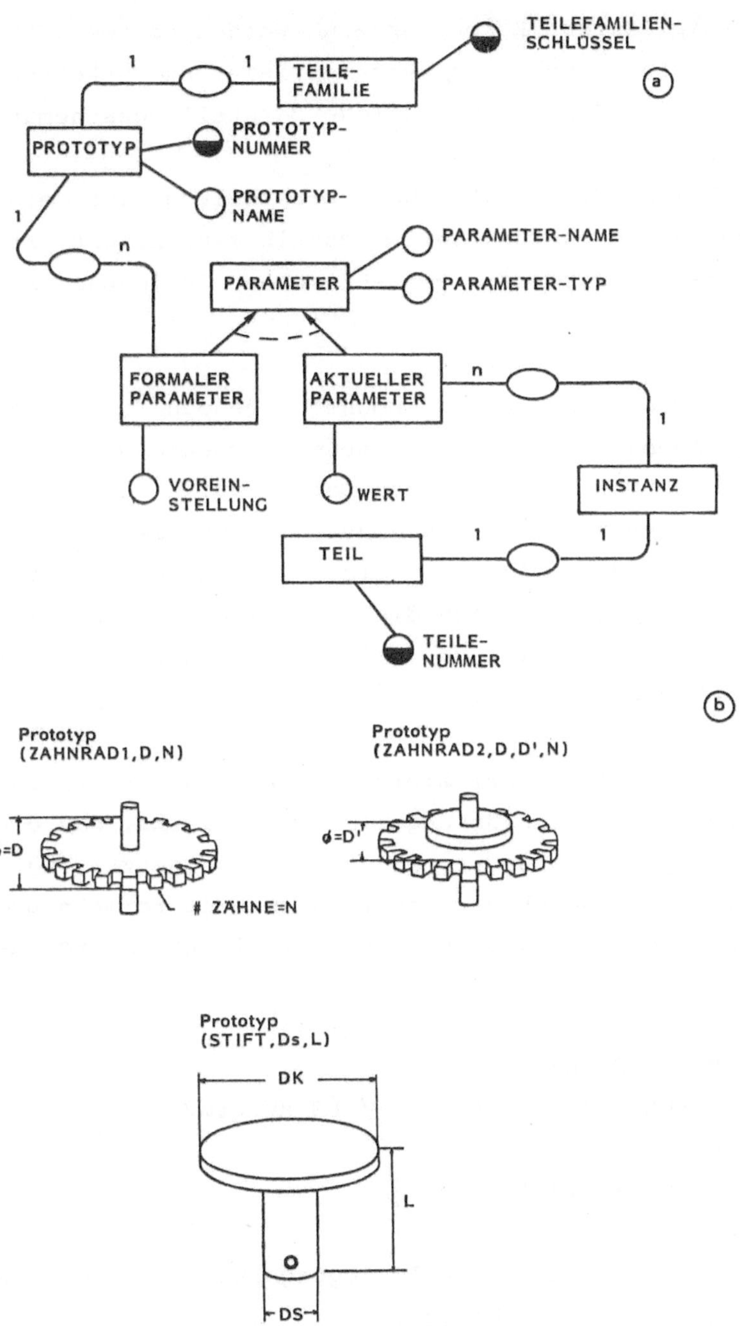

Abbildung 1-13: Parametrisierte Prototypen
(a) Prinzipielle Datenstruktur
(b) Beispiel

Das wesentliche Merkmal dieses Darstellungsschemas ist, daß
keine neuen komplexeren Körper erzeugt werden können. Der
Anwender ist an den durch die Parametrisierung gebotenen
Spielraum gebunden. Daher haben solche Darstellungsschemata
einen relativ kleinen Definitionsbereich.
Auch für Algorithmen der grafischen Darstellung ist eine
solche Repräsentation ungünstig. Deshalb sind solche Darstellungsschemata zur direkten geometrischen Teile-Darstel-
lung nicht geeignet.

Mit Hilfe von Prototypschemata können jedoch Kataloge
systematisch aufgebaut werden. Sie nehmen Objekte mit ihren
für Berechnungsalgorithmen relevanten Daten auf. Weiterhin
erlauben sie, in Verbindung mit anderen geometrischen Darstellungsschemata, den Aufbau einer benutzergerechten
Schnittstelle, da dieser nur noch die (technisch begründeten)
Parameter angeben muß und sich um weitere geometrische Details nicht zu kümmern braucht.

Eine Erweiterung unserer prinzipiellen Datenstruktur aus
Abbildung 1-13a ist die Einführung eines Regelwerks, das die
Auslegungsparameter zu einander in Beziehung setzt (vgl.
<POMBERGER82>). Ein solches Regelwerk enthält Formeln und
die üblichen Anweisungsstrukturen normaler Programmiersprachen, etwa

```
        V := L / DS
        IF V > 2.0 THEN
                ERROR "Verhältnis L / DS zu groß"
        ELSE
                DK := 2.3 * DS
        usw.
```

In der Datenbank wäre eine solche Auslegungsspezifikation als
gewöhnlicher Syntaxbaum speicherbar.

Punktmengendarstellung

Die **Punktmengendarstellung** basiert direkt auf der Definition der r-Mengen. Jede r-Menge wird dabei sozusagen gerastert, also **approximativ** durch eine Menge von kleinen Würfeln aufgezählt. Wegen des immensen Speicheraufwands ist diese Darstellungsweise nur im Zusammenhang mit einer **hierarchischen Dekomposition** des Raums sinnvoll. Dabei wird eine Zelle in eine Partition 8 disjunkter Zellen aufgeteilt, die ihrerseits wieder unterteilt werden, und so fort. Dieser Unterteilungsprozeß bricht ab, wenn entweder eine Zelle ganz innerhalb oder ganz außerhalb des darzustellenden Körpers liegt oder eine genügende Auflösung erreicht ist. Bei dieser Darstellung ergibt sich also ein Baum mit dem "fan-out" 8 (sog. "oct-tree", vgl. <MEAGHER82>, <SRIHARI81>).

(a)

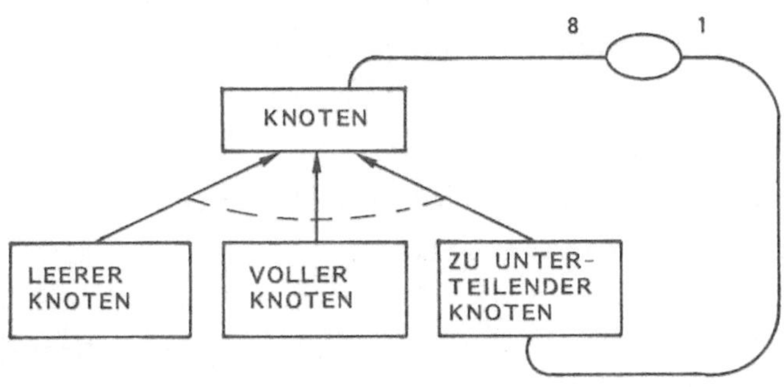

(b)

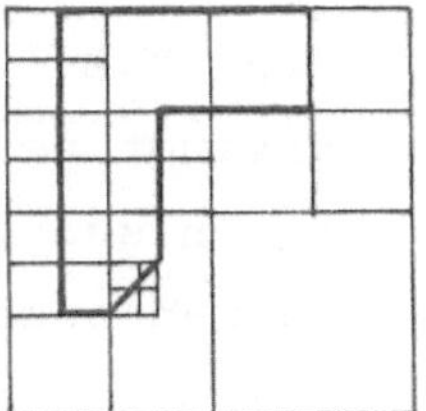

Abbildung 1-14: Punktmengendarstellung
(a) Prinzipielle Datenstruktur
(b) Zweidimensionales Beispiel

Abbildung 1-14a zeigt die prinzipielle Datenstruktur dieses
Darstellungsschemas.   Ein **KNOTEN** des Baums ist entweder ein
LEERER KNOTEN, ein **VOLLER KNOTEN** oder ein **ZU UNTERTEILENDER
KNOTEN** (d.h.   im "unentschiedenen" Fall wird weiter unter-
teilt).   Abbildung 1-14b veranschaulicht die Methode im zwei-
dimensionalen ("quad-tree").

Als primäre dreidimensionale Darstellungsform innerhalb des
geometrischen Modells ist dieses Schema wegen der appro-
ximativen Vorgehensweise und dem hohen Speicheraufwand nicht
brauchbar.

Allerdings kann man sich die hierarchische Dekomposition des
Raums zur Unterstützung räumlicher Suchanfragen (z.B. "Suche
alle Teile in der Nähe des Zündverteilers") zunutze machen.
Diese Unterteilung kann man nämlich als Index auf alle
Objekte, die sich ganz innerhalb einer Zelle befinden, auf-
fassen. Dieser Index ist als Mehrwegbaum realisiert.

Darstellung durch Standardvolumenelemente
(Volumenmodell, CSG-Darstellung)

Das Charakteristikum der Darstellung durch **Standardvolumenelemente** (auch **Volumenmodell** oder constructive solid ge-
ometry, **CSG-Darstellung** genannt) ist die Vorstellung von
Wegnahme und Hinzugfügen von "Material" (<BRAID75>). Dabei
beginnt man mit Standardkörpern (z.B. Quader, Zylinder, vgl.
<HAKALA/HILLYARD/ea80>) und erzeugt neue Körper durch Mengen-
operationen (Durchschnitt, Vereinigung, Differenz).
Statt mit Standardkörpern kann man auch mit **Halbräumen** (z.B.
Ebenen, Zylinderflächen) beginnen, die den E3 jeweils in
innen- bzw. außenliegende Bereiche unterteilen.
Diese Folge von Operationen kann als Binärbaum beschrieben
werden, dessen Blätter die Standardvolumenelemente und dessen
"nicht-terminale" Knoten Mengenoperationen enthalten.

Abbildung 1-15a zeigt diese Datenstruktur (vgl. <BRAID78>, <BRAID/HILLYARD77>, <LEE/FU83> und <VOELCKER/REQUICHA/ea78>).

BLOCK, KUGEL, KONUS, ZYLINDER und **TORUS** sind **STANDARDKÖRPER**. Ein **KÖRPER** ist entweder ein **STANDARDKÖRPER** oder ein **ZUSAMMEN-GESETZTER KÖRPER**, der wiederum das Resultat einer Mengenoperation auf zwei KÖRPERn ist.
Eine **TRANSFORMATIONSMATRIX** (eine 4x4-Matrix, vgl. <NEWMAN/SPROULL79>) gibt die relative Position eines STANDARDKÖRPERS zum Gesamtkörper an. Darüber hinaus hat ein STANDARDKÖRPER noch die Attribute **FARBE** und **INVERSE** der TRANSFORMATIONS-MATRIX.

(a)

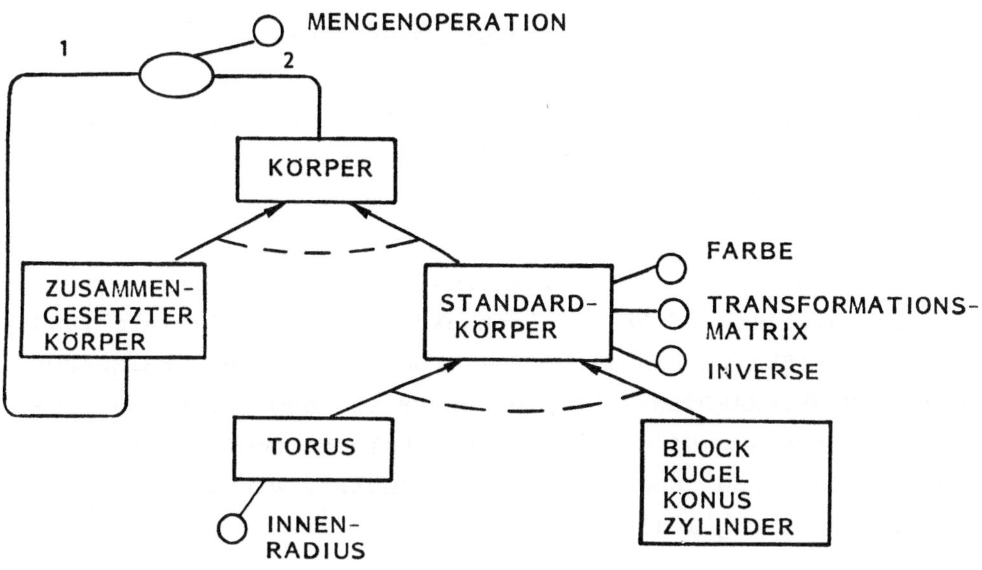

Abbildung 1-15: Volumenmodell
(a) Datenstruktur

Abbildung 1-15b zeigt ein Beispiel eines so definierten
Körpers, Abbildung 1-15c einen Ausschnitt der dazugehörenden
Kommandofolge, die das Verfahren illustriert.

Die CSG-Darstellung ist eine äußerst kompakte (prozedurale)
Darstellung eines Körpers. Darüber hinaus haben Mengenopera-
tionen technische Äquivalente. So kann z.B. die mengentheo-
retische Differenz Bohr- oder Fräsoperationen darstellen.
Mit Hilfe der Durchschnittoperation kann die statische Inter-
ferenz von Teilen festgestellt werden. Eine Fülle weiterer
Konstruktions- und Fertigungsplanungsaufgaben bis hin zur
Roboterprogrammierung kann mit Hilfe der CSG-Darstellung
durchgeführt werden (<BORGERSON/JOHNSON80>, <DEWHIRST/HILLY-
ARD81>, <JOHNSON>, <WESLEY80b>, <WOLFE79>).
Zum Zwecke der grafischen Darstellung müssen allerdings die
Kanten der Körper bestimmt werden. Eine Möglichkeit ist, die
Grundkörper der CSG-Darstellung in eine Begrenzungsflächen-
darstellung (s.u.) zu überführen und in diesem Darstellungs-
schema mittels Flächenschnittverfahren die Mengenoperationen
durchzuführen.

Die Abbildung 1-16a und b zeigen zwei weitere Beispiele (Teil
einer Kurbelwelle und Phantasieobjekt). Diese Beispiele (und
Abbildung 1-15b) wurden mit einem vom Autor und REINHARDT
(<EBERLEIN/REINHARDT83>) implementierten geometrischen Mo-
dellierungssystem auf der Basis der Volumenmodells erzeugt.
Dabei wurde eine Kommandosprache benutzt, wie sie auszugs-
weise in Abbildung 1-15c zu sehen ist.

Dieses System kennt als Standardvolumenelemente **Quader**,
Zylinder, **Kegel**, **Kugeln** und **Tori**. Es erzeugt automatisch
Darstellungen mit Ausblendung der verdeckten Kanten und kann
Flächen gefüllt und schattiert darstellen.

(b)

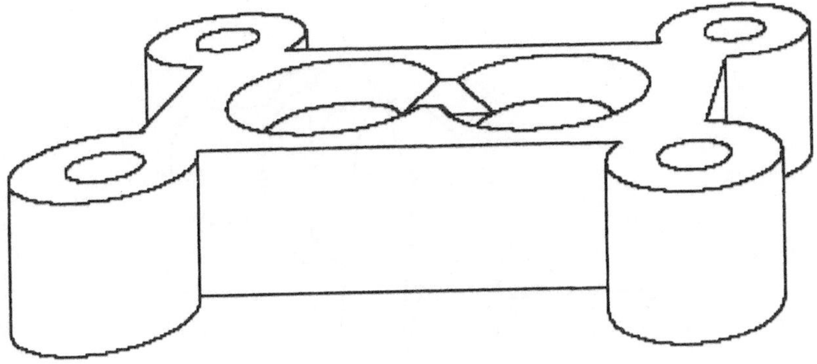

(c)

```
- Erzeugung des Blocks
CREATE BLOCK b1
MOVE b1
SCALE 8 2 4
TRANSLATE 1 1 1
- Bohrungen im Block
CREATE CYLINDER z1
MOVE z1
SCALE 1 1 2
ROTATE X -90
TRANSLATE 3.4 1 3
COPY z1 z2
MOVE z2
TRANSLATE 3.1 0 0
COMBINE b1 - z1 a1
COMBINE a1 - z2 a2
        .
        .
        .
VIEW
WINDOW 15 15
PERSPECTIVE 15 15 30
PLOT objekt
```

Abbildung 1-15: Volumenmodell
(b) Beispiel
(c) Teil der Kommandofolge

(a)

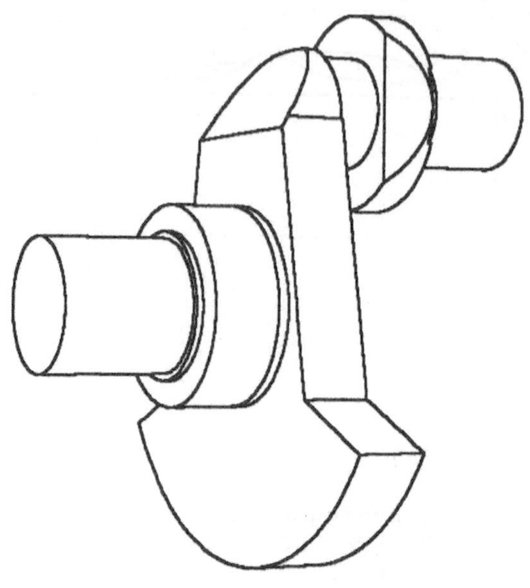

(b)

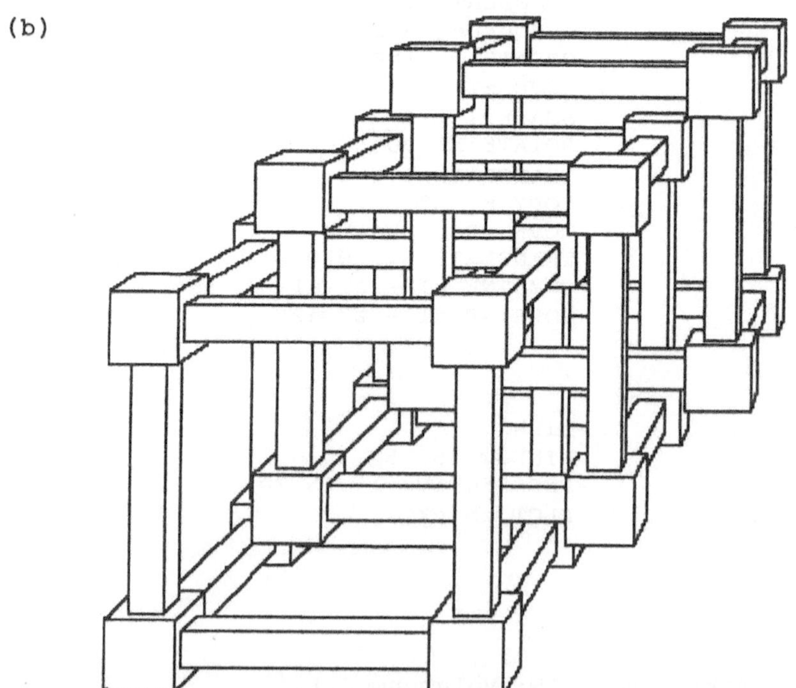

Abbildung 1-16: Weitere Beispiele zum Volumenmodell
(a) Teil einer Kurbelwelle
(b) Phantasieobjekt

Das System arbeitet nach der "ray casting"-Methode
(<ROTHsd82>), wobei im Prinzip für jeden Bildpunkt eines
Rasterbildschirms ein, im Falle einer Parallelprojektion
senkrecht zur Bildfläche stehender Strahl ausgesandt wird.
Für diesen Strahl werden zunächst Ein- und Austrittspunkte
beim Schnitt mit den Standardvolumenelementen ermittelt.
Dann werden diese Klassifikationen entlang des Baums
(entsprechend den Mengenoperationen) kombiniert. Danach ist
die am weitest vorne liegende Fläche bekannt. Unterscheiden
sich bei zwei nebeneinanderliegenden Pixeln die von den
betreffenden Strahlen getroffenen Flächen, so liegt dazwi-
schen eine Kante.

So wie wir das Verfahren beschrieben haben, ist es äußerst
zeitaufwendig. Durch spezielle Tests und insbesondere durch
eine hierarchische Dekomposition der Bildschirmfläche lässt
sich eine erhebliche Beschleunigung erreichen. Im wesentlich
konzentriert sich dann das Suchverfahren auf Gebiete, die
Kanten enthalten.

Begrenzungsflächendarstellung

Die **Begrenzungflächendarstellung** stellt einen Körper durch
die explizite Angabe der ihn begrenzenden Flächen, Kanten und
Eckpunkte dar.

Die prinzipielle Datenstruktur ist in Abbildung 1-17a dargestellt. Ein **KÖRPER** ist durch mehrere **BEGRENZUNGSFLÄCHEN**
begrenzt. **KANTE**n und **PUNKT**e entstehen durch sich schneidende
BEGRENZUNGSFLÄCHEN. PUNKTe sind die Begrenzungen von KANTEn.
Abbildung 1-17b illustriert dieses Darstellungsschema.

(a)

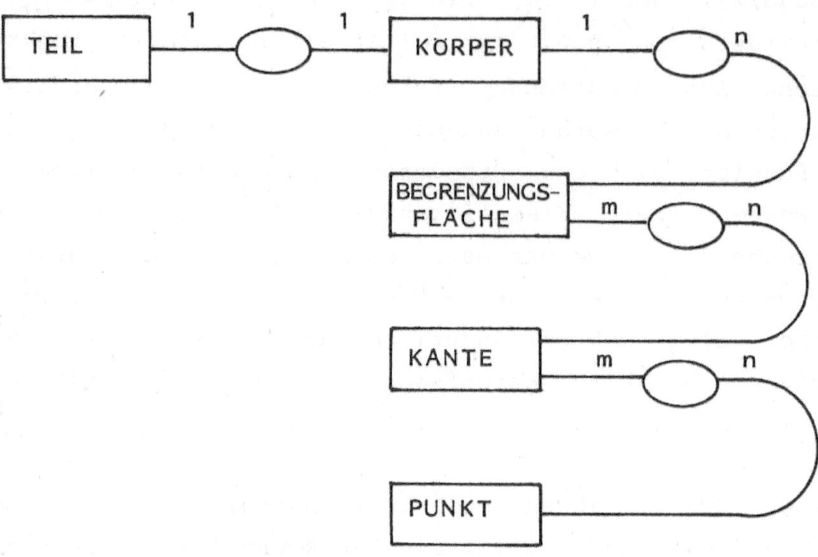

(b)

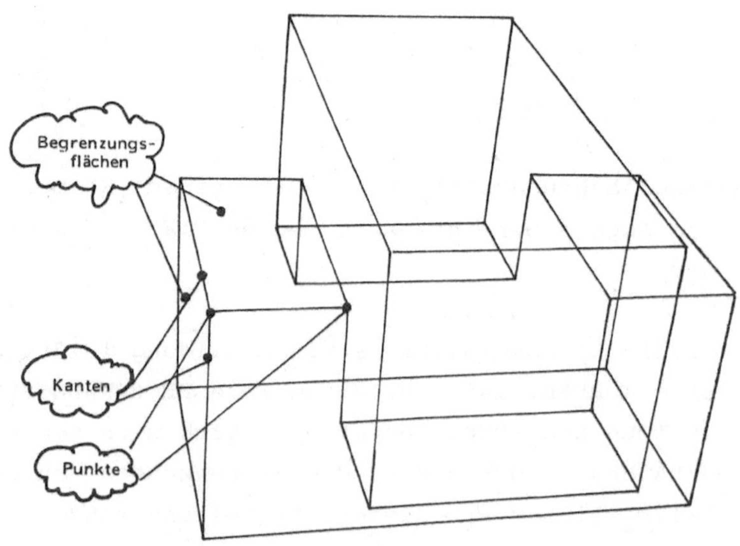

<u>Abbildung 1-17</u>: Begrenzungsflächenmodell
(a) Prinzipielle Datenstruktur
(b) Beispiel

Eine Integritätsbedingung für ein solches Schema ist die
EULERsche Regel:

$$B + P - K = 2$$

Hierbei ist B die Anzahl der BEGRENZUNGSFLÄCHEN, P die Anzahl
der PUNKTE und K die Anzahl der KANTEn eines KOERPERs (in
Abbildung 1-17b ist B=10, K=32 und P=24). Für nicht einfach-
zusammenhängende Körper (ein Körper ist einfach zusammenhängend, wenn keine Fläche der Körperoberfläche ein "Loch"
besitzt) gilt:

$$B + P - K = 2 + R - 2*L$$

R ist die Anzahl der inneren, nicht mit den restlichen Kanten
verbundenen, Kantenzüge (sog. Ringe) einer Fläche und L die
Anzahl der Löcher im Körper.

Operationen, die diese Datenstruktur modifizieren, müssen
diese Änderungen (etwa das Einführen einer neuen Fläche) so
vornehmen, daß zumindest die Gültigkeit der obigen Formel ge-
währleistet bleibt.   Diese Formel sichert die topologische
Integrität (<BAUMGART75>, <BRAID/HILLYARD/ea78>, <EASTMAN/
LIVIDINI/ea75>, <MÄNTYLÄ/TAKALA81>, <MÄNTYLÄ/SULONEN82>).
Ein solcher Operator wäre z.B. ADDIERE KANTE/PUNKT (mit P+1,
K+1 stimmt die EULER-Formel wieder).

Bisher haben wir nur die topologische Struktur des Körpers
betrachtet. Diese muß mit geometrischer Information vervollständigt werden.   Beispielsweise haben BEGRENZUNGSFLÄCHEn
eine **WIRTSEBENE** (**EBENE, ZYLINDERFLÄCHE, KUGELFLÄCHE**, etc.),
KANTEn sind vom Typ **GERADE, KREISBOGEN, ELLIPSE, SPLINEKURVE**
usw. und PUNKTe haben **KOORDINATEN**.

Abbildung 1-18 zeigt die so erweiterte Darstellung am
einfachsten Beispiel der Polyeder (vgl. <DEISEL82>). Die
geometrischen Daten der **STRECKE** sind aus den **KOORDINATEN** der
beiden Eck**PUNKT**e zu berechnen. Eine **BEGRENZUNGSFLÄCHE** ist
(redundant) durch zwei VEKTORen (**BASIS-** und **NORMALENVEKTOR**)
definiert. **KÖRPER** und BEGRENZUNGSFLÄCHEN sind zusätzlich

(a)

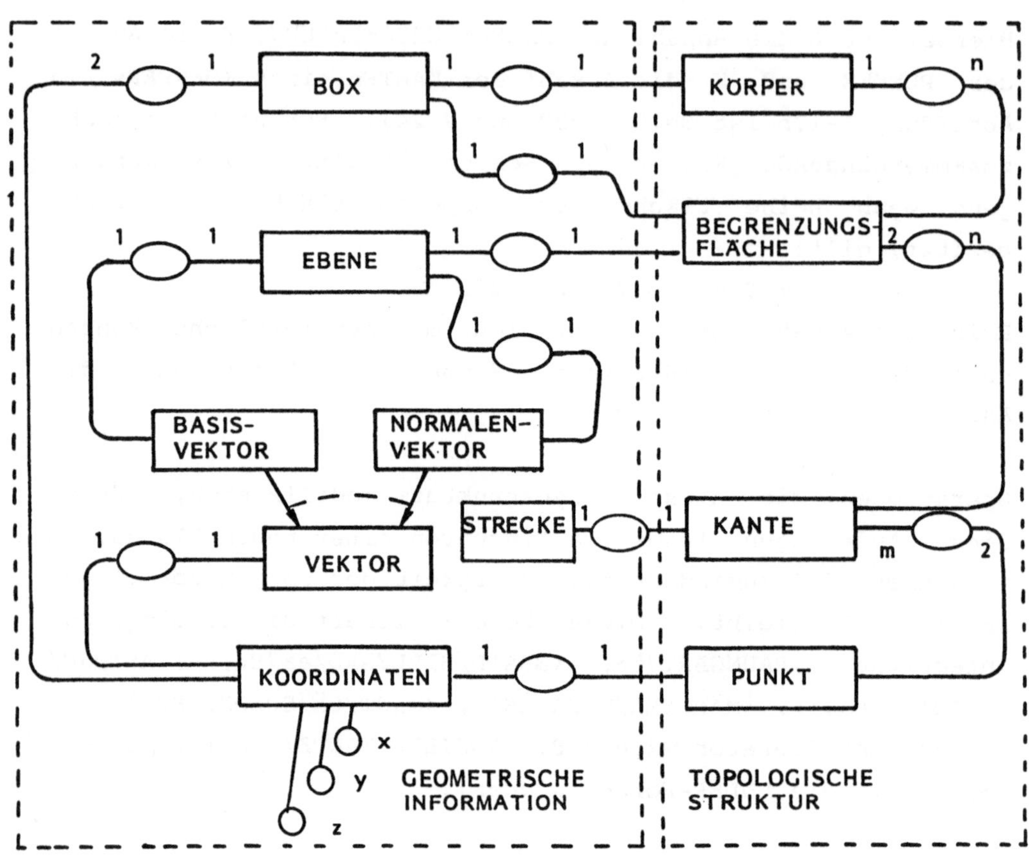

Abbildung 1-18: Begrenzungsflächenmodell
               für Polyeder
(a) Datenstruktur

durch eine Hülle (BOX, ein den Körper bzw. die Fläche um-
schließendes achsenparalleler Würfel) beschrieben. Diese
Hülle ermöglicht eine schnelle Vorauswahl auszuschließender
Fälle bei bestimmten Algorithmen (z.B. "Schneiden sich zwei
Flächen ?").

In praktischen Anwendungen ist die sich ergebende Datenstruk-
tur weitaus komplizierter (vgl. <BOYSE/GILCHRIST82>, <DASS-
LER/GERMER/ea82>, <FRITSCHE82>, <GRÄTZ/SEIFERT82>, <MÜL-
LER80>, <POHLMANN82>). So ergeben sich etwa bei bei nicht
einfach-zusammenhängenden Körpern in einer FLÄCHE mehrere
KONTUREN (eine Außen- und mehrere Innenkonturen) oder beim
Schnitt bestimmter analytischer FLÄCHEn analytisch nur schwer
beschreibbare KANTEn (vgl. <SPUR/MAYR78>).
Weiterhin können wir Körper in TEILKÖRPER gliedern, die
mehrfach im Körper an verschiedenen Stellen repetiert werden
können. Diese TEILKÖRPER lassen sich weiter in FORMELEMENTE
unterteilen (man vgl. <FISCHER79d>, <FISCHER82>).

Abbildung 1-18b illustriert, wie mit Hilfe der Begrenzungsflächendarstellung ebenfalls Mengenoperationen durchgeführt
werden können. Die Durchführung dieser Operationen erfordert
im Prinzip ein wechselseitiges Verschneiden aller Flächen der
beteiligten Körper, d.h. jede Fläche des einen Körpers wird
mit jeder Fläche des anderen Körpers zum Schnitt gebracht.
Dabei ergeben sich zum einen neue Durchdringungskonturen, zum
anderen lassen sich existierende Kanten in innen- bzw.
außenliegende Kantenteile klassifizieren (<BARGELE/FRITSCHE/
ea79>, <GRÄTZ/SEIFERT82>). Diese drei Typen von Kanten werden, je nach Mengenoperation, dann zum neuen Körper rekom-
biniert.

(b)

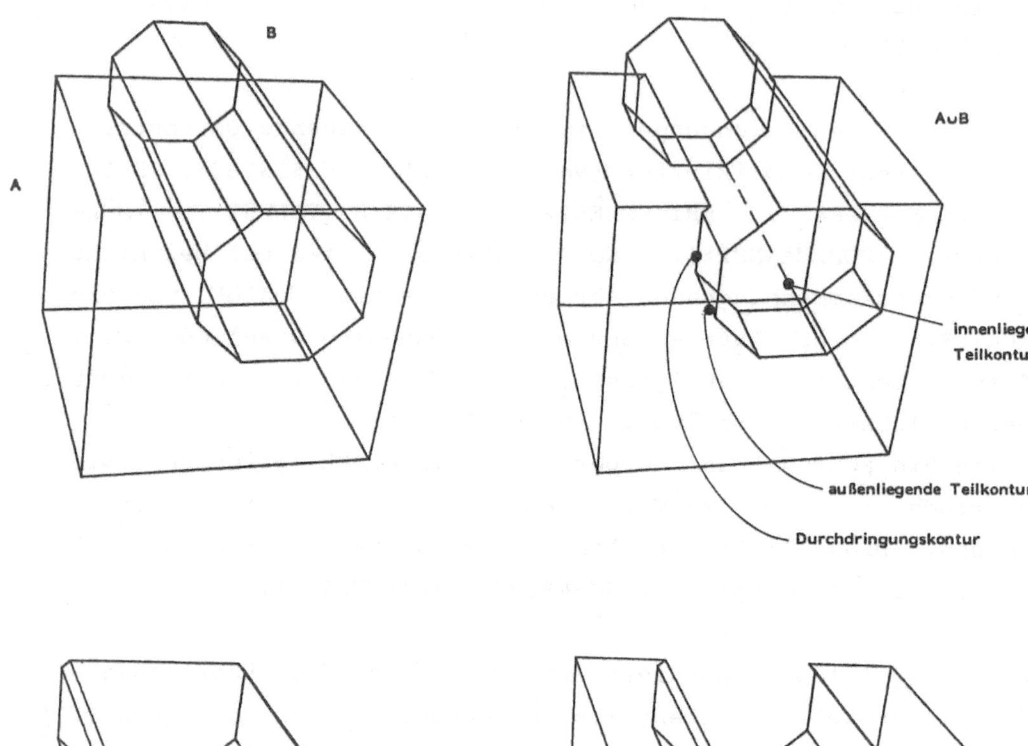

<u>Abbildung</u> 1-18: **Begrenzungsflächenmodell
für Polyeder**
(b) Beispiel für Mengenoperationen

Einen Ausschnitt der bei der Durchführung dieses Prozesses
benötigten **Operatoren** (vgl.   1.3.1) zeigt Abbildung 1-18c.

(c)

```
NULLVEK    (VEKTOR: BOOL)
VEKBETR    (VEKTOR: REAL)
SCAMULT    (VEKTOR, REAL: VEKTOR)
KREUZPR    (VEKTOR, VEKTOR: VEKTOR)


PARALLEL   (EBENE, EBENE: BOOL)
KOLINEAR   (GERADE, FLÄCHE: BOOL)
FHÜLLE     (FLÄCHE: BOX)
BSCHNITTB  (BOX, BOX: BOOL)
GSCHNITTG  (GERADE, GERADE: PUNKT)
GSCHNITTE  (GERADE, EBENE: PUNKT)
PAUFS      (PUNKT, STRECKE: BOOL)
PINF       (PUNKT, FLÄCHE: BOOL)
KHÜLLE     (KÖRPER: BOX)


QUADER     (:KÖRPER)
ZYLINDER   (:KÖRPER)
TRANSLAT   (KÖRPER, VEKTOR: KÖRPER)
ROTATION   (KÖRPER, ACHSE, REAL: KÖRPER)


SCHNITT    (KÖRPER, KÖRPER: KÖRPER)
VEREINIG   (KÖRPER, KÖRPER: KÖRPER)
DIFFERENZ  (KÖRPER, KÖRPER: KÖRPER)
```


<u>Abbildung 1-18</u>: **Begrenzungsflächenmodell
                          für Polyeder**
(c) Operatoren

Abbildung 1-18b zeigt auch, daß wir mehrere Darstellungsformen parallel im geometrischen Modell halten können, beispielsweise eine CSG-Darstellung eines Objekts und die entsprechende Begrenzungsflächendarstellung. Mit Hilfe solcher
hybrider Darstellungsschemata können gegenüber einer einheitlichen Darstellung erweiterte Objektklassen und Operatoren
definiert werden bzw. für den Konstrukteur verschiedene
Eingabemöglichkeiten zur Verfügung gestellt werden. Nach-
teilig ist, daß die Konsistenz zwischen den beiden Schemata
gesichert werden muß.

Unser Vorschlag für den Aufbau des dreidimensionalen
geometrischen Modells beruht auf einer solchen hybriden Darstellung.
Teile und Abstraktionen von Baugruppen und Produkten, d.h.
deren ungefähre Form, werden dabei mittels der CSG-Darstellung gespeichert. Diese Darstellung enthält in den Transformationsmatrizen nicht nur Konstante sondern auch Dimensionierungsparameter, die voneinander abhängig sein können. Die
Menge der für den Benutzer relevanten technischen Parameter
und deren Abbildung auf diese Dimensionierungsparameter wird
in Art der **Parametrisierten Prototypen** dargestellt. Bei
Baugruppen werden mittels des Prototyp-Schemas die
technischen Parameter der Baugruppe auf die der untergeordneten Teile abgebildet. Gleichzeitig wird dort die Relativposition und eine eventuell vorhandene Kinematik der
untergeordneten Teile bezüglich der Baugruppe festgehalten
(vgl. <JOHNSON/DEWHIRST>, <JOHNSON/DEWHIRST82>).
Mit dieser Darstellungsform lassen sich sowohl Einzelteile
als auch die gesamte geometrisch-technische Produktstruktur
beschreiben.

Als ein **zweites Beispiel** für Produktmodelle wollen wir im
folgenden **Abschnitt 1.3.3** kurz die beim Entwurf von **VLSI-
Schaltungen** benötigte Produktdarstellung diskutieren.

1.3.3 Produktmodell beim VLSI-Entwurf

Abbildung 1-19 zeigt ein Produktmodell zur Darstellung von VLSI-Maskenentwürfen.

Zu unserer Darstellung verwandte Schemaentwürfe finden sich etwa in <CHU/FISHBURN/ea83>, <ETIENNE/HALLMARK83>, <KOENIG/LORIE82>, <KOENIG/ETIENNE82>, <GUTTMAN/STONEBRAKER82>, <STONEBRAKER/RUBENSTEIN/ea83> und <McLEOD/ea83>.

Eine **ZELLE** der Schaltung, etwa ein Register, wird durch mehrere geometrische **ELEMENT**e beschrieben (**RECHTECK**e, **POLYGON**e oder **VERBINDUNGSDRAEHT**e). Jedes ELEMENT liegt auf einer Maskenebene (**LAYER**). Die Anzahl dieser Ebenen ist von der **TECHNOLOGIE** (z.B. NMOS) abhängig. Eine **ZELLE** findet wiederum in anderen ZELLEn Verwendung. Die Relativposition gibt dabei die **TRANSFORMATIONSMATRIX** an.

Mehrere RECHTECKE bilden einen **TRANSISTOR**. Jede ZELLE hat **INTERNE** und **EXTERNE ANSCHLUSSPUNKT**e, die durch RECHTECKe beschrieben sind und als Attribute **NAME**, **FANOUT** und **FUNKTION** (z.B. Input, Output, Masse, Spannung) enthalten. Mehrere ANSCHLUSSPUNKTE sind dabei jeweils in einem Netz gleichen Pegels verbunden. Attribute der ZELLE sind **NAME**, **KONSTRUK-TEUR** und **BOX** (kleinstes achsenparalleles Rechteck, das die Zelle umschließt).

Auch in dieser Darstellung erkennt man die klare Trennung zwischen Produktstrukturmodell, physikalischem, geometrischem und technologischem Modell. Typisch ist weiterhin auch hier die hierarchische Gliederung der Produkts, d.h. der Zellen. So enthält beispielsweise eine CPU mehrere Register, ein Register mehrere Gatter und ein Gatter mehrere Transistoren.

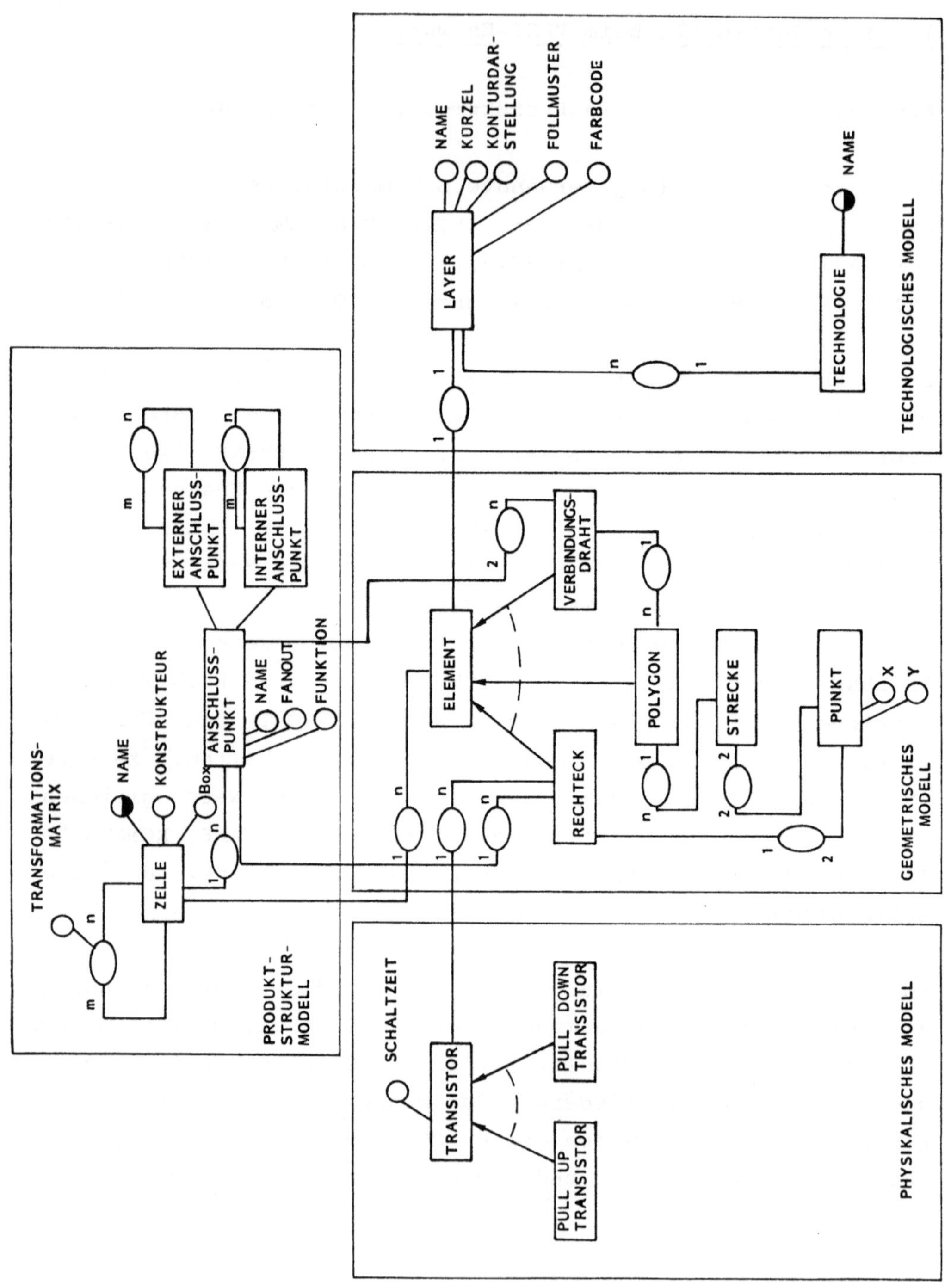

Abbildung 1-19: Produktmodell beim VLSI-Entwurf

Nachdem wir nun typische Produktmodelle dargestellt haben, müssen wir uns fragen, ob herkömmliche Datenbankverwaltungssysteme dafür geeignet sind, solche Datenstrukturen zu verwalten. Im folgenden **Abschnitt 1.4** werden wir sehen, daß sich dabei zunächst Probleme bei der **Abbildung** des Produktmodells auf die von den DBVS zur Verfügung gestellten Grundstrukturen (z.B. Netzwerke, Relationen) ergeben.

Des weiteren hat man bei der Verwendung herkömmlicher DBVS Schwierigkeiten, das geforderte **Leistungsverhalten** bei Abfrage und Modifikation des Produktmodells zu sichern.

1.4 Anforderungen an Technische Datenbankverwaltungssysteme

Kapitel 1.3 sollte einen Einblick in die Vielfalt der Datenstrukturen des Produktmodells geben. Insbesondere geometrische Datenstrukturen weisen dabei verschiedenste Datentypen
(etwa Aufzählungstypen oder Transformationsmatrizen) und
Datenstrukturen (z.B. Baumstrukturen, m:n-Verbindungen, Art/
Gattungs-Verbindungen) auf.

Herkömmliche Datenbankverwaltungssysteme hingegen bieten an
Strukturierungsmöglichkeiten nur relativ einfache, aber
gerade deswegen auch mächtige Konzepte an (etwa Relationen
oder Netzwerke). Kennzeichnend für die herkömmlichen Datenmodelle ist vor allem ihre Bindung an den Begriff des Satzes
(<KENT79>), wobei die Felder innerhalb des Satzes relativ
schwach typgebunden sind.

Einige Autoren haben globale Unterschiede zwischen den
Möglichkeiten herkömmlicher DBVS und den Anforderungen an
TDBVS festgestellt (<EASTMAN80>, <EASTMAN81>, <ENCARNACAO/
NEUMANN79>, <FOISSEAU/VALETTE82>, <NEUMANN83>, <SIDLE80>).
Wir wollen nun im speziellen gemeinsame Anforderungen der
oben geschilderten Produktmodelle extrahieren und hauptsäch-
lich an Hand des Relationenmodells (<CODD70>, <CODD81>,
<DATE81a>, <ULLMAN80>) sowie punktuell auch an Hand des
Netzwerkdatenmodells (<CODASYL71>, <CODASYL78>, <DATE81a>,
<OLLE78>, <TAYLOR/FRANK76>, <ULLMAN80>) prüfen, ob Daten-
strukturen des Produktmodells mit Hilfe konventioneller DBVS
effektiv verwaltet werden können.
Nehmen wir beispielsweise das relationale Datenmodell zur
Speicherung der Daten des Produktmodells her, dann müssen

1. Strukturen des Produktmodells ohne signifikanten Verlust
    an semantischer Information in das relationalen Daten-
    modell abgebildet werden können (**Abschnitt 1.4.1**) und

2. das DBVS eine schnelle Verarbeitung dieser relationalen
    Datenstrukturen durch die Anwendungsmodule (vgl. 1.3.2)
    erlauben (**Abschnitt 1.4.2**).

1.4.1 Probleme der Darstellung des Produktmodells

Probleme bei der Darstellung des Produktmodells ergeben sich
in folgenden Bereichen:

1. **Geordnete Strukturen**

2. **Vernetzte Strukturen (m:n-Beziehungen)**

3. **Rekursive Datenstrukturen**

4. **Art/Gattungsbeziehungen**

5. **Referentielle Integrität**

6. **Systemgenerierte Identifikatoren**

7. **Datentypen**

8. **Strukturelle Integrität**

Nachfolgend wollen wir die einzelnen Problemgebiete genauer
erläutern.

Geordnete Strukturen

Geordnete Strukturen treten vielfach im Produktmodell auf.
So ist ein POLYGON eine **geordnete** Menge von PUNKTen, ein
SYMBOL eine geordnete Menge von grafischen PRIMITIVen.
Die Darstellung geordneter Strukturen ist im Relationenmodell
nicht direkt möglich. Das Konzept der Relation beruht ja auf
der Vorstellung der **ungeordneten Menge**.

Zur Illustration dieses Problems ist in Abbildung 1-20 ein
einfaches Beispiel dargestellt (vgl. <FREI/WELLER/ea78>,
<LORIE/CASAJUANA/ea79>, <WILLIAMS74>, <WELLER/WILLIAMS76>).
Die Darstellung des Linienzugs aus Abbildung 1-20a mit Hilfe
der relationalen Repräsentation aus Abbildung 1-20b ist nicht
eindeutig, da die Reihenfolge der Tupel in der Relation nicht
determiniert ist.
Erst durch Einführung eines Ordnungsattributs "Nummer" wird
die Darstellung richtig (Abbildung 1-20c). Die
Programmierung wird dadurch jedoch komplizierter, weil bei
einem geordneten Durchlaufen in der Datenbankabfrageanweisung
nochmals die Ordnung spezifiziert werden muß, z.B. **"ORDER BY
Nummer"**.
Weitaus größere Probleme ergeben sich beim Einfügen. Soll
beispielsweise zwischen den Werten 1 und 2 des Ordnungsattributs ein neues Tupel eingefügt werden, so ist dies nicht
möglich, oder zumindest nur mühselig durch die Vergabe
hierarchischer Nummern, etwa "1.1".

Eine alternative Darstellung zeigt Abbildung 1-20d. Diese
ist zwar korrekt, zeigt aber ein hohes Maß an Redundanz.
Diese Redundanzen liegen in der mehrfachen Speicherung von
Schlüsseln.

(a)   (b)

```
(-5,5)    (5,5)
   o-------o        +----------+-----------+----+----+-------+
   !       !        ! Polygon  ! PolygonNr !  X !  Y ! Modus !
   !       !        +----------+-----------+----+----+-------+
   !       !        !          !     1     ! -5 ! -5 ! move  !
   !       !        !          !     1     !  5 ! -5 ! draw  !
   o-------o        !          !     1     !  5 !  5 ! draw  !
(-5,-5)   (5,-5)    !          !     1     ! -5 !  5 ! draw  !
                    !          !     1     ! -5 ! -5 ! draw  !
                    +----------+-----------+----+----+-------+
```

(c)

```
        +----------+-----------+---------+-----+-----+
        ! Polygon  ! PolygonNr ! Nummer  !  X  !  Y  !
        +----------+-----------+---------+-----+-----+
        !          !     1     !    1    ! -5  ! -5  !
        !          !     1     !    2    !  5  ! -5  !
        !          !     1     !    3    !  5  !  5  !
        !          !     1     !    4    ! -5  !  5  !
        +----------+-----------+---------+-----+-----+
```

(d)

```
+--------+----------+-----+-----+
! Punkt  ! PunktNr  !  X  !  Y  !
+--------+----------+-----+-----+
!        !    1     ! -5  ! -5  !
!        !    2     !  5  ! -5  !
!        !    3     !  5  !  5  !
!        !    4     ! -5  !  5  !
+--------+----------+-----+-----+


+----------+----------+---------+----------+----------+
! Strecke  ! Strecken ! Anfangs ! End      ! Polygon  !
+----------+    Nr    ! PunktNr ! PunktNr  !   Nr     !
           +----------+---------+----------+----------+
           !    1     !    1    !    2     !    1     !
           !    2     !    2    !    3     !    1     !
           !    3     !    3    !    4     !    1     !
           !    4     !    4    !    1     !    1     !
           +----------+---------+----------+----------+
```

Abbildung 1-20: Darstellung geordneter Strukturen
                im relationalen Modell
   (a) Beispiel
   (b) Uneindeutige Darstellung
   (c) Exakte Darstellung 1
   (d) Exakte Darstellung 2

Im CODASYL-Datenmodell ist die Darstellung geordneter Strukturen weniger problematisch, da Member eines Sets implizit eine Ordnung besitzen, die vom Anwendungsmodul verwaltet wird (vgl. 2.3).

Vernetzte Strukturen (m:n-Beziehungen)

Vernetzte Strukturen (m:n-Beziehungen) spielen vor allem im dreidimensionalen geometrischen Modell (vgl. z.B. das Begrenzungsflächenmodell aus 1.3.2) aber auch innerhalb des Produktstrukturmodells eine große Rolle. Schon aus diesem Grund scheidet das hierarchische Datenmodell zur Darstellung von Produktmodellen aus. Im CODASYL-Datenmodell sind m:n-Beziehungen nur durch Einführung eines künstlichen Recordtyps möglich (vgl. 2.3). Die Abarbeitung von m:n-Verbindungen im Anwendungsprogramm wird daher undurchsichtig.
Im relationalen Modell macht die Darstellung von m:n-Beziehungen prinzipiell keine Schwierigkeiten. Allerdings muß auch hier eine neue Relation zur Darstellung der Verbindung angelegt werden, selbst wenn die Verbindung keine Attribute enthält. Dabei entstehen wieder Redundanzen in den Schlüsseln.

Weil das relationale Datenmodell keine explizite Unterscheidung zwischen Objekten und Beziehungen zwischen Objekten trifft (beide Sachverhalte werden einheitlich durch Relationen ausgedrückt) ist mittels des Join-Operators die beliebige (aber auch die beliebig unsinnige) Verknüpfung zwischen zwei Relationen möglich. Ein Ausweg ist hier die Forderung der **Join-Kompatibilität**. Zur Definition der Join-Kompatibilität haben wir zwei Möglichkeit:

1. Zwei Attribute können verknüpft werden, wenn sie den gleichen **Attributnamen** besitzen.

2. Zwei Attribute können verknüpft werden, wenn sie den
   gleichen **Wertebereich** besitzen.

Zwei kurze Beispiele sollen die Problematik illustrieren:
   Ist das Attribut "Länge" Join-kompatibel mit dem Attribut "Breite" ?
   Ist das Attribut "Gewicht in Gramm" Join-kompatibel mit
   dem Attribut "Gewicht in Kilogramm" ?
Alle Attribute sind vom Wertebereich REAL. Egal welche der
beiden obigen Strategien wir auch anwenden, wir werden immer
Beispiele finden, bei denen wir die Verträglichkeit entweder
zu einschränkend oder zu weit definiert haben. Eine Festlegung kompatibler Attribute durch den Benutzer ist aber auch
keine zufriedenstellende Lösung.
Die Definition der Join-Kompatibilität in relationalen Datenbanken hat in den Programmiersprachen ihre Entsprechung in
der Festlegung der Typverträglichkeitsregeln. Dies werden
wir später noch besprechen.

Eine weitere Kehrseite des relationalen Ansatzes bei der
Darstellung von Beziehungen ist, daß bei der Abarbeitung von
Beziehungen im relationalen Modell generell auch bei einfachen Fragetypen explizite Join-Operationen erforderlich
sind, selbst wenn die verbindenden Beziehungstypen bekannt
und konstant sind. So erfordert z.B. die Suche nach allen
PUNKTen eines bestimmten KÖRPERs im Begrenzungsflächenmodell
den dreimaligen expliziten Einsatz des Join-Operators, obwohl
PUNKTe nur über die topologischen Beziehungstypen mit KÖRPERn
verbunden sind.

<u>Rekursive</u> <u>Datenstrukturen</u>

Unter **rekursiven Datenstrukturen** wollen wir Datenstrukturen verstehen, die aus einem Objekttyp und einem auf ihm definierten Beziehungstyp bestehen. Syntaktisch gesehen können wir zu rekursiven Datenstrukturen solche Strukturen zählen, die mit Hilfe einer Grammatik

<a> :== <x> <a>+ | <b>

definiert werden. ("<a>+" meint: "<a>" ein- bis n-mal wiederholt. "|" meint "oder").

Die Stücklistenstruktur GEHT-EIN-IN (vgl. 1.3.1) kann durch

<Teil> :== IST-OBERTEIL-VON <Teil>+

| <Einzelteil>

beschrieben werden.

Die CSG-Struktur (vgl. 1.3.2) ist mittels einer konstanten Form obiger Produktion

<Körper> :== <Mengenoperation> <Körper> <Körper>

| <Standardvolumenelement>

darstellbar.

Als Datenstrukturen ergeben sich dabei allgemeine Graphen (im Falle m:n) oder Bäume (im Falle 1:n).

Settypen, bei denen Owner- und Member-Recordtypen überein- stimmen sind im CODASYL-Ansatz nicht erlaubt. Die Dar- stellung in CODASYL-Modell erfordert, ebenso wie bei m:n-Ver- bindungen, die Einführung eines neuen Recordtyps.

Die Darstellung im Relationenmodell macht keine Probleme. Allerdings ergeben sich Schwierigkeiten, benutzergerechte Operationen zum Traversieren dieser Hierarchien und Graphen zur Verfügung zu stellen. Da die transitive Hülle einer Relation mit Mitteln der relationalen Algebra nicht zu berechnen ist (<AHO/ULLMAN79>), sind beispielsweise folgende Probleme relationenalgebraisch überhaupt nicht formulierbar:

o **Abfrage** der Stücklistenstruktur: Wird Teil x in Teil y
   verwendet (direkt oder indirekt) ?

o **Modifikation** in der CSG-Darstellung: Multipliziere an
   die Transformationsmatrizen aller Primitive eines Körpers
   eine andere Matrix heran, um den Körper z.B.   zu
   verschieben.

Einige wenige existierende Systeme bieten Operationen zur
Abarbeitung hierachischer Strukturen an (vgl. <ZLOOF75>,
<ORACLE83> und 2.3.2).

Art/Gattungsbeziehungen

Wie wir gesehen haben, sind Art/Gattungsbeziehungen in
Produktmodellen sehr häufig anzutreffen.   Aber weder im
CODASYL-Modell noch im relationalen Modell sind diese Bezie-
hungen zufriedenstellend zu modellieren.

Betrachten wir das Beispiel aus Abbildung 1-21a. PUNKTe und
RECHTECKe sind grafische PRIMITIVe.   Ein PUNKT ist durch
seine Koordinaten X, Y beschrieben, ein RECHTECK durch die
Koordinaten X1, Y1 des linken, unteren und X2, Y2 des
rechten, oberen Eckpunkts. PRIMITIVe werden mit einer gewissen FARBE dargestellt.

(a)

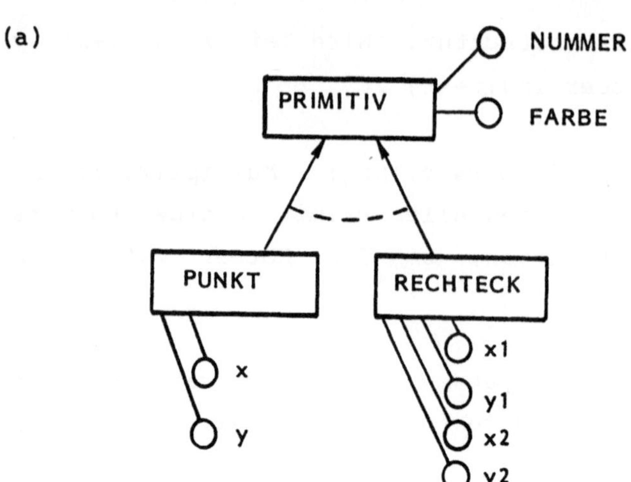

(b)

```
+----------+----+-------+----------+---+---+----+----+
| Primitiv | Nr | Farbe |   Typ    | X | Y | X2 | Y2 |
+----------+----+-------+----------+---+---+----+----+
          |  1 | blau  | Punkt    | 2 | 2 | -- | -- |
          |  2 | rot   | Rechteck | 4 | 4 |  6 |  8 |
          +----+-------+----------+---+---+----+----+
```

(c)

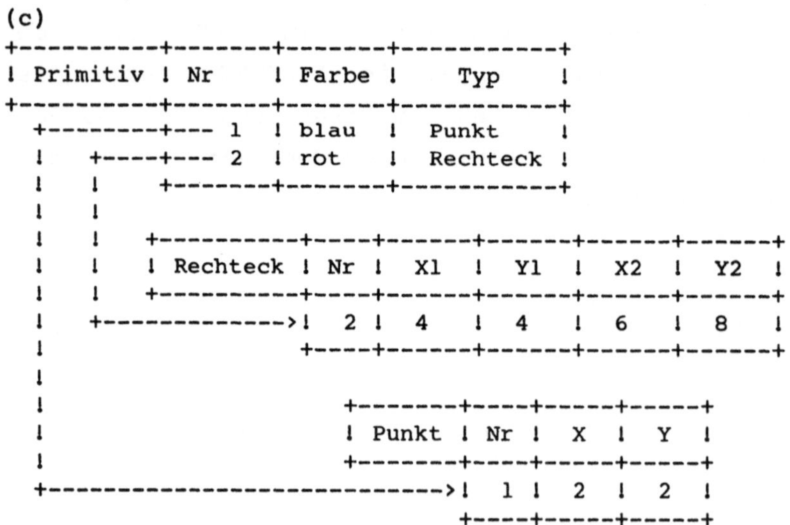

```
+----------+--------+-------+----------+
| Primitiv | Nr     | Farbe |   Typ    |
+----------+--------+-------+----------+
 +--------+--- 1    | blau  | Punkt    |
 |    +----+--- 2   | rot   | Rechteck |
 |    |       +-------+-------+----------+
 |    |
 |    |    +----------+----+-------+-------+-------+-------+
 |    |    | Rechteck | Nr | X1    | Y1    | X2    | Y2    |
 |    |    +----------+----+-------+-------+-------+-------+
 |    +------------->|  2 | 4     | 4     | 6     | 8     |
 |              +----+-------+-------+-------+-------+
 |
 |              +-------+----+-----+-----+
 |              | Punkt | Nr | X   | Y   |
 |              +-------+----+-----+-----+
 +------------------------------->|  1 | 2   | 2   |
                +----+-----+-----+
```

Abbildung 1-21: Darstellung von Art/Gattungs-
                beziehungen im relationalen Modell
(a) Beispiel
(b) Darstellungsmoglichkeit 1
(c) Darstellungsmoglichkeit 2

Bei der relationalen Darstellung können wir entweder mit
Nullwerten arbeiten und auf die Komprimierungsalgorithmen des
Systems hoffen (Abbildung 1-21b) oder wie SMITH/SMITH
(<SMITH/SMITH77a>, <SMITH/SMITH77b>) vorgehen und für jeden
Artobjekttyp eine getrennte Relation vorsehen, wobei wir die
entsprechenden Schlüssel duplizieren (Abbildung 1-21c).
Letzteres Verfahren versagt allerdings bei nicht disjunkten
Artobjekttypen. Weiterhin ist die Semantik der Lösch-
operation nicht exakt definiert. Da als Werte von Feldern
Relationennamen vorkommen, wird der zusätzliche relationale
Operator "specify" benötigt, der abhängig vom Feldinhalt in
die angesprochene Relation verzweigt.

Referentielle Integrität

Das Problem der referentiellen Integrität (<SCHMID/
SWENSON75>, <DATE81b>) stellt sich bei der relationalen Darstellung von Beziehungen allgemeiner Art, seien dies 1:n-,
m:n- oder Art/Gattungsbeziehungen. In unserer Darstellungsform für Produktmodelle ausgedrückt, lautet die Regel der
referentiellen Integrität:

> Gibt es eine Beziehung (a,b) zwischen den Objekttypen A
> und B, so existieren die jeweiligen Objekte a aus A und
> b aus B.

Obwohl diese klare Regel ein essentieller Bestandteil der
konsistenten Datendarstellung ist, wird deren Einhaltung von
den meisten relationalen DBVS nicht geprüft. Dies hängt auch
mit dem oben schon angesprochenen Problem zusammen, daß das
relationale Modell eigentlich gar keine "Beziehungen" kennt.
Nur über die Einführung des Begriffs "Fremdschlüssel" läßt
sich im relationalen Modell die referentielle Integrität
regeln.

Die von uns eingeführten Beziehungstypen haben eine weiterge-
hende Semantik (vgl. 1.3.1). Betrachten wir einen Beziehungstyp der Funktionalität 1:n oder m:n zwischen den Objekttypen A und B und der Abhängigkeit **alle:einige** (Fall 1) oder
alle:alle (Fall 2). Diese Angaben der Abhängigkeit legen
folgendes fest:

o Fall 1: Es gibt kein Objekt a, das nicht zu einem Objekt
   b in Beziehung steht.

o Fall 2: ... und umgekehrt.

Die Angabe "alle" legt also fest, daß Beziehungstypen die
Schlüsselmenge eines Objekttyps ausschöpfen.

<u>Systemgenerierte</u> <u>Identifikatoren</u>
Viele Objekte innerhalb des Produktmodells besitzen **per se**
keine Identifikatoren. Vor allem sind dies geometrische
Elemente wie PUNKTe, KANTEn, FLÄCHEn. In unserer Dar-
stellungsform für Produktmodelle haben wir dieser Tatsache
durch die implizite Einführung artifizieller Identifikatoren
Rechnung getragen. Das relationale Modell hingegen fordert
das Vorhandensein eines Schlüssels in jeder Relation (sog.
entity integrity, vgl. <DATE81a>). (Es gibt jedoch Vorschläge zur Erweiterung des relationalen Modells um solche
Surrogate, etwa <CODD79>.)
In vielen Datenbankverwaltungssystemen besteht die
Möglichkeit der impliziten Schlüsselerzeugung (in CODASYL:
Data Base Key). Die Lebensdauer dieses Schlüssels, d.h.
seine identifizierende Wirkung, ist jedoch nicht unbegrenzt
garantiert, sondern meistens nur bis zur nächsten **Reorganisation** der Datenbank. Bei dieser Reorganisation werden gewöhnlich die Schlüssel umbenannt. Dabei wird etwa wieder eine
zusammenhängend aufsteigende Reihenfolge erzeugt, nachdem
durch Löschung von Tupeln Lücken entstanden sind. Enthalten
andere Relationen diese Schlüssel als Fremdschlüssel, so

referieren sie falsch.

REINHARDT beschreibt eine Methode zur Datenbanksystem-
externen Generierung eindeutiger Identifikatoren für ein
relationales Datenbanksystem (<REINHARDT83>). Dabei wird ein
7 Zeichen langer Identifikator der Form

       Z(Monat) !! Z(Tag)   !! Z(Jahr) !!

      Z(Stunde) !! Z(Minute) !! Z(Sekunde) !! Z(Zähler)

gebildet. Z(i) ordnet der natürlichen Zahl i (i kleiner 99)
in eineindeutiger Weise ein entsprechendes ASCII-Zeichen zu.
"!!" ist der Konkatenationsoperator. "Zähler" zählt modulo
100. Von einem Anwendungsmodul können also pro Sekunde maximal 100 neue Objekte erzeugt werden. Die Speicherung solcher
benutzergenerierten Schlüssel kann aber viel Platz ver-
brauchen.
Günstiger wäre die Möglichkeit der Generierung eindeutiger
Schlüssel durch das TDBVS. Dabei würden z.B. 4 bis 8 Bytes
zur Identifikation eines Tupels in irgendeiner Relation für
praktische Fälle bereits genügen.

In einem verteilten System oder bei bei mehreren Datenbanken
muß zur eindeutigen Identifikation ein Zweitupel

    (Knotennummer, Surrogat)

bzw.

    (Datenbanknummer, Surrogat)

verwendet werden. Als Surrogat könnte der momentane Stand
der Systemuhr benutzt werden.

<u>Datentypen</u>
Im relationalen Datenmodell sind die Wertebereiche der Attri-
bute prinzipiell beliebige Mengen. Wie diese Mengen
beschrieben werden, läßt das Modell offen. Herkömmliche
Datenbankverwaltungssysteme bieten meist nur elementare
Datentypen (INTEGER, CHARACTER-String fester Länge) mit einer
schwachen Typprüfung an (vgl. 2.4.1).
McLEOD (<McLEOD76>) diskutiert eine Sprache zur deskriptiven

Darstellung von Wertebereichen. Andere Autoren gehen den in den Programmiersprachen üblichen Weg und benutzen das **Typkonzept** zur Beschreibung der zulässigen Werte eines Attributs (<BRODIE80>, <BRODIE82>, <SCHMID77>, <SCHMID/MALL80>, <WELLER82>). Letztere Möglichkeit wollen auch wir wählen und nachfolgend näher untersuchen.

Das Problem der Datentypunterstützung stellt sich dabei sowohl bei **identifizierenden** Attributen (Schlüsselattributen) wie auch bei **beschreibenden** Attributen (Nicht-Schlüsselattributen).

Schlüsselattribute
<u>Schlüsselattribute</u>
Schlüsselattribute in Produktmodellen sind typischerweise entweder die bereits oben erwähnden **artifiziellen Schlüssel** oder **Sachnummern** zu Klassifikationszwecken (Erzeugnisnummer, Teilenummer, Materialnummer, Unterlagennummer).
Letztere zeigen oft einen komplizierten internen Aufbau, der mit Hilfe herkömmlicher Typmechanismen <u>nicht</u> zu beschreiben ist. Abbildung 1-22 gibt ein Beispiel für den Aufbau einer solchen Sachnummer zur Teilestammdatenverwaltung einer Firma. Zur Beschreibung des Wertebereichs benutzen wir eine Pseudosyntax, die wohl keiner näheren Erläuterung bedarf. Dieser Wertebereich muß wegen seines komplizierten Aufbaus von einer speziellen Prozedur geprüft werden. Während der Laufzeit werden also Tupel, die Wertebereiche diesen Typs enthalten, von einer Prozedur kontrolliert. Die Prozedur wird vom Anwender geliefert. Wann die Überprüfung der Wertebereiche genau geschieht, wollen wir offen lassen; ein möglicher Zeitpunkt wäre das Transaktionsende.

Identifizierende Attribute sind also entweder systemgenerierte Attribute oder systemgeprüfte Attribute. Dabei erfolgt die Prüfung des zulässigen Wertebereichs entweder über eine Typdeklaration oder über eine **Prüfprozedur** wie im obigen Beispiel.

```
DOMAIN  SachNummer        --- vom 30. August 1973

--- Sortierkriterium
S-Kenn-SN-Typ:          PIC IS 9   --- 0 = Fertigungsfamilie
                                   --- 1 = Fertigungsteile
                                   --- 2 = Kaufteile
                                   --- 3 = Baugruppen
                                   --- 4 = Modelle
                        "_"
S-Klassifizierung:      PIC IS 999
                        "_"
S-Identifizierung:      PIC IS 999999
                        "_"

--- Benutzerinformation
B-Änderungs-Index:  PIC IS 9
B-Zeichnungs-Format: PIC IS A
B-Klassifizierung:   PIC IS 999999999

CONDITION --- Gültige Sachnummer für Fertigungsfamilie
    S-Kenn-SN-Typ = 0 ==>  S-Klassifizierung = 0 &
    S-Identifizerung <= 9999 & B-Änderungsindex = EMPTY &
    B-Zeichnungsformat = " " & B-Klassifizierung(3:9) = EMPTY

CONDITION --- Gültige Sachnummer für Fertigungsteile
    S-Kenn-SN-Typ = 1 ==>  B-Klassifizerung(7:9) = EMPTY

CONDITION --- Gültige Sachnummer für Kaufteile
    S-Kenn-SN-Typ = 2 ==>  B-Zeichnungs-Format = EMPTY &
    B-Klassifizerung = EMPTY

CONDITION --- Gültige Sachnummer für Baugruppen
    S-Kenn-SN-Typ = 3 ==>  B-Zeichnungs-Format = EMPTY &
    B-Klassifizierung = EMPTY

CONDITION --- Gültige Sachnummer für Modelle
    S-Kenn-SN-Typ = 4 ==>  B-Zeichnungs-Format = EMPTY &
    B-Klassifizierung = EMPTY

CONDITION
    S-Kenn-SN-Typ >= 0  &  S-Kenn-SN-Typ <= 4
```

Abbildung 1-22: Beispiel zum Aufbau
einer Sachnummer

Nicht-Schlüsselattribute

Auch bei Nichtschlüsselattributen können wir innerhalb des Produktmodells eine große Variabilität bezüglich ihrer Wertebereiche erkennen. Dabei begegnen wir

1. **Grundtypen** (Aufzählungstyp und die elementaren Typen INTEGER, REAL CHAR und BOOL, sowie Teilbereiche dieser Typen),

2. **strukturierten Typen** (eindimensionale Felder, Matrizen) und

3. typfreien, variabel langen Wertebereichen.

Zu den typfreien, variabel langen Wertebereichen zählen dabei beispielsweise Texte (z.B. Beschriftungen in Zeichnungen, ganze Normen oder Dokumentationsunterlagen), Bilddateien und NC-Programme. Die Interpretation der Inhalte solcher Felder unterliegt den Anwendungsprogrammen und nicht dem TDBVS. Eine Prüfung der Dateninhalte durch das TDBVS ist nicht sinnvoll. Diesem erscheinen diese Felder einfach als variabel lange Bytestrings.

Struktur- und Mengentypen wollen wir als Wertebereiche von Attributen nicht betrachten, da sie Strukturierungskonzepte für Datenstrukturen und nicht für elementare Datenelemente sind.

Für die strukturierten Typen "Feld" und "Matrix" reichen i.A. konstante Feldgrenzen aus.

Auch bei beschreibenden Attributen bestehen prinzipiell zwei Arten der Prüfmöglichkeit, nämlich die deskriptive Prüfung mittels **Typangabe** und die prozedurale Prüfung durch eine einem Wertebereich zugeordnete **Prüfprozedur**.

Abbildung 1-23 zeigt entsprechend unserer obigen Diskussion eine Klassifikation von Wertebereichen und deren Prüfmöglichkeiten.

<u>Wertebereiche</u>

```
I
I
+--- identifizierendes
I    Attribut
I       I
I       +--- Systemgeneriert
I       I
I       +--- Systemgeprüft
I                   I
I                   +--- via Typ
I                   I
I                   +--- via Prozedur
I
I
+--- beschreibendes
     Attribut
        I
        +--- System-
        I    geprüft
        I       I
        I       +--- via Typ
        I       I       I
        I       I       +--- Grundtyp
        I       I       I       I
        I       I       I       +--- Teilbereich
        I       I       I       I
        I       I       I       +--- elementarer Typ
        I       I       I            (REAL,  INTEGER,
        I       I       I             CHAR, BOOL, Auf-
        I       I       I             zählungstyp)
        I       I       I
        I       I       +--- Strukturierter Typ
        I       I               I
        I       I               +--- Feld
        I       I               I
        I       I               +--- Matrix
        I       I
        I       +--- via Prozedur
        I
        +--- Nicht System-
             geprüft
                I
                +--- variabel lang
                I
                +--- konstant
```

<u>Abbildung 1-23</u>: **Klassifikation von
                       Wertebereichen**

Anzusprechen wäre noch die **Typverträglichkeit.** So ist z.B.
der Typ

          VEKTOR = ARRAY (1..3) OF REAL

mit dem Typ

          PUNKT = ARRAY (1..3) OF REAL

nicht verträglich, da auf beiden Typen verschiedene Operatoren definiert sind. Zwei weitere Beispiele wären etwa:

(1)   GEWICHT-IN-KG = REAL   --- Gewicht in Kilogramm

          GEWICHT-IN-GR = REAL   --- Gewicht in Gramm

(2)   LÄNGE = REAL   --- Längenangaben

          BREITE = REAL   --- Breitenangaben

Die jeweiligen Typen sind a priori von ihrer Bedeutung her
nicht verträglich. Für Typverträglichkeiten in TDBVS fordern
wir daher die stärkeste Bedingung der **Namensäquivalenz** von
Typen. Dies steht im Gegensatz zur in Programmiersprachen
üblichen Typverträglichkeitsregel der strukturellen Äquivalenz.

Allerdings hat die Namensäquivalenz auch Nachteile. Insbesondere stellen sich Probleme bei Operatoren. Wollen wir
beispielsweise den Divisionsoperator "/" verwenden, so muß
dieser achtmal definiert sein:

    / (GEWICHT-IN-KG, GEWICHT-IN-KG): GEWICHT-IN-GR

    / (GEWICHT-IN-KG, GEWICHT-IN-GR): GEWICHT-IN-GR

    / (GEWICHT-IN-GR, GEWICHT-IN-GR): GEWICHT-IN-GR

    / (GEWICHT-IN-GR, GEWICHT-IN-KG): GEWICHT-IN-GR

    / (GEWICHT-IN-KG, GEWICHT-IN-KG): GEWICHT-IN-KG   (*)

    / (GEWICHT-IN-KG, GEWICHT-IN-GR): GEWICHT-IN-KG

    / (GEWICHT-IN-GR, GEWICHT-IN-GR): GEWICHT-IN-KG

    / (GEWICHT-IN-GR, GEWICHT-IN-KG): GEWICHT-IN-KG

Die Verwendung der **implizit** durch die Programmiersprache zur
Verfügung gestellten Standardoperatoren scheidet aus.
Gewöhnlicherweise stehen nur elementare Operatoren und keine
anwendungsbezogenen Operatoren zur Verfügung.

So kann in unserem Beispiel nur der Standardoperator "/" mit
den Typen

```
                +-------+---------+
           /    ! REAL ! INTEGER !
  +----------+-------+---------+
  ! REAL     ! REAL !   REAL   !
  +----------+-------+---------+
  ! INTEGER  ! REAL ! INTEGER  !
  +----------+-------+---------+
```

verwendet werden. Durch Verwendung von Standardoperatoren
wird die Semantik der Operation verdeckt. Die Möglichkeit
der Typprüfung zur Übersetzungszeit ist vermindert.

Zur Realisierung des Operatorkonzepts mit voller Typprüfung
stehen in Programmiersprachen im Prinzip drei Wege offen:

1. Funktionsdefinition, z.B.:
        PROC DIV1 (x: GEWICHT-IN-GR, y: GEWICHT-IN-GR):
                                              GEWICHT-IN-GR
        BEGIN ... RETURN ... END

2. Explizite Operatordefinition, z.B.:
        OP / (x: GEWICHT-IN-GR, y: GEWICHT-IN-GR):
                                              GEWICHT-IN-GR
        BEGIN ... RETURN ... END

3. Dynamische Operatorauswahl (Typprüfung zur Laufzeit)

ad 1.: Realisieren wir diese Operatoren über Funktionen, müssen in unserem Beispiel acht Prozeduren definiert werden. Jede dieser Prozeduren muß einen anderen **Namen** haben. Vielfach sind in Programmiersprachen die zulässigen Resultattypen von Funktionen eingeschränkt.

Darüber hinaus wird man oftmals beim Programmentwicklungsprozeß mit einer Teilmenge dieser Prozeduren beginnen. So wird man z.B. zuerst die in den Typen homogene Operation (*) implementieren. Soll nun ein Operator erweitert werden, so müssen alle betroffenen Stellen umgeschrieben werden und dafür die Aufrufe der neuen Prozeduren eingesetzt werden.

ad 2.: Besser ist die Verwendung der echten Operatoren. Enthält ein Programm die Operatorenschreibweise, können neue Operationen hinzugefügt werden, ohne daß das restliche Programm geändert werden muß. Allerdings kann ein Übersetzer aus dem Namen des Operators alleine nicht entscheiden, welche Operation gemeint ist. Solche Operatoren nennt man "überladen" oder "generisch". Zur Entscheidung, welcher Code generiert werden soll, müssen die Typen der Operanden inspiziert werden. Eine Erweiterung des gleichen Operators um neue Typen erfordert in jedem Fall eine **Neukompilation** des Programms.

ad 3.: Ist die Typmenge der Operanden und des Resultats eines Operators offen, d.h. sollen für einen Operator nach und nach neue Operandentypen definiert werden können, ohne das Programm neu zu kompilieren, so muß die Auswahl einer speziellen Operation für einen Operator zur **Laufzeit** geschehen. Der Übersetzer kann ja zur Übersetzungszeit keinen vollständigen Code für die Operation generieren. Die Auswahl der Operation geschieht dabei in gleicher Weise wie bei der Codegenerierung zur Übersetzungszeit über eine Tabelle, die Operatorname, Operanden- und Resultattypen sowie den Namen der Operation enthält. Die **Typprüfung** geschieht dann also erst zur Laufzeit. Das Codestück, das die

Operation durchführt, muß dabei **dynamisch** hinzugebunden werden.

Diese Vorgehensweise hat den Vorteil, allgemeine Programme schreiben zu können, weil die für Operatoren zulässige Typmenge erweiterbar ist, ohne daß das Programm modifiziert werden muß. Dagegen ist die Typprüfung zur Übersetzungszeit nur eingeschränkt möglich. Weiterhin wird durch die notwendigen Aktionen zur Laufzeit die Effizienz des Programms vermindert.

Strukturelle Integrität

Während der Einsatz des Datentypkonzepts die Integrität einzelner Felder sichert, stellt sich das Problem der konsistenten Datendarstellung auch in Datenstrukturen. So ist z.B. ein POLYGON nur dann geometrisch konsistent, wenn die einzelnen KANTEn sich selbst nicht überschneiden. Zur Formulierung solcher Integritätsbedingungen zieht man im relationalen Modell im Sinne eines uniformen Sprachansatzes gewöhnlicherweise die, schon zu Abfragezwecken benutzten relationalen Operatoren oder äquivalente Sprachkonstrukte heran. Selbst wenn arithmetische Operatoren zur Verfügung stehen, ist eine Bedingung wie die obige aber mit Hilfe relationaler Operatoren nur schwer ausdrückbar (vgl. <HÄRDER/REUTER83>).

Darüber hinaus gibt es in rekursiven Datenstrukturen wieder Bedingungen, die sich mit relationaler Algebra überhaupt nicht ausdrücken lassen.

Beispiel:

Ein Körper in der CSG-Darstellung befindet sich nur im 1. Oktanten des Euklidschen Raums.

Zur Sicherung der strukturellen Integrität ist das, von uns in 1.3.1 eingeführte Konzept der **Operatoren** von großer Bedeutung. Im Sinne abstrakter Datentypen können dabei Operatoren als die einzigen zulässigen **modifizierenden** Operationen betrachtet werden. Dazu müssen wir Modifikationen über die Möglichkeiten der Datenmanipulationssprache ausschliessen.

Die Semantik der Operatoren sichert dann die strukturelle
Integrität.

<u>Beispiel</u>:

          ERZEUGE   (set of KANTE: POLYGON)
          TRENNE   (POLYGON, KANTE, PUNKT: POLYGON)

ERZEUGE erzeugt aus einer KANTEnmenge ein POLYGON. Bildet
diese Menge keinen geschlossenen Konturzug oder schneiden
sich KANTEN, liefert der Operator einen Fehler und weist die
Operation zurück. TRENNE trennt eine KANTE des POLYGONs in
zwei neue Kanten auf, die jeweils den neuen PUNKT als
Eckpunkt enthalten. Führt das Einfügen des PUNKTs zu sich
selbst schneidenden Kanten, wird die Operation nicht
durchgeführt. Es resultiert ein Fehler.

<u>Weitere</u> <u>Probleme</u>

Bei der Abbildung und Bearbeitung von Produktmodellen tauchen
weitere Problemklassen auf, die wir hier nur am Rande
streifen können. Zu diesen zählen:

o   <u>Dynamische</u> <u>Schemata</u>

    Im Gegensatz zu herkömmlichen Datenbankanwendungen ist
    das Schema des Produktmodells stark dynamisch. Viele
    Objekttypen oder Beziehungstypen werden erst in späteren
    Entwurfsphasen in das Produktmodell eingebracht. Abbil-
    dung 1-24 (nach <KUNII/KUNII79>) zeigt die statisch/dyna-
    mischen Charakteristiken von Datenbankschemata und -aus-
    prägungen in Abhängigkeit von bestimmten Anwendungsklas-
    sen.

o   <u>Versionen</u>

    Typisch für Objekte des operationalen Produktmodells ist
    auch, daß sie in verschiedenen Entwurfsversionen existie-
    ren. Dadurch entstehen Probleme der Konsistenz. Dabei
    unterscheiden wir

```
        +----------------------------+----------------+
        ! Schema                     ! Ausprägungen   !
+----------------+------------+------------+          !
! Anwendungen    ! Objekt-    ! Beziehungs-!          !
!                ! typen      ! typen      !          !
+----------------+------------+------------+----------------+
                 !            !            !                !
Neukonstruktion  ! dynamisch  ! dynamisch  ! dynamisch      !
                 !            !            !                !
                 +------------+------------+----------------+
                 !            !            !                !
Layout-Entwurf   ! statisch   ! dynamisch  ! dynamisch      !
                 !            !            !                !
                 +------------+------------+----------------+
Traditionelle    !            !            !                !
Datenbankan-     ! statisch   ! statisch   ! dynamisch      !
wendungen        !            !            !                !
                 +------------+------------+----------------+
                 !            !            !                !
Katalogabfrage   ! statisch   ! statisch   ! statisch       !
                 !            !            !                !
                 +------------+------------+----------------+
```

Abbildung 1-24: Statisch/dynamische Charakteristiken
                von Datenbanken in Abhängigkeit von
                der Anwendung

1. Versionen,

2. Alternativen und

3. Konfigurationen oder Varianten.

<u>Versionen</u> sind zeitabhängige Gültigkeitsbereiche von Objekten. In unserem speziellen Anwendungsgebiet sind damit **freigegebene** Teile gemeint. Versionen freigegebener Teile kennzeichnen abgeschlossene Stadien innerhalb der Produktentwicklung. Versionen sind global, d.h. datenbankweit bekannt.

<u>Alternativen</u> entstehen während des Konstruktionsprozesses, wenn Entwurfsalternativen exploriert und dann akzeptiert oder verworfen werden. Die Unterstützung von Alternativen erfordert also eine etwa durch die Transaktionslogik gebotene Rücksetzmöglichkeit. Alternativen sind lokal begrenzt, d.h. sie sind nur einem Konstrukteur bekannte Versionen eines Teils.

<u>Konfigurationen</u> oder <u>Varianten</u> beschreiben die legalen Kombinationsmöglichkeiten von Baugruppen in freigegebenen Endprodukten. Sie kennzeichnen also Spielräume in der Produktkonfiguration.

Mit der Abspeicherung und konsistenten Verwaltung von Versionen und Alternativen in TDBVS zusammenhängende Probleme werden beispielsweise in <KATZ/LEHMAN82>, <MÜLLER/STEINBAUER83>, <NEUMANN/HORNUNG82> und <NEUMANN83> behandelt.

o <u>Multiple</u> <u>Repräsentationen</u>
   Bei multiplen Repräsentationen werden aus einer **Primär**-**repräsentation** abgeleitete Daten erzeugt (**Sekundäre** **Repräsentationen**). Beispielsweise wird das Bildmodell aus dem zweidimensionalen Modell abgeleitet, welches wiederum aus dem dreidimensionalen Modell (der Primär-

repräsentation) generiert wurde (vgl. 1.3.2). Des
weiteren sind NC-Programme aus dem dreidimensionalen
Modell abgeleitet.

Primär- und Sekundärrepräsentation sind voneinander
abhängig. Wird eine Repräsentation geändert, so muß auch
die andere konsistent geändert werden. Diese Abhängigkeiten lassen sich beispielsweise als Graph darstellen.
Im allgemeinen ist die Abbildung zwischen zwei Repräsentationen nicht deskriptiv, sondern nur prozedural
definierbar. Des weiteren muß die Abbildung zwischen
zwei Repräsentationen nicht bidirektional erklärt sein.
Eine Minimalforderung ist, daß inkonsistente Repräsentationen als solche gekennzeichnet werden. In einem nächsten Schritt können über Triggermechanismen Konversions-
module angestoßen werden, die Änderungen einer Repräsentation in abhängigen Repräsentationen nachführen.

Ein formales Modell zur Behandlung multipler Repräsentationen findet sich in <NEUMANN/HORNUNG82> bzw. <NEU-
MANN83>.

o **Transaktionskonzept**

Das herkömmliche Transaktionskonzept beruht auf dem
Konzept "alles (richtig) oder nichts" (<GRAY78>). Der
Zustand vollkommener Konsistenz während des Konstruktionsprozesses ist aber erst am Ende der Konstruktion
erreicht. Zumindest entstehen, verglichen mit herkömmlichen typischen Transaktionen, sehr lange Zeiten der
Inkonsistenz. Da eine Transaktion alle Objekte, die in
ihr gelesen oder verändert werden, sperrt, sind große Bereiche des Produktmodells lange Zeit für andere Konstrukteure nicht zugänglich.

Das Transaktionskonzept ist also zur Darstellung logischer Abschnitte der Manipulation des Produktmodells
nicht geeignet. Es muß also abgewandelt werden (vgl.
<EASTMAN/LAFUE82>, <GRAY81>, <KUTAY/EASTMAN83>).

o <u>Aktive/passive</u> <u>Daten</u>

Wie wir gesehen haben, ist das Produktmodell in operationale Daten und Katalogdaten unterteilbar. Die Nicht-Änderbarkeit von Daten ist ebenfalls in herkömmlichen Datenmodellen nicht ausdrückbar. Dagegen sind Konstante in Programmiersprachen beispielsweise ein geläufiger Begriff. Im relationalen Modell würden wir etwa <u>konstante</u> Relationen benötigen.

Ein weiterer Problempunkt sind archivierte Daten. Um Anwendungsprogrammen einen gleichermassen transparenten Zugriff auf archivierte Daten wie auf Daten unter Direktzugriff zu bieten, muß entweder der in 1.2.3 angesprochene Archivierungsmodul Bestandteil des TDBVS sein oder mit diesem über spezielle Schnittstellen kooperieren.

1.4.2 Probleme beim Leistungsverhalten

Setzen wir in unserer in 1.2.3 geschilderte Architektur
Integrierter Ingenieursysteme für das TDBVS ein herkömmliches
DBVS ein, so werden wir neben Problemen der Datendarstellung
mit erheblichen Problemen beim Leistungsverhalten zu rechnen
haben. Dies gilt insbesondere für interaktive Anwendungsmodule.

REINHARDT (<REINHARDT83>) beschreibt ein System, das
Linienzüge im relationalen DBVS ADABAS/M speichert. Die
Linien werden aus dem DBVS gelesen und über ein
geräteunabhängiges Grafiksystem ausgegeben. Dabei konnte im
günstigsten Fall ein Durchsatz von 15 **Linien pro Sekunde**
durch beide Systeme erreicht werden.
Dies ist für grafisch-interaktives Arbeiten sicherlich zu
wenig. Dagegen wird ein Benutzer zufrieden sein, wenn er
nach Stellen einer Abfrage etwa 15 Tupel einer Relation auf
einem alphanumerischen Bildschirm in einer Sekunde zu sehen
bekommt.
Bei einer vergleichenden Programmierung mit Hilfe konventioneller Dateibearbeitung und der Verwendung einer niedrigen
Schnittstelle zum grafischen Gerät lassen sich etwa 100
Linien pro Sekunde ausgeben.

Dieser Unterschied im Leistungsverhalten läßt sich vor allem
dadurch erklären, daß, bedingt durch die hohe Versatilität
des DBVS, bei jedem Datenbankaufruf ein langer Pfad an Instruktionen innerhalb des Systems durchlaufen wird.

Daneben gibt es weitere Probleme, die aus obigem einfachen
Beispiel nicht erkennbar sind:

o Gewöhnlicherweise wird von relationalen DBVS die logische
   Datenstruktur "Relation" auf die Speicherungsstruktur
   "Datei" abgebildet. Bedingt durch Normalisierungspro-
   zesse werden dabei logisch **zusammengehörige Objekte** auf
   verschiedene Dateien verstreut. Beispielsweise wird im
   geometrischen Modell das komplexe logische Objekt "Geo-
   metrieinformation zu einem bestimmten Teil" in verschiedene Dateien (etwa Dateien aller FLAECHEn, aller KANTEn
   und aller PUNKTe) abgebildet. Bei der Geometrieverar-
   beitung wird z.B. die Geometrie **eines** Teils betrachtet.
   Dazu muß auf die zu diesem Teil gehörigen Flächen, Kanten
   und Punkte zugegriffen werden. Diese Information befindet sich aber, obwohl logisch zusammengehörend, in verschiedenen Dateien. Dies verlangsamt den Zugriff. Logisch zusammengehörige Objekte sollten deshalb auch
   physisch benachbart gespeichert sein.

o Die Pufferverwaltungskomponente in herkömmlichen DBVS ist
   in ihrer Strategie nicht auf das **Lokalitätsverhalten** im
   Zugriff von Anwendungsmodulen auf Datenstrukturen des
   Produktmodells abgestimmt.

o Auch in TDBVS müssen **Massendaten** (Datenmengen im
   GigaByte-Bereich) gehalten werden. So besteht ein typisches Produkt, z.B. ein Schaufelbagger, aus 240 Baugruppen mit zusammen 2500 Einzelteilen (<VDI75>). Von diesen
   2500 Teilen sind ca. 1000 Standardteile und 1500 pro-
   duktspezifische Teile. Für die Baugruppen müssen die
   Stücklistenstruktur und Montageanweisungen gespeichert
   werden, für die produktspezifischen Teile geometrisches
   Modell, Arbeitspläne und NC-Programme.

o   Herkömmliche DBVS unterstützen nicht bestimmte, bei der
    Bearbeitung des Produktmodells erwünschte **Operationen**.
    Ein typisches Beispiel hierfür ist die räumliche Suche.

o   Bei Arbeitsplatzrechner-Konfigurationen entstehen ver-
    teilte Daten. Daher müssen spezielle Module vorhanden
    sein, die den Zugriff auf die Daten des Zentralrechners
    ermöglichen und die Konsistenz zwischen den Daten des Ar-
    beitsplatzrechners und denen des Zentralrechners sichern.

Eine weitere Problematik besteht darin, daß Datenstrukturen
des Produktmodells in einem anderen Zugriffsmuster
verarbeitet werden, als z.B. herkömmliche betriebswirt-
schaftliche Daten. Bei letzteren wird in einem Anwendungsprogramm normalerweise eine Satzmenge per Anfrage ermittelt
und dann diese Satzmenge tupelweise verarbeitet. Danach ist
die Transaktion beendet. Typisch für diese Art der Verarbeitung ist also die mengen-orientierte Manipulation einiger
weniger homogener Daten.

Datenstrukturen des **Produktmodells** aber werden von den
Anwendungsmodulen in einer Art manipuliert, die wir
algorithmisches Zugriffsmuster nennen.
Diese Art des Zugriffs unterscheiden wir von der mengenorien-
tierten oder navigierenden Bearbeitung in herkömmlichen
Datenbankanwendungen. Bei algorithmischen Zugriffsmustern
werden mit einem logischen Objekt mit inhomogenen Daten, d.h.
Daten verschiedener Objekttypen, sehr viele Operationen
durchgeführt.
Zwei Beispiele sollen diesen Begriff illustrieren.

<u>Beispiel 1</u>: Unser "ray casting"-Algorithmus (vgl. 1.3.2) muß bei einer grafischen Darstellung eines durch ein CSG-Modell dargestellten Körpers einen Algorithmus der Komplexität

$$O (x * y)$$

ausführen. Dabei ist x bzw. y die Auflösung des grafischen Geräts in x- bzw. y-Koordinatenrichtung. Jede einzelne Operation erfordert das Durchlaufen des CSG-Baums.

<u>Beispiel 2</u>: Das Flächenschnittverfahren zur Durchführung einer Mengenoperation auf zwei Körpern A und B, die im Begrenzungsflächenmodell dargestellt sind, ist ein Algorithmus, dessen Komplexität etwa

$$O (m * n)$$

ist. Hier ist m die Anzahl der Flächen des Körpers A und n die des Körpers B. Jede einzelne Operation erfordert **Zugriff auf** die zu **Flächen, Kanten** und **Punkten** assoziierte Information.

Nehmen wir nun an, daß die Teile der Datenstrukturen des Produktmodells, auf die die Algorithmen jeweils zugreifen, im **Hauptspeicher** liegen. Bei einem Zugriff auf ein Element bei Verwendung dynamischer Speicherverwaltung entstehen zum Folgen eines Zeiger circa 10 **Instruktionen** an zusätzlichen Kosten.

Speichern wir dagegen diese Datenstrukturen in einem **herkömmlichen DBVS**, so müssen wir zur Durchführung eines DB-Aufrufs mind. 1000 **Instruktionen** als Kosten kalkulieren. Befindet sich das angesprochene Objekt nicht im Datenbankpuffer, so entsteht durch den Zugriff auf externe Speicher zusätzliche **Wartezeit**. Da im allgemeinen Fall Anwendungsprogramm und DBVS über Interprozeßkommunikation verkehren, sind bei jedem DB-Aufruf zwei **Prozeßwechsel** fällig.

Diese grobe Abschätzung bedeutet aber insgesamt, daß Anwendungsprogramme mit DB-Zugriff mindestens um den Faktor 50 langsamer ablaufen als bei Verwendung hauptspeicherresidenter Datenstrukturen. Dies ist für interaktive Anwendungen untragbar.

Dies führt uns zu einem Kernsatz, der auch ein wichtiges Entwurfskriterium unserer Architektur in **Kapitel 3** ist:
     Bei algorithmischem Zugriffsmuster darf unter keinen Umständen **bei jedem Zugriff** die DB-Schnittstelle überschritten werden.

Zusammenfassend können wir feststellen, daß sich beim Einsatz herkömmlicher Datenbankverwaltungssysteme zur Verwaltung des Produktmodells Probleme bei der **Darstellung des Produktmodells** und beim **Leistungsverhalten** ergeben.

Bovor wir im **Kapitel 3** Lösungsvorschläge für diese zwei Problemklassen unterbreiten, wollen wir zunächst im folgenden **Kapitel 2** durchgeführte Implementationen Technischer Datenbankverwaltungssysteme vergleichend betrachten.
Dieser Vergleich soll zum einen klassifikatorische Arbeit leisten, zum anderen wollen wir darstellen, welche Ansätze zur Lösung für manche der oben angesprochenen Probleme bereits existieren. Diese Vorschläge sollen dabei kritisch diskutiert werden.

2 Implementationen Technischer Datenbankverwaltungssysteme

In diesem Kapitel wollen wir den Stand der Forschung auf dem Gebiet Technischer Datenbankverwaltungssysteme darstellen, klassifizieren und bewerten.

2.1 Klassifikation Technischer Datenbankverwaltungssysteme

Die Architektur Technischer Datenbanksysteme wird im wesentlichen durch vier Faktoren, die uns als **Klassifikationsmerkmale** dienen, stark geprägt. Diese sind:

1. Die Wahl des zugrundeliegenden Datenmodells,

2. die Art der Pufferung der Externspeicherdaten,

3. die Frage, ob ein herkömmliches DBVS Teil der Systemarchitektur ist (und wenn ja, wie die Eingliederung in das Gesamtsystem durchgeführt ist) und

4. die Vorgehensweise bei der Einbettung des TDBVS in eine Programmiersprachenumgebung.

Datenmodell

Die bisher bestehenden Implementationen unterscheiden sich vor allem im zugrundegelegten Datenmodell. Diese Datenmodelle lassen sich in drei Gruppen einteilen:

1. (Pseudo-)Assoziative Datenstrukturen (Systeme mit diesem Datenmodell werden auch oft "Software-Assoziativspeicher" genannt.)

2. Netzwerkdatenmodelle (allgemeine Netzwerkdatenmodelle und
    insbesondere das CODASYL-Datenmodell)

3. Relationale Datenmodelle

Das Datenmodell bestimmt, wie anwendungsnahe und damit semantisch "verlustfrei", der Anwendungsprogrammierer Datenstrukturen definieren und verarbeiten kann. Zu einem Datenmodell
gehören dabei gleichrangig sowohl ein Strukturkonzept zur Datendarstellung wie auch Operationen.
Selbstverständlich existieren zwischen diesen Datenmodellen
gleitende Übergänge. So weisen zum Beispiel assoziative Datenstrukturen teilweise große Ähnlichkeiten zu Netzwerkdaten-
modellen wie auch zum relationalen Datenmodell auf.
Wie wir in Abschnitt 2.2 sehen werden, sind assoziative
Datenstrukturen verwaltende Systeme im engen Sinne gar keine
Datenbankverwaltungssysteme.

Pufferung

Eine zweite Klassifikationsmöglichkeit ergibt sich aus der
Art der Pufferung von Externspeicherdaten. Hier finden sich
folgende Vorgehensweisen:

1. Alle Daten befinden sich im **realen** Hauptspeicher. Es
    findet also keine Pufferung statt.

2. Alle Daten befinden sich im **virtuellen** Hauptspeicher.
    Die Pufferung erfolgt durch Seitenwechselverfahren des
    Betriebssystems.

3. Die Pufferverwaltung erfolgt durch das DBVS. Dabei kann
    sich der Datenbankpuffer im **realen** oder **virtuellen** Spei-
    cher befinden.

Die ersten beiden Schemata beruhen dabei zumeist auf einem
"copy-in copy-out" Mechanismus, um die Daten bei Beginn der
Verarbeitung aus Dateien in den Hauptspeicher zu laden und
nach erfolgter Verarbeitung wieder dorthin zurückzuspeichern.
Kennzeichnend für diese beiden Verfahren ist weiterhin, daß
die Größe und die Anzahl der zu verarbeitenden Objekte durch
den zur Verfügung stehenden realen oder virtuellen Adreßraum
beschränkt ist.

Die Art der Pufferverwaltung bestimmt wesentlich das Leistungsverhalten des Systems. Schnelle Artwortzeiten sind für
grafisch-interaktive Anwendungen, im speziellen also für CAD-
Systeme, von höchster Bedeutung.   Da sich das Lokalitätsverhalten von Datenbankanwendungen vom Lokalitätsverhalten
üblicher Prozesse unterscheidet, ist einer separaten Pufferverwaltung der Vorzug zu geben. Die Lokalität des Zugriffs
von DB-Anwendungen ist dabei durch die Wahrscheinlichkeit
gekennzeichnet, daß nach Zugriff auf einen bestimmten Satz
dieser innerhalb einer gewissen Zeitspanne wieder referiert
wird. Das Lokalitätsverhalten von Prozessen bezieht sich auf
die Verteilung des Zugriffs auf Seiten im virtuellen Adreßraum.
Darüber hinaus kennen DBVS üblicherweise verschiedene Sei-
ten-**Typen** (z.B. Primärdatenseiten, Zugriffspfadseiten, Kata-
logseiten, usw.), bei denen jeweils verschiedene Verdrän-
gungsstrategien angebracht sind (vgl. <EFFELSBERG81>).

Andererseits kann es bei der Verwendung einer separaten
Pufferverwaltung zu Anomalien kommen, wenn sich der Datenbankpuffer im vom Betriebssystem verwalteten virtuellen
Adreßraum befindet. Muß etwa beim Einlagern einer Seite eine
andere verdrängt werden, so kann es vorkommen, daß die auszu-

lagernde Seite, die sich im Datenbankpuffer und damit im virtuellen Adreßraum befindet, momentan nicht im realen Adreßraum ist. Sie muß zur Auslagerung durch das DBVS also erst vom Betriebssystem eingelagert werden (sog. "double paging", vgl. <HÄRDER78>, <EFFELSBERG83>).

Diese zweifache Pufferung kann also zu Konflikten zwischen zwei sich nicht untereinander absprechenden Systemen und somit zu Leistungseinbußen führen. Daneben schlägt noch der doppelte Erstellungsaufwand zu Buche. Eine uniforme Behandlung auch des Externspeichers als virtueller Speicher (<DENNING70>) könnte solche Probleme lösen und gleichzeitig einen gegenüber herkömmlicher virtueller Adressierung wesentlich größeren Adreßraum zur Verfügung stellen. Ein solches Konzept, auch Dateien über virtuelle Adressierung anzusprechen, war bereits Bestandteil des bekannten Betriebssystems MULTICS (<BENSOUSSAN/CLINGEN69>).

TRAIGER (<TRAIGER82>, <TRAIGER83>) diskutiert die Folgen einer solchen Vorgehensweise auf die interne Architektur von DBVS. Insbesondere ergeben sich dabei Änderungen im Aufbau der Pufferverwaltungs- und der Recovery-Komponente.
STONEBRAKER (<STONEBRAKER80>) verweist darauf, daß die Seiten/Kacheltabellen zur Abbildung des Adreßbereichs der Datei auf den Haupt- bzw. Externspeicher sehr groß werden können. Es ist daher notwendig, daß diese selbst wieder dem Paging unterliegen. Dies ist übrigens auch die Implementationsstrategie des Betriebssystems VMS des VAX-Familie mit konventioneller virtueller Adressierung (<VAX>).
Es kann also vorkommen, daß ein Seitenfehler (angesprochene Seite befindet sich nicht im Hauptspeicher) einen weiteren Seitenfehler nach sich zieht, weil sich die notwendige Seite der Adreßumsetztabelle nicht im Hauptspeicher befindet.
Dagegen halten konventionelle Dateisysteme die für die Umsetzung von logischer Adresse in physische Adresse notwendige Information normalerweise in einem Dateikon-

trollblock. Speziell bei der sog. Extent-Adressierung ist eine sehr kompakte Speicherung dieser Umsetztabelle möglich. So kann z.B. eine konsekutive Folge von 500 Blöcken mit einer Startadresse und einem Längenfeld dargestellt werden, während in einer Seitenkacheltabelle dafür 500 Adreßeinträge notwendig werden, obwohl sich die Adressen nur um jeweils eins unterscheiden.

Obwohl die Einbindung von Dateien in den virtuellen Adreßraum systemtechnisch gesehen ein attraktives Konzept ist, ist die effektive Realisierung dieser Architektur z.Z. also noch ein offenes Problem.

Durch die hohe algorithmische Aktivität von CAD-Funktionen ergibt sich bei CAD-Anwendungsprogrammen wiederum ein anderes Zugriffsmuster als bei üblichen Datenbank-Anwendungsprogrammen (vgl. 1.4.2). Während bei üblichen Datenbankanwendungsprogrammen die "Granularität" eines Zugriffs ein **Satz** (oder bei mengenorientierter Bearbeitung eine Satzmenge) ist, bearbeiten CAD-Programme ganze **Objekte**, zum Beispiel das Modell eines Körpers, das aus verschiedene Satztypen besteht. Algorithmen zur Pufferverwaltung in Technischen Datenbankverwaltungssystemen berücksichtigen in manchen Fällen diese Tatsache. Eine Möglichkeit ist z.B., bei einem Zugriff auf einen Teil eines Objekts gleich das ganze Objekt oder gar weitere Objekte, die mit diesem Objekt verknüpft sind, einzulagern. Dazu muß der Objektaufbau bekannt sein. Im Laufe dieses Kapitels werden wir zwei Vorschläge zur Definition solcher Objektstrukturen kennenlernen. Diese beiden Vorschläge sind der Begriff der **Logischen Cluster** im System PHIDAS (vgl. 2.3.1) und die sog. **Komplexen Objekte** im DBVS SYSTEM R (vgl. 2.4.1).

<u>Vorgehensweise</u> <u>bei</u> <u>der</u> <u>Implementation</u>

Ein drittes Unterscheidungsmerkmal ergibt sich aus der Art
der <u>Implementation</u>:

1. Das System ist durch einen Anpassungsmodul auf ein
   bestehendes Datenbankverwaltungssystem mit herkömmlicher
   Architektur und Funktionsumfang aufgesetzt.

2. Das System ist aus einem bestehenden DBVS heraus wei-
   terentwickelt worden, d.h. es ist ein herkömmliches DBVS
   mit erweiterter Funktionalität.

3. Das System ist komplett neu entwickelt.

Die erste Vorgehensweise reduziert zwar den benötigten Erstellungsaufwand, zeigt aber durch die grösseren Pfadlängen
i.A. ein schlechtes Leistungsverhalten. Unter Pfadlänge
verstehen wir dabei die mittlere Anzahl von Instruktionen,
die zur Bearbeitung eines Datenbankaufrufs nötig sind.

Die erste und zweite Vorgehensweise haben gemein, daß es oft
schwierig ist, die Spezifika des benutzten Systems auf der
Schnittstelle des Anpassungsmoduls oder in den neuen Funktionen zu verbergen. Dies gilt insbesondere dann, wenn neue
Datenmodellkonzepte zur Verfügung gestellt werden sollen.

Einbettung in Programmiersprachen

Ein viertes und letztes Unterscheidungskriterium ist die Art des Aufrufs von Datenbankfunktionen im Anwendungsprogramm. Hier gibt es wiederum folgende Möglichkeiten:

1. Der Aufruf einer Datenbankfunktion im Anwendungsprogramm erfolgt per Unterprogramm ("CALL-Schnittstelle").

2. Der Aufruf einer Datenbankfunktion im Anwendungsprogramm ist in einer speziellen Datenbanksprache formuliert (Spracheinbettung). Ein Präprozessorlauf übersetzt diese Datenbanksprachanweisungen in entsprechende Anweisungen der Wirtssprache. Das Programm wird dann normal kompiliert.

3. Anwendungsfunktionen und Datenbankfunktionen sind in einer einheitlichen Sprache formuliert. Datenbankfunktionen gehören quasi zum Laufzeitsystem des übersetzten Programms. Diese Sprache ist typischerweise eine normale algorithmische Programmiersprache mit speziellen Konstrukten zur Datenbehandlung (Spracherweiterung).

Die Spracherweiterung kann dabei von zwei Richtungen her geschehen. Zum einen kann eine algorithmische Programmiersprache um Anweisungen zur Datenbankmanipulation erweitert sein. Zum anderen kann eine Datenbankabfrage- und Manipulationssprache um algorithmische Elemente und Kontrollstrukturen erweitert werden. Dabei halten wir für die Programmierung von CAD-Anwendungsmodulen den ersten Weg für sinnvoller.

Für CAD-Anwendungen wurden schon spezielle Programmiersprachen entwickelt (z.B. <ENGELI74>). Diese enthielten aber keine Möglichkeiten der Datenbankmanipulation.
Eine andere Möglichkeit ist, die existierende Programmiersprache im Prinzip unverändert zu lassen, aber die Lebens-

dauer von Objekten über das Programmende hinweg zu verlän-
gern. Dies tut z.B. das System GLIDE, eine PASCAL-Erweite-
rung (<EASTMAN/HENRION76>, <EASTMAN80>, <EASTMAN/SHUBOCK81>,
<LAFUE79>). Namen und Werte von Objekten, die über die dyna-
mische Speicherverwaltung alloziert werden, werden in der
Datenbank gespeichert.

Dies ergibt Probleme bei der Namensvergabe. Der Programmierer muß für seine privaten Objekte jetzt Namen finden, die
nicht mit in der Datenbank schon vergebenen Namen kolli-
dieren. In GLIDE wird dies über eine hierarchische Gliederung der Datenbank geregelt, d.h. über eine Namensvergabe-
schema, wie es aus hierarchischen Dateisystemen bekannt ist.
Beispielsweise haben zwei Programme den Typ

```
    TYPE p = POINTER TO
             RECORD
                 TeileNr: INTEGER;
                 Farbe: (Rot, Grün, Blau)
             END
```

deklariert und Objekte diesen Typs über die dynamische Speicherverwaltung etwa mit Hilfe nachstehender Anweisung
angelegt:

```
    q := NEW (p)
```

Dabei befindet sich aber das eine Programm z.B. in einem mit

```
    ABTEILUNG27/TEILE
```

benannten Teilbereich der Datenbank, während das andere seine
Variablen im Bereich

```
    ABTEILUNG23/TEILE
```

speichert. Ein Programm hat aber auch Zugriff auf Objekte in
anderen Bereichen, z.B. über:

```
    ABTEILUNG27/TEILE/q := ABTEILUNG23/TEILE/q
```

GLIDE kennt aber keine speziellen Datenbankabfrageanweisungen
und keinen Mehrbenutzerbetrieb. Probleme ergeben sich auch
bei der Schemaerweiterung, wenn z.B. ein Programm den Typ p
erweitert:

```
TYPE p = POINTER TO
         RECORD
            TeileNr: INTEGER;
            Farbe: (Rot, Grün, Blau);
            Gewicht: INTEGER
         END
```

Abbildung 2-1 zeigt noch einmal unsere Klassifikation Technischer Datenbankverwaltungssysteme. Dabei sind auch der
jeweiligen Klasse einige typische Vertreter, die noch besprochen werden, zugeordnet.

In den folgenden Abschnittten werden wir die wohl bekanntesten Ansätze für Technische Datenbankverwaltungssysteme diskutieren. Dabei gliedern wir unsere Präsentation entsprechend den anfangs dieses Kapitels aufgezählten drei Datenmodellen.

Im **Abschnitt** 2.2 werden Technische Datenbankverwaltungssysteme, die allgemeine assoziative Datenstrukturen verwalten, diskutiert. Im **Abschnitt** 2.3 behandeln wir TDBVS nach
dem Netzwerkdatenmodell. **Abschnitt** 2.4 wendet sich relationalen TDBVS zu.

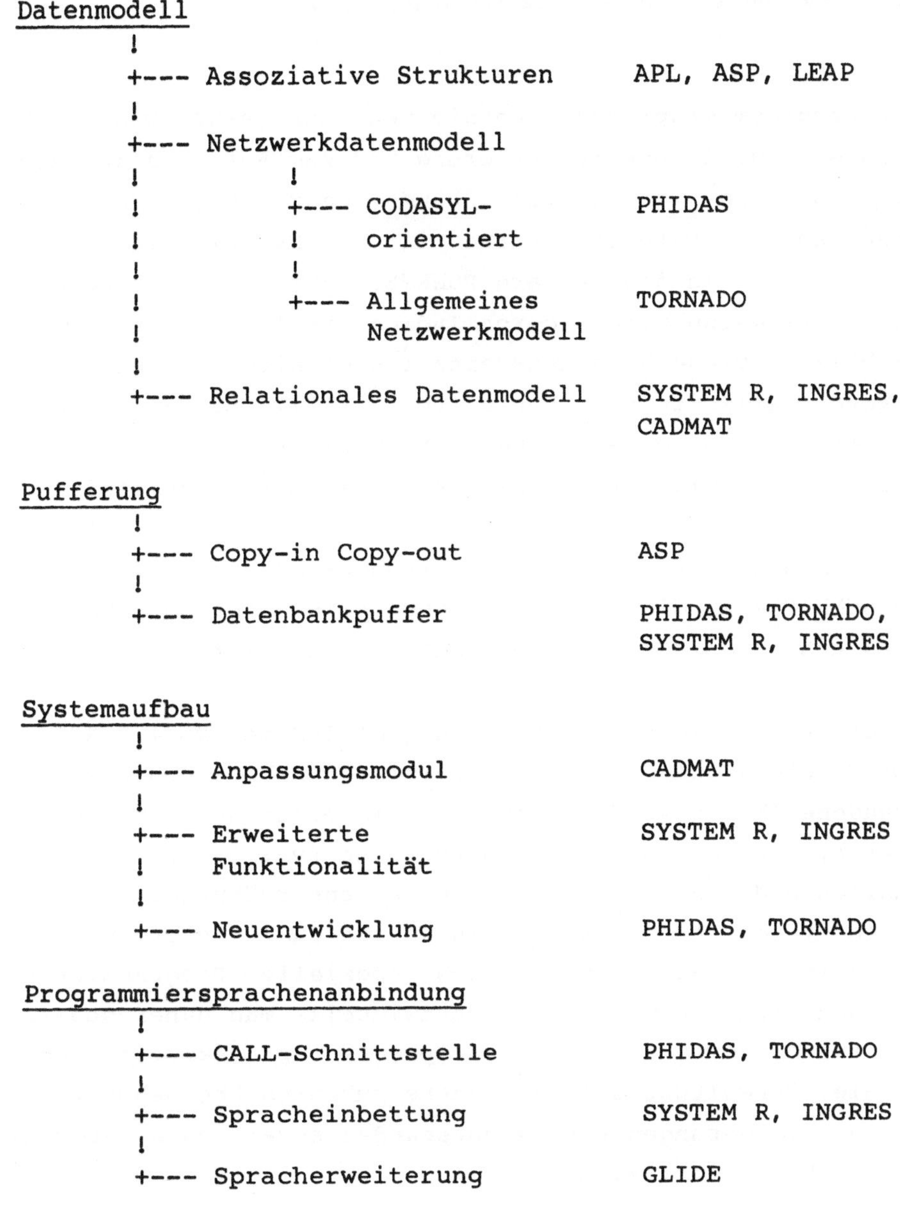

Abbildung 2-1: Klassifikation Technischer Datenbankverwaltungssysteme

2.2 TDBVS auf der Basis assoziativer Datenstrukturen

Frühe Programmiersprachen enthielten nur sehr wenige Mechanismen zur Datenstrukturierung und zum Aufbau allgemeiner Datenstrukturen wie Listen, Bäume oder dergleichen. So wurden solche Datenstrukturen in CAD-Systemen in Form von Feldern (z.B. in den Feldern PUNKTE, KANTEN, etc.) abgespeichert. Verweise wurden durch Indices realisiert (vgl. z.B. <KURTH71>). Diese Vorgehensweise findet sich in vielen CAD-Systemen teilweise noch heute (vgl. <FRITSCHE82>). Die Anzahl der vom System verwaltbaren Körper, Flächen oder dergleichen ist damit durch eine feste Feldobergrenze limitiert. Die Adressierung, d.h. der logische Zugriff auf Elemente, ist abhängig von der Speicherungsstruktur. GAUSEMAIER (<GAUSEMEIER77>) diskutiert die Nachteile eines solchen Ansatzes anhand des CAD-Systems COMPAC detaillierter.

Erst die Einbeziehung von Zeigern (POINTER in PL/1, REF in ALGOL68, etc.) auf der Programmiersprachenebene und die damit verbundene Ablage von Datenobjekten in einem automatisch verwalteten, dynamischen Speicherbereich (vgl. <SCHNEIDER75>) ermöglichte den Aufbau allgemeiner Datenstrukturen. Der Aufbau von dynamischen Datenstrukturen ist damit jetzt zwar möglich, erfordert aber immer noch spezielle Programmierung. Schon sehr früh, etwa ab 1965, entwickelte man daher spezielle Unterprogrammpakete oder konzipierte Spracherweiterungen, die die Verwaltung solcher Datenstrukturen übernahmen. Aus solchen Anforderungen heraus entstanden sogar neue Programmiersprachen wie LISP.

Die mit solchen Überlegungen verbundenen Konzepte des Pagings, also des Ein/Auslagerns von Teilen der Datenstruktur von/auf Externspeicher, bildeten denn auch die ersten Anstöße zum Datenbankgedanken. (Die Historie der Datenbankentwicklung wird in <FRY/SIBLEY76> aufgezeigt.) Es wurden auch Überlegungen angestellt, dem Programmierer assoziative Mög-

<u>lichkeiten</u> zur Verknüpfung von Daten zu bieten, die die komplizierten zugrundeliegenden Zeigerverknüpfungen verbargen. Dies waren die ersten Schritte zur <u>Datenunabhängigkeit</u>.

2.2.1 <u>APL</u>

Interessanterweise lagen die frühen Anwendungsgebiete solcher Pakete schon im Bereich der CAD-Anwendungen. So wurde etwa 1966 von DODD et al. bei General Motors Research die PL/1-Spracherweiterung <u>APL</u> (Associative Programming Language, <DODD66>) konzipiert, um Datenverwaltungsfunktionen für Anwendungen aus dem Bereich der rechnerunterstützten Konstruktion bereitzustellen. Diese Entwicklung erfolgte parallel zu dem bekannten System IDS von BACHMANN, das als Stammvater der CODASYL-Familie von Datenbanken gelten kann.

Grundelemente einer APL-Datenstruktur sind **Entities** und **Sets**. APL stellte sechs Datenmanipulationsverben in der PL/1-Wirtssprache zur Verfügung (CREATE, INSERT, FIND, FOR EACH, REMOVE, DELETE), bot also Datenbankfunktionen schon auf Sprachebene und nicht mittels Unterprogrammaufruf. Ein weiterer Beitrag von APL war die relativ strikte Trennung zwischen einer logischen Kopplung mehrerer Objekte, z.B. mittels Owner/Member-Beziehung, und deren physischer Implementierung, etwa mittels doppelt verketteter Liste. Die zu verarbeitenden Datenstrukturen mußten in einem Programmvorspann deklariert werden (Schemabeschreibung). Das System war wahlweise im Nicht-Paging-Modus oder im Paging-Modus betreibbar.

Ein Nachfolger dieses Systems (APL/VAAM, Associative Programming Language/Virtual Associative Access Method) wird in dem Geometrischen Modellierer GMSolid heute noch erfolgreich eingesetzt (<BOYSE/GILCHRIST82>). Mit Hilfe von APL wird dabei die CSG-Darstellung und die entsprechende Begrenzungs-

flächendarstellung von Körpern verwaltet. VAAM unterstützt
dabei Dateien im virtuellen Adreßraum. Es benutzt hierfür
den Paging-Mechanismus des zugrundeliegenden Betriebssystems,
um diese Dateien direkt im virtuellen Speicher zu adressieren. Die Anwendungsprogramme greifen also auf die Datenbank nicht über explizite Lese/Schreiboperationen zu. Die
Datenstrukturen selbst sind dynamisch. Es ist z.B. möglich
dem Entity "Kante" ein neues Attribut hinzuzufügen, z.B.
Rundungsradius, oder eine neues Entity (Satztyp) "Rundung" zu
erzeugen und zu diesem die entsprechende Entity "Kante" zu
assozieren. In keinem dieser beiden Fälle sind bestehende
Anwendungsprogramme von dieser Erweiterung betroffen.

2.2.2 ASP

Ebenfalls für CAD-Anwendungen wurde das Paket ASP
(Associative Structure Package) entwickelt (<LANG/GRAY68>).
Diese assoziative Speicherungsstruktur auf der Basis von
Zeigerring-Implementierung ermöglicht die Abbildung eines
breiten Spektrums an Datenstrukturen.

Grundelemente einer von ASP verwalteten Datenstruktur sind
die Bausteine **Ring**, **Ringkopf**, **Assoziator**, **Element** und **Daten**.

Ein **Ring** besteht aus einer Folge von Objekten ("auf dem
Ring") und einem **Ringkopf**. Ein Ring hat (konzeptionell) die
Eigenschaft, daß ausgehend von einem Objekt auf dem Ring
jedes andere Objekt erreichbar ist. Objekte auf einem Ring
sind entweder weitere Ringköpfe oder Objekte vom Typ
Assoziator. Ein Ringkopf enthält als Daten den Namen und den
Typ des Rings.
Ein **Element** enthält eine beliebige Anzahl an **Daten** und zwei
Ringköpfe, den **oberen Ringkopf** und den **unteren Ringkopf**.
Diese beiden starten den oberen bzw. unteren Ring des Ele-
ments. Im speziellen ist der untere Ring eines Elements ein

Ring von Ringköpfen. Die unteren Ringe starten Assoziations-
ringe, die die von diesem Element abhägige Struktur bilden.
Ein Assoziator existiert gleichzeitig auf zwei Ringen, einem
Assoziationsring und dem oberen Ring eines Elements.
Eine ASP-Struktur ist entweder über den Start-Ringkopf oder
das Startelement zugänglich. Mittels Durchlaufen der verschiedenen Ringe sind dann alle Elemente der Struktur
erreichbar.

Die Darstellung eines geschlossenen Konturzuges mit Hilfe
einer ASP-Struktur zeigt Abb. 2-2c (vgl. auch <BLUME/
FISCHER78>, <GAUSEMEIER77>).
Abbildung 2-2a zeigt die Datenstruktur für eine Kontur,
dessen Kanten Strecken oder Kreisbögen sind, mit Hilfe
unserer grafischen Darstellungsform aus 1.3.1. Dieses
Beispiel werden wir in diesem Kapitel durchgehend verwenden,
um die verschiedenen Systeme vergleichend darstellen zu
können. In Abbildung 2-2b ist eine typisches Beispiel für
eine solche Kontur zu sehen.

Abbildung 2-2c benutzt eine spezielle grafische Darstellung
der ASP-Struktur. Ringe sind dabei nicht geschlossen dargestellt, sie enden mit einem senkrechten Strich. Da jedes
Element immer einen oberen und unteren Ringkopf enthält, sind
diese beiden nicht gezeichnet. Abbildung 2-2d zeigt die
Schematik der Darstellung.
Wie man sieht, ist die Reihenfolge der Kanten in der Struktur
nicht explizit dargestellt, sie muß durch eine implizite Konvention festgelegt werden.

Implementiert werden kann die ASP-Struktur mit Hilfe einer
dynamischen Speicherverwaltung zur Verwaltung der Elemente,
Ringköpfe und Assoziatoren, die eventuell auch Paging
durchführen kann.

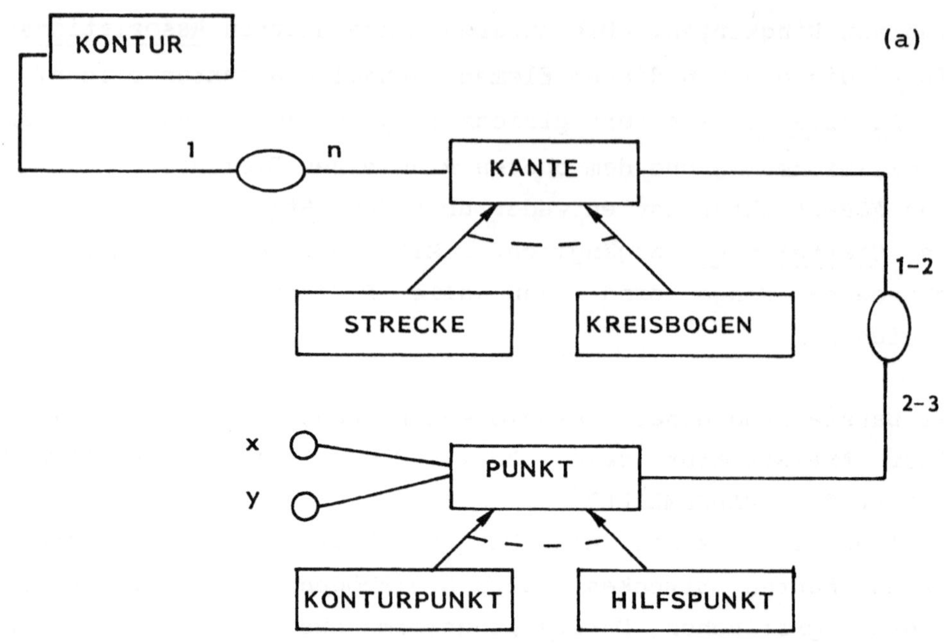

(b)

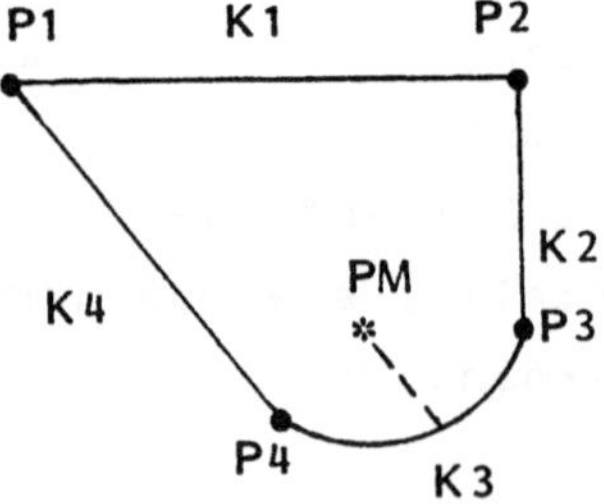

<u>Abbildung 2-2</u>: Beispiel einer ASP-Datenstruktur
(a) Darstellung einer Kontur mit Hilfe unserer
    grafischen Spezifikationsmethode
(b) Beispiel für einen solchen Konturzug

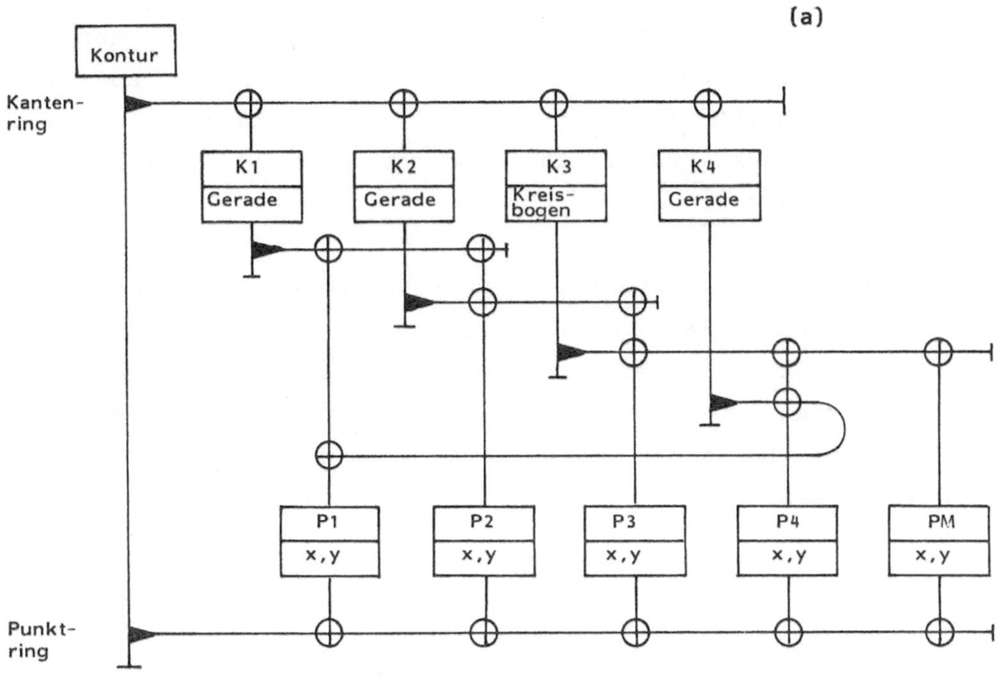

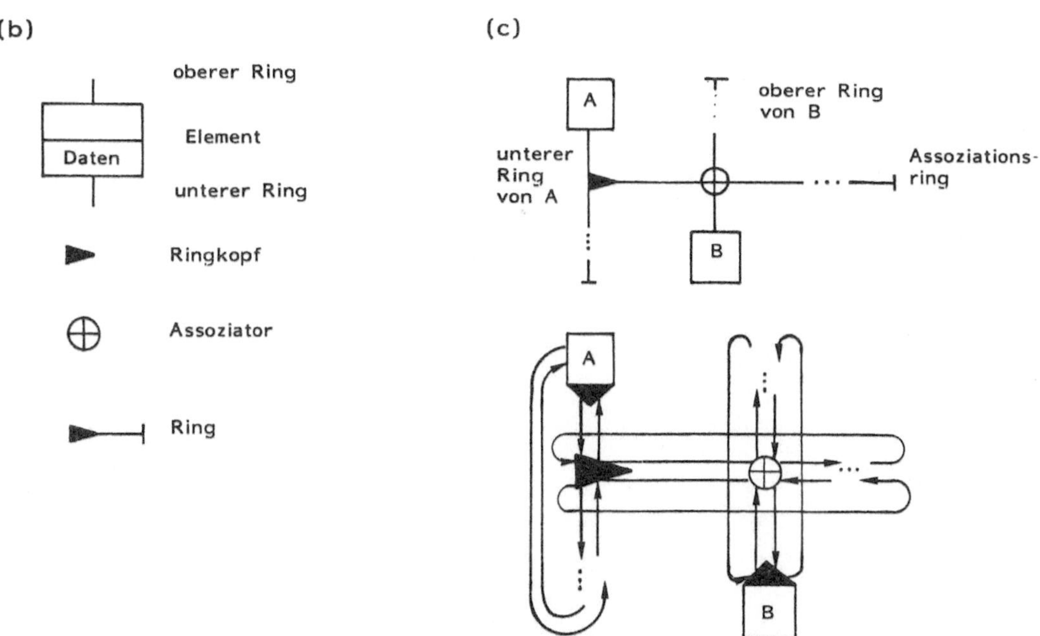

Abbildung 2-2: **Beispiel einer ASP-Datenstruktur**
(c) ASP-Datenstruktur für den Konturzug
(d) Grundobjekte einer ASP-Datenstruktur
(e) Implementation mit doppelt verketteten Listen

Die Ringstrukturen können dabei einfach oder doppelt verket-
tet sein und zusätzlich einen Rückwärtszeiger auf den
Ringkopf enthalten (Abbildung 2-2e). Bei längeren Ringen
erbringt dieser zusätzliche Speicheraufwand Vorteile beim
Durchsuchen des Rings.

Anwendungen dieser Struktur in CAD-Systemen finden sich z.B.
in <BLUME/BURMESTER77> oder <BORGMANN77>, <ENDERS/OTTO77> und
<OTTO/SCHULZE76>. Operationen zur Verwaltung der Datenstruk-
turen werden über Unterprogramme oder über Makroaufrufe
realisiert. Durch die Makrotechnik läßt sich eine hohe Por-
tabilität des Pakets erreichen (zur Makrotechnik vgl. <BROWN
74>).

GAUSEMEIER beschreibt die Verwendung der ASP-Struktur im CAD-System COMPAC (<GAUSEMEIER77>) in einer speziellen Implementation. Datenverwaltungsfunktionen werden dabei über eine Schnittstelle abgewickelt, die als Grundobjekte <u>Elemente</u> verschiedener <u>Klassen</u> (Satztypen, z.B. Baugruppen, Einzelteile, Flächen, Konturelemente, Punkte) und <u>Relationen</u> zwischen diesen Elementen kennt. Dieses Modell wurde von KRAUSE entwickelt (vgl. <KRAUSE76a> und <DASSLER/GERMER/ea82>). Elemente sind also über den <u>Identifikator</u> (Klassennummer, Elementnummer) adressierbar. Von einem Element aus führen die Relationen zu weiteren Elementen. Die Elementnummer ist dabei eine vom System vergebene eindeutige Nummer ("Surrogat" im Sinn von <CODD79>, vgl. 1.4.1). Sowohl Elemente als auch Relationen enthalten <u>Daten</u>. Sie werden also "symmetrisch" behandelt. Von der Grundkonzeption ähnelt dieses Datenmodell also dem schon in Abschnitt 1.3.1 angesprochenen Entity/ Relationship-Modell von CHEN (vgl. <CHEN76> und <ISO82a>).

Die Daten zu diesen Elementen bzw. die Relationen können auf verschiedenen "Ebenen" liegen (z.B. geometrische oder bemaßungstechnische Daten oder Relationen).

Abbildung 2-3 zeigt die Darstellung des Konturzugs aus Abbildung 2-2 mit Hilfe dieses Datenmodells.
Dabei haben wir der Übersichtlichkeit halber die Verknüpfung zwischen Kontur und Kanten weggelassen.

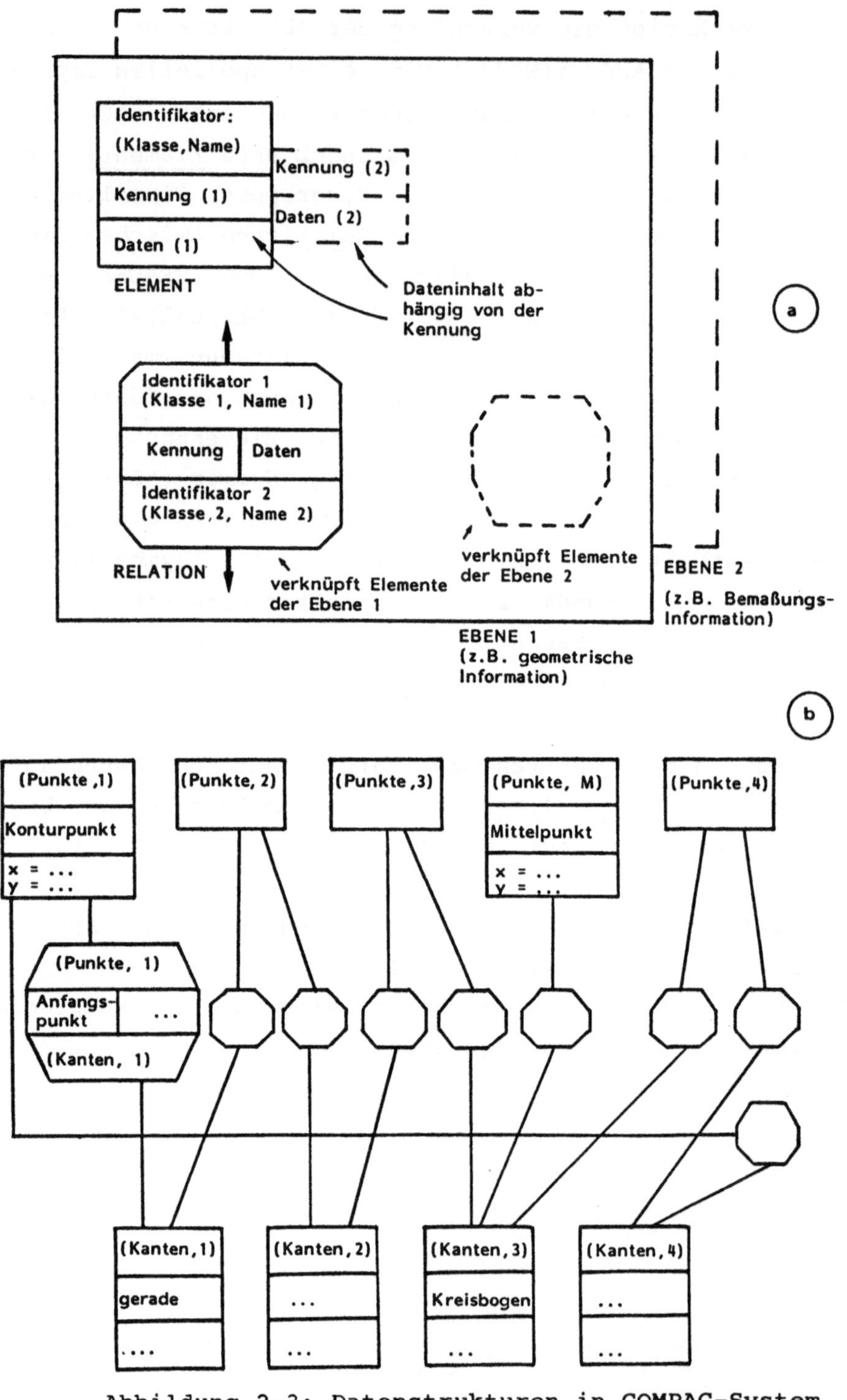

Abbildung 2-3: Datenstrukturen in COMPAC-System
(a) Grundbausteine Element und Relation
(b) Darstellung eines Konturzugs in diesem Datenmodell

Interessant ist in diesem Zusammenhang auch die mögliche Darstellung von den bereits in 1.3.1 diskutierten **Art/Gattungshierarchien**. So kann z.B. im COMPAC-System ein Konturelement (Gattung) von der Art Strecke, Kreisbogen, Kreis, Ellipsenbogen, Ellipse, offene oder geschlossene B-Spline-Kurve sein und dementsprechend als Daten unterschiedliche charakterisierende Parameter besitzen. Über sog. <u>Kennungen</u> lassen sich innerhalb des Elements die einzelnen Typen unterscheiden.   Diese Kennungen entsprechen dem Tag-Feld der varianten **RECORDs** in PASCAL. Das fehlerhafte Setzen von Daten bzw. Auslesen von Daten (die Daten entsprechen nicht ihrer Kennung) wird allerdings nicht verhindert.

Operationen dieser Schnittstelle, z.B. Einfügen eines neuen Elements einer Klasse, werden mit einer ASP-ähnlichen Datenstruktur realisiert. Operationen werden per Unterprogramm aufgerufen.   Einige typische Unterprogramme sind in einer vereinfachten Darstellung in Abbildung 2-4 enthalten.

Eine andere Implementation dieser Schnittstelle, in einer erweiterten Form, beschreibt POHLMANN (<POHLMANN82>). Er zeigt auch, daß das Zugriffszeit- und Paging-Verhalten der ASP-Struktur den CAD-Anforderungen nicht gerecht werden kann, insbesondere weil der Primärschlüsselzugriff, also der direkte Zugriff auf ein bestimmtes Element, nicht durch entsprechende Zugriffspfade unterstützt ist. Vielmehr müssen zum Auffinden eines Elements Zeigerketten durchlaufen werden. POHLMANN entwickelt deshalb spezielle Zugriffsmechanismen für den Direktzugriff auf Elemente über B*-Bäume und diskutiert Seitenzuordnungsverfahren, Pufferverwaltung und Implikationen für den Mehrbenutzerbetrieb. Abgespeicherte Daten sind vom Typ "Kennung", REAL oder CHARACTER-String.

Element hinzufügen
```
CALL ADDELE (KL, NAME)
      Eingabeparameter:
      KL. . . . . . . Klasse des Elements
      Ausgabeparameter:
      NAME. . . . . . Vom System vergebener Name
                      für das neue Element
```

Relation knüpfen
```
CALL ADDREL (KL1, NAME1, KL2, NAME2, EBENE)
      Eingabeparameter:
      KL1, NAME1. . . Identifikator des ersten Elements
      KL2, NAME2. . . Identifikator des zweiten Elements
      EBENE . . . . . Nummer der Ebene
```

Kennung bzw. Daten hinzufügen
```
CALL ADDKEN (KL1, NAME1, KL2, NAME2, KENNUNG, EBENE)
      Eingabeparameter:
      KL1, NAME1,
      KL2, NAME2. . . Wie oben, falls KL2 und NAME2 gleich
                      Null, so wird die Kennung dem Element
                      (KL1,NAME1) hinzugefügt, sonst der
                      Relation (KL1,NAME1) <-> (KL2,NAME2)
      KENNUNG . . . . Hinzuzufügende Kennung
      EBENE . . . . . Nummer der Ebene (z.B.
                          1 = geometrische Kennung,
                          2 = bemaßungstechnische Kennung,
                          etc.)
```
```
CALL ADDDAT (KL1, NAME1, KL2, NAME2, DATEN, EBENE)
      Analog zu ADDKEN
```

Relation lesen
```
CALL HOLREL (KL, NAME, KLR, EBENE, ANZAHL, REL)
      Eingabeparameter:
      KL, NAME. . . . Identifikator des Elements, dessen
                      Relationen ermittelt werden sollen
      KLR . . . . . . Klasse, zu der die Relationen
                      ermittelt werden sollen
      EBENE . . . . . Nummer der Ebene
      Ausgabeparameter:
      ANZAHL. . . . . Anzahl der gefundenen Relationen
      REL . . . . . . (Feld) Namen der in Relation zu
                      (KL,NAME) stehenden Elemente der
                      Klasse KLR
```

<u>Abbildung 2-4</u>: Datenverwaltungsfunktionen
              im CAD-System COMPAC: Einige
              repräsentative Unterprogramme

Die Umstellung einer solchen Schnittstelle auf das Datenbanksystem PHIDAS nach CODASYL-Modell (vgl. 2.3.1) beschreibt
FISCHER (<FISCHER82>). Obwohl das CAD-System COMPAC die oben
beschriebene einigermassen klare Schnittstelle zwischen Daten
und Algorithmen besitzt, gab es Probleme, die logische Datenstruktur hinreichend korrekt aus der Dokumentation zu ermitteln. Der Grund hierfür ist das fehlende feste Schema.
Alle Datenstrukturen werden dynamisch angelegt. Weiterhin
mußten Algorithmen umgeschrieben werden, da sie auf bestimmten Annahmen bezüglich der physischen Speicherstruktur beruh-
ten. Dies macht klar, daß eine Datenverwaltung in CAD-
Systemen auf einem niedrigen Niveau der Datenunabhängigkeit
einen hohen Aufwand bei der Integration anderer Bausteine zur
Folge hat.

2.2.3 Weitere Systeme und Diskussion

Ein weiteres bekanntes System zur assoziativen Verwaltung von
Datenstrukturen ist LEAP (<FELDMAN/ROVNER69>). Alle Daten
sind konzeptionell in Form eines Tripletts

        (Attribut, Objekt, Wert)

dargestellt.

Beispiel:

        (Endpunkt1, Kante1, Punkt1)
        (Endpunkt2, Kante1, Punkt2)
        (Typ, Kante1, Gerade)
        (X-Koordinate, Punkt1, 20.62)
        (Y-Koordinate, Punkt1, 34.79)
        ...

Abbildung 2-5 zeigt die möglichen assoziativen Fragetypen,
die mit LEAP möglich sind.

(a)

```
+-----------+---------+------+
! Attribut ! Objekt ! Wert !
+-----------+---------+------+
```

(b)

```
   (A, O, W)

   (A, O = ?)
   (A, ? = W)
   (?, O = W)
   (A, ? = ?)
   (?, ? = W)
   (?, O = ?)
```

Abbildung 2-5: **LEAP-Datenstruktur**
(a) LEAP-Datenobjekt
(b) Mögliche assoziative Fragetypen

Beispiel:

```
   (?, Kantel, ?) ≙

   { (Endpunkt1, Punkt1),
     (Endpunkt2, Punkt2),
     (Typ, Gerade) }
```

Weiterentwicklungen dieses oder ähnlicher Systeme sind z.B.
DATAS (vgl. <WECK79>) oder CORAS (<BARON/BORNKESSEL/ea82>).

BUCHMANN/PALACIOS (<BUCHMANN/PALACIOS83>) benutzen ein ebenfalls auf der Triplett-Darstellung beruhendes System als
Entwurfswerkzeug zur schnellen Prototyp-Erstellung von Produktmodellen.

Ein natürlich-sprachlich orientiertes System zur assoziativen
Darstellung und Abfrage von Produktmodellen ist VERBAL
(<LILLEHAGEN/DOKKEN82>).

WILLIAMS (<WILLIAMS71>) zeigt, warum sich solche Systeme
besonders für grafisch-interaktive Systeme eignen und gibt
einen Überblick über Systeme zur Verarbeitung grafischer Datenstrukturen.

Ein Grafiksystem, das gleichzeitig zur Verwaltung hierarchischer und netzwerkartiger Datenstrukturen dient, ist IGS
(<SIEMENS79>). IGS findet im CAD-System CADIS Verwendung.

Nicht vergessen werden dürfen an dieser Stelle die Arbeit von
CHILDS, dessen mengentheoretisch orientierte Datenstruktur
das relationale Datenmodell antizipierte (<CHILDS68>) und
McGEEs graphentheoretisches Modell für Datendarstellung in
Dateien (<McGEE68>), der auch zum ersten Mal den Begriff
"Schema" verwendete.

Diskussion

Vorteile der oben genannten Systeme zur assoziativen Verwaltung von Datenstrukturen sind:

o Mit ihnen können beliebig verknüpfte **Netzwerkstrukturen**
   (also auch m:n Verbindungen) aufgebaut werden. In den
   Objekten können beliebige Daten abgelegt werden
   (allerdings ohne Prüfung ihrer Datentypen).

o Mittels "Navigation" (<BACHMAN73>) durch die Struktur
  können alle Assoziationen verarbeitet werden.

o Die verwalteten Datenstrukturen sind **dynamisch**, d.h.
  eine vorhandene Struktur kann erweitert werden, ohne daß
  Programme, die die alte Struktur benutzen, geändert werden müssen.

o Die Operationen auf solchen Datenstrukturen lassen sich
  gewöhnlich **ohne großen** zusätzlichen **Verwaltungsaufwand**
  durchführen.

Als **Nachteile** oder Schwächen wären zu nennen:

o Im Sinne der heutigen Datenbankterminologie handelt es
  sich bei den vorgestellten Datenstrukturen um **Speicherungsstrukturen**, d.h. Datenstrukturen, die eine große
  Nähe zu ihrer physischen Implementierung aufweisen. Sie
  weisen deshalb einen relativ geringen Grad an Datenunabhängigkeit auf. Aus diesem Grund und wegen der Vielzahl
  der "Grundbausteine" und Operationen fehlt es auch dem
  konzeptionellen Modell einer solchen Datenstruktur an
  Klarheit für den Benutzer.

o **Wahlfreier** Zugriff ist oft nicht möglich.

o Alle Systeme sehen nur den **Einbenutzerbetrieb** vor, d.h.
  eine Parallelarbeit an der Datenstruktur ist nicht möglich.

o Weil die Anwendungsprogramme die Datenstruktur beliebig
  modifizieren können, ist Datenunabhängigkeit und Datenin-
  tegrität nicht gewährleistet. Da **kein festes Schema**
  besteht, das eine Überprüfung der Richtigkeit der Datenstruktur ermöglichen würde, ist es nicht sicherge-
  stellt, daß ein Programm die Datenstruktur vorfindet, die

es erwartet. Dies ist z.B. dann der Fall, wenn ein vor-
angegangenes Programm die Datenstruktur falsch modifiziert hat.

o Normalerweise sind auch keine Vorkehrungen für den Fall
   eines **Systemabsturzes** vorhanden. Die Datenstrukturen
   sind dann physisch und natürlich auch logisch inkonsi-
   stent ("Speicher-inkonsistent").

o Die gespeicherten Daten sind großteils nicht oder nur
   schwach **typgebunden**.

Insgesamt kann man also festhalten, daß solche Pakete zur
Verwaltung dynamischer Datenstrukturen dem Datenbankgedanken
nicht gerecht werden können und sich nur als "Laufzeitpaket"
zur kurzfristigen Verwaltung hoch-dynamischer Datenstrukturen
eignen.

2.3 TDBVS nach dem Netzwerkdatenmodell

Die oben geschilderten Ansätze für Systeme zur Verwaltung von
Datenstrukturen, die allgemeinen Netzwerkcharakter haben,
waren die direkten Vorläufer von Datenbanksystemen nach dem
Netzwerkmodell.

Innerhalb von CAD-Systemen findet man zur Zeit TDBVS nach dem
Netzwerkdatenmodell bevorzugt eingesetzt. Nachfolgend wollen
wir insbesondere zwei Systeme nach dem Netzwerkmodell näher
erläutern. Diese beiden Systeme sind **PHIDAS** und **TORNADO**.

2.3.1 PHIDAS

Das Technische Datenbankverwaltungssystem **PHIDAS** wurde am
PHILIPS Forschungslaboratorium Hamburg entwickelt (<BLUME/
FISCHER78>, <FISCHER79a>, <FISCHER79b>, <FISCHER79c>,
<FISCHER79d>, <FISCHER82>) und findet seinen Einsatz zum
Beispiel in dem für den Maschinenbau gedachten Integrierten
Ingeniersystem PHILIKON (<BURMESTER/DAHNKEN/ea79>, <FISCHER/
DENKER79>).

PHIDAS ist ein Datenbanksystem nach den CODASYL-Modell (vgl.
<CODASYL71>, <CODASYL78>, <DATE81a>, <OLLE78>, <TAYLOR/
FRANK76>, <ULLMAN80>) und besitzt eine klare Trennung zwischen den einzelnen Stufen der Datenabstraktion, sowohl auf
der Ebene der Datenbeschreibungssprachen, als auch in der internen Schichtenarchitektur (vgl. <ANSI75>, <ANSI78>,
<SENKO/ALTMAN/ea73>, <HÄRDER/REUTER83b>).
So dient die **Datenbeschreibungssprache** (data definition
language, DDL) der Beschreibung des Produktmodells (Konzep-
tionelles Schema).
Eine separate **Sprache zur Definition der Speicherungsstruktur**
(storage structure definition language, SSDL) dient der

Festlegung der Abbildung der logischen Datenstruktur auf Speicherungsstrukturen in einem linearen Adreßraum (Internes Schema) und trennt damit logische und physische Aspekte der Datenstrukturdefinition.
Die Sicht eines Anwendungsmoduls auf die von ihm benötigten Teile des Produktmodells erfolgt durch die Definition eines **Subschemas** (Externes Schema).

Datendefinition

Die Syntax der Datendefinitionssprache ist in Abbildung 2-6 skizziert. Die DDL wird durch einen Schemacompiler verarbeitet, der den Datenkatalog des Systems füllt. In der Syntaxdarstellung sind wiederholbare Klauseln mit "(*) ..." gekennzeichnet (alles, was nach (*) folgt, ist im Ganzen ein- bis n-mal repetierbar). Alternativen sind mit "! ... !" und optionale Elemente mit "(...)" dargestellt.
Die einzelnen Klauseln haben folgende Bedeutung:

o   Mit Hilfe von **"SCHEMA NAME IS"** wird der Name des konzeptionellen Schemas angegeben.

o   Die **"AREA IS"**-Klausel kennzeichnet einen Teilbereich des konzeptionellen Schemas und dient der logischen Gliederung. Alle Record- bzw. Settypen eines konzeptionellen Schemas sind in disjunkte Teilmengen (Areas) unterteilt. Dieses Unterteilung gilt dann auch für deren Ausprägungen. Settypen, folglich auch Sets, über Areagrenzen hinweg sind nicht erlaubt.
    Im TDBVS PHIDAS ist die Area sowohl Einheit des Zugriffsschutzes wie auch Sperrgranulat im Mehrbenutzerbetrieb. Konkurrierender Zugriff auf die Technische Datenbank wird also nur beim Zugriff auf verschiedene Areas erlaubt, was für bestimmte Anwendungen eine zu große Sperreinheit bedeuten kann.

```
SCHEMA NAME IS <schema-name>

(*) AREA NAME IS <area-name>

    PRIVACY LOCK FOR UPDATE IS <lock-name-1>
    PRIVACY LOCK FOR RETRIEVAL IS <lock-name-2>

    (*) RECORD TYPE IS <record-type-name>

        (*) <item-name> TYPE IS
              (<dimension>) ! INTEGER   ! (<precision>)
                            ! REAL      !
                            ! CHARACTER !
                            ! BIT       !

    (*) SET NAME IS <set-type-name>

        OWNER IS ! <record-type-name> !
                 !      SYSTEM        !

        MEMBER IS <record-type-name>

        ORDER IS ! FIRST                                 !
                 ! LAST                                  !
                 ! NEXT                                  !
                 ! PRIOR                                 !
                 ! SORTED ! ASCENDING  !   KEY IS        !
                 !        ! DESCENDING ! <item-name>     !
                 !           (DUPLICATES ARE NOT ALLOWED) !
```

Abbildung 2-6: DDL der Technischen
               Datenbank PHIDAS

Gleichzeitig ist die Area auch die Einheit der Versionen-
bildung, d.h. eine Area kann in mehreren Version
existieren.

o Nach "RECORD TYPE IS" folgt der Name eines Satztyps und
   die Beschreibung seiner Felder (Items). Als Datentypen
   sind INTEGER, REAL, CHARACTER und BIT verschiedener
   Genauigkeit bzw. Länge sowie Felder von Elementen dieser
   Typen zulässig.

o "SET NAME IS" dient der Beschreibung der Settypen. Zu
   jedem Settyp gehört ein Owner-Recordtyp und ein Member-
   Recordtyp. Da einzelne Records nur mittels Navigation
   über Sets erreicht werden können, müssen auch Recordtypen
   der "obersten Stufe" in Sets eingebunden sein. Dies wird
   über sog. singuläre Settypen erreicht, bei denen das
   System den Owner-Recordtyp darstellt.
   Ein Set, die Ausprägung eines Settyps, stellt eine 1:n-
   Verbindung zwischen einem Record des Owner-Recordtyps und
   (null bis) n Records des Member-Recordtyps dar.
   Die Klausel "ORDER IS" bestimmt die Reihenfolge, in der
   Member-Records logisch in Sets eingefügt werden. Dabei
   ist es auch möglich, einen Set entsprechend einem Item
   des Member-Recordtyps geordnet zu halten.
   Bei der Datendefinition sind Zyklen im Bachman-Diagramm
   (<BACHMAN69>) verboten (vgl. auch Abbildung 2-7).

Die Abbildungen 2-7 bis 2-9 enthalten wieder unser bekanntes
Beispiel (Darstellung einer Kontur) aus Abbildung 2-2, dies-
mal im CODASYL-Datenmodell dargestellt.

Abbildung 2-7 zeigt die schematische Darstellung der
Recordtypen und ihrer Beziehungen (Sets für 1:n-Beziehungen)
in Form eines BACHMAN-Diagramms (vgl. <BACHMAN69>).
In Abbildung 2-8 ist die entsprechende Datendefinition angegeben. Abbildung 2-9 schließlich zeigt eine Ausprägung der
so definierten Datenstruktur.

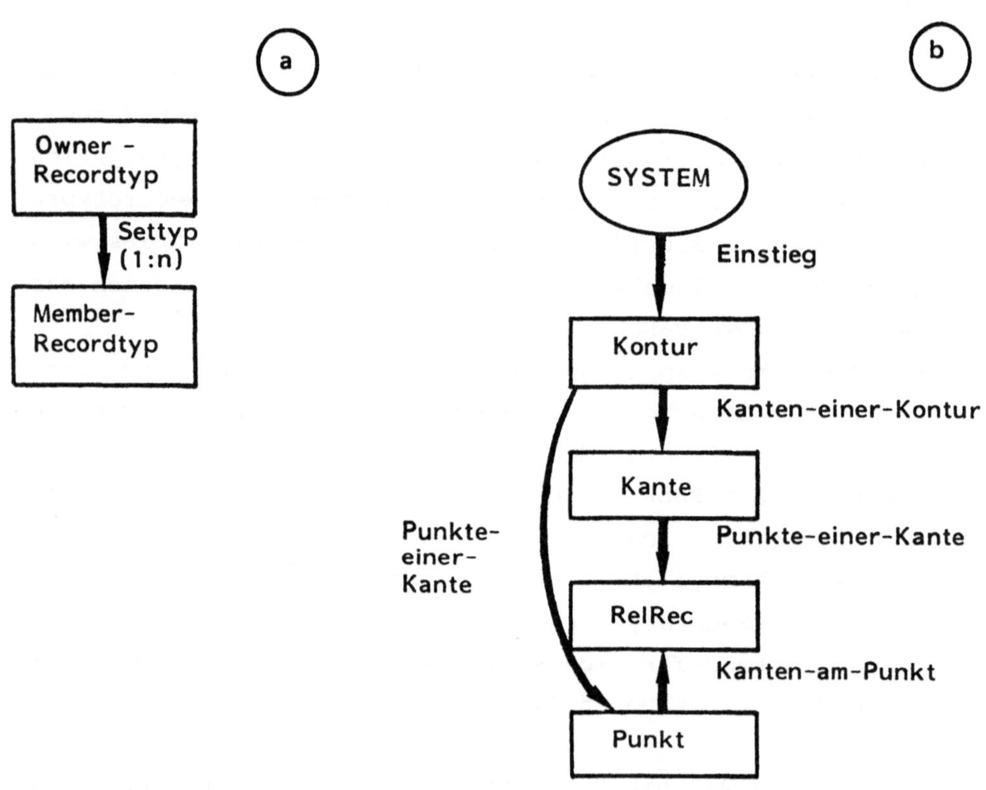

Abbildung 2-7: BACHMAN-Diagramm zur
              Darstellung einer Kontur
(a) Schema der Darstellung einer 1:n-Beziehung
(b) BACHMAN-Diagramm

```
SCHEMA NAME IS Beispiel        --- DDL


AREA NAME IS Konturen
        PRIVACY LOCK FOR UPDATE IS Schreiben
        PRIVACY LOCK FOR RETRIEVAL IS Lesen


RECORD NAME IS Punkt
        x    TYPE IS REAL
        y    TYPE IS REAL
        Typ TYPE IS INTEGER    --- 1 = Konturpunkt,
                               --- 2 = Hilfspunkt


RECORD NAME IS RelRec          --- Hilfsrecordtyp für
                               --- n:m-Beziehung zwischen
                               --- "Punkt" und "Kante"
        Rolle TYPE IS INTEGER
                               --- 1 = Kantenanfangspunkt
                               --- 2 = Kantenendpunkt
                               --- 3 = Kreismittelpunkt


RECORD NAME IS Kante
        Typ TYPE IS INTEGER    --- 1 = Gerade,
                               --- 2 = Kreisbogen


RECORD NAME IS Kontur


SET NAME IS Punkte-einer-Kante
        OWNER IS Kante
        MEMBER IS RelRec


SET NAME IS Kanten-am-Punkt
        OWNER IS Punkt
        MEMBER IS RelRec


SET NAME IS Kanten-einer-Kontur
        OWNER IS Kontur
        MEMBER IS Kante


SET NAME IS Punkte-einer-Kontur
        OWNER IS Kontur       --- Schnellerer Zugriff auf
        MEMBER IS Punkt       --- alle Punkte einer Kontur


SET NAME IS Einstieg          --- singulärer Set
        OWNER IS SYSTEM
        MEMBER IS Kontur
        ORDER IS LAST
```


Abbildung 2-8: Schema-DDL für das Beispiel
             aus Abbildung 2-7

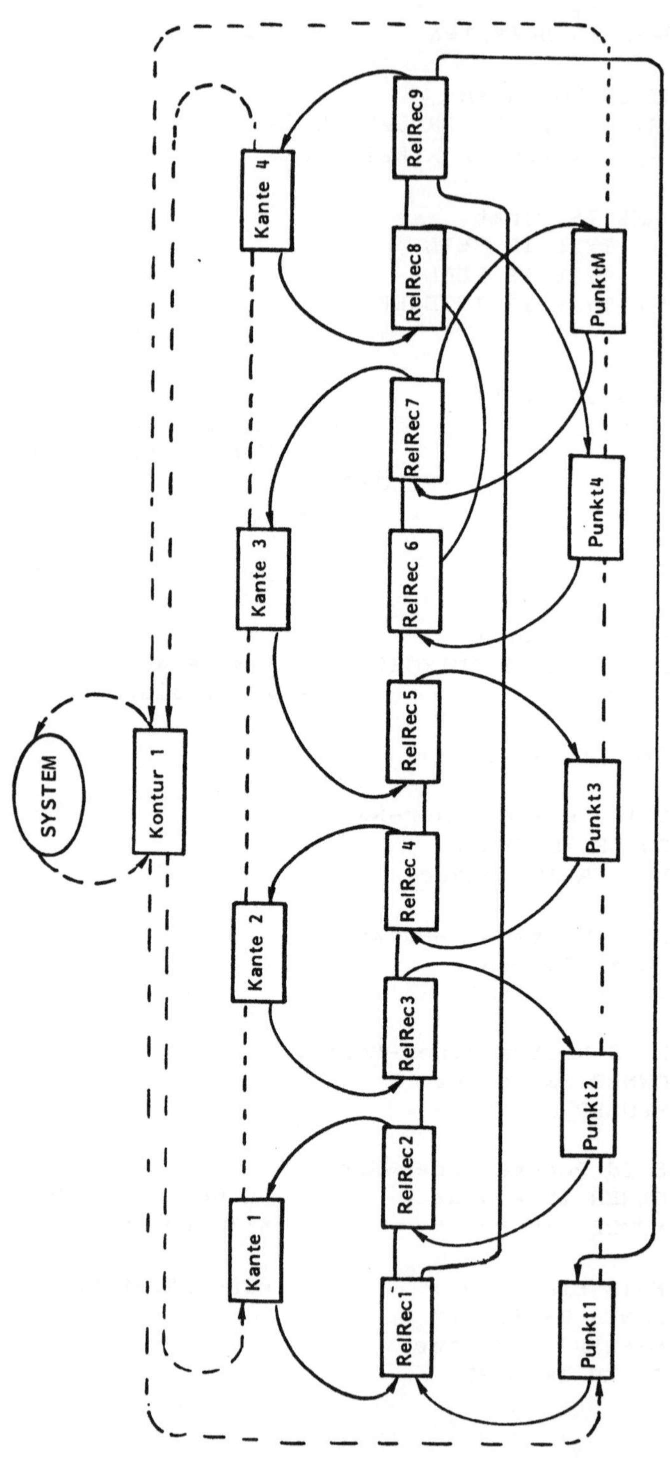

Abbildung 2-9: Darstellung einer Ausprägung

Definition der Speicherungsstruktur

In der gleichen Metasyntax wie die DDL in Abbildung 2-6 ist
auch die SSDL in Abbildung 2-10 angegeben.
Die einzelnen Klauseln legen die Speicherungsstrukturen der
in der DDL definierten Datenstrukturen fest und haben folgende Bedeutung:

o "CLUSTER NAME IS" dient der Definition sog. Logischer
   Cluster. Ein Logischer Cluster wird von FISCHER definiert als "die Ausprägung eines Recordtyps und aller ausschließlich nur von ihr" (via Sets) "direkt und indirekt
   abhängigen Ausprägungen anderer Recordtypen" (vgl.
   <BLUME/FISCHER78>).

   Logische Cluster werden definiert, um logisch zusammenhängende Informationen auch physisch benachbart speichern
   zu können (vgl. 1.4). So kann z.B. alle zu einem
   bestimmten Teil zugehörige Information als Cluster definiert werden. Im Gegensatz zu einer Speicherungsform,
   bei der z.B. jeder Recordtyp auf einen linearen Adreßraum abgebildet wird, ermöglicht diese Clusterbildung auf
   Ausprägungsebene kurze Zugriffszeiten auf die Teile von
   Datenstrukturen, auf die in einem Anwendungsmodul mit
   hoher Lokalität zugegriffen wird. Weiterhin kann die
   Pufferverwaltungskomponente des TDBVS die bekannte Struktur der Logischen Cluster zur Optimierung von Seiten-
   einlagerungs- und Seitenverdrängungsstrategien benutzen.

   Im Fall einer Baumdatenstruktur ist ein Logischer Cluster
   ein Unterbaum (vgl. Abbildung 2-11a). Eine Feststel-
   lung, welche Recordtypen Logische Cluster bilden, kann
   allein bereits aufgrund des Konzeptionellen Schemas getroffen werden.
   Im Fall von Netzwerkdatenstrukturen ist der Aufbau Logischer Cluster aus der Betrachtung des Schemas im allge-

```
STORAGE STRUCTURE OF <schema-name>

(*) AREA <area-name>

    (*) CLUSTER NAME IS <cluster-name>

            ENTRY IS <record-type-name>
            INTERNAL RECORD(S) <record-type-name>,
                               <record-type-name>, ...
            CLUSTER MODE IS  ! SINGLE POPULATED   !
                             ! MULTIPLE PUPULATED !
            PLACEMENT ITEM IS <item-name>

    (*) SET <set-type-name>
            MODE IS  ! LIST                            !
                     ! CHAIN   ! LINKED TO PRIOR ! !
                     !         ! LINKED TO OWNER ! !
                     !         ! B*-TREE         ! !
                     !         ! SHARED          ! !
                     !         ! DYNAMIC OWNER   ! !
                     !         ! DYNAMIC MEMBER  ! !
```

Abbildung 2-10: **SSDL der Technischen**
Datenbank PHIDAS

meinen nicht ersichtlich.

Betrachten wir Abbildung 2-11b. Ist der Record c3 Member
im Set z1 des Owners a1 (Fall 1), so ist c3 nicht mehr
ausschließlich von a1 abhängig und die Recordtypen A und
B bzw. C sind zwei getrennte Cluster-bildende Recordtyp-
mengen. Ist dem nicht so (Fall 2), sind die Recordtypen
A, B und C insgesamt Cluster-bildend.

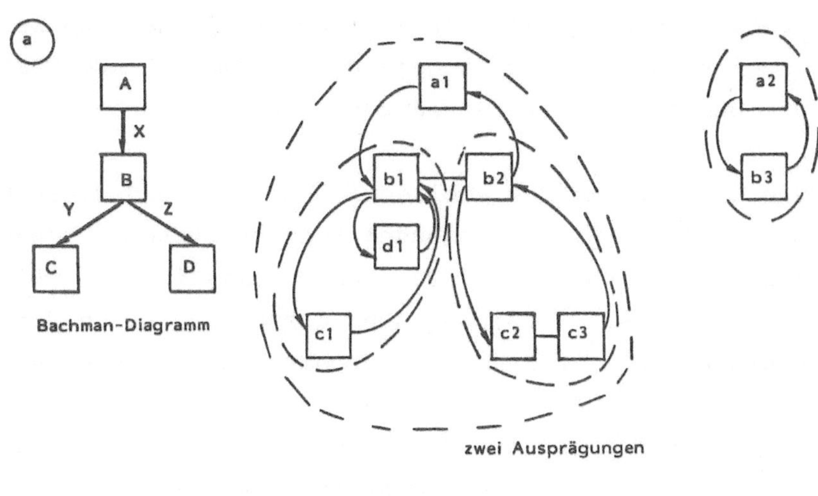

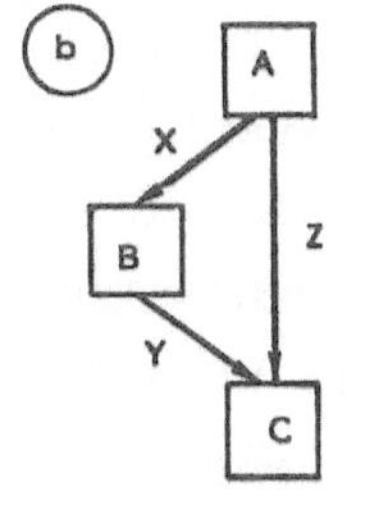

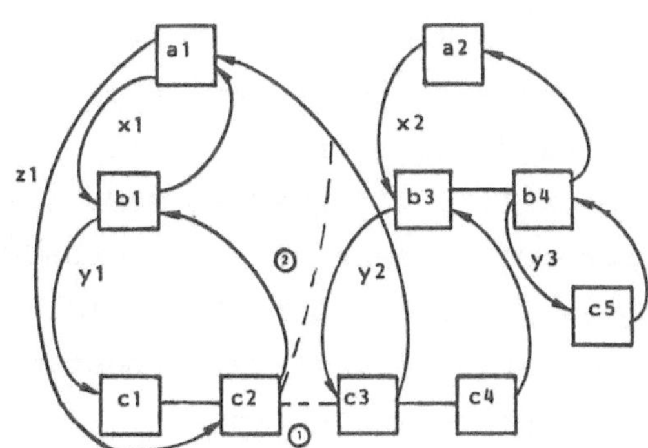

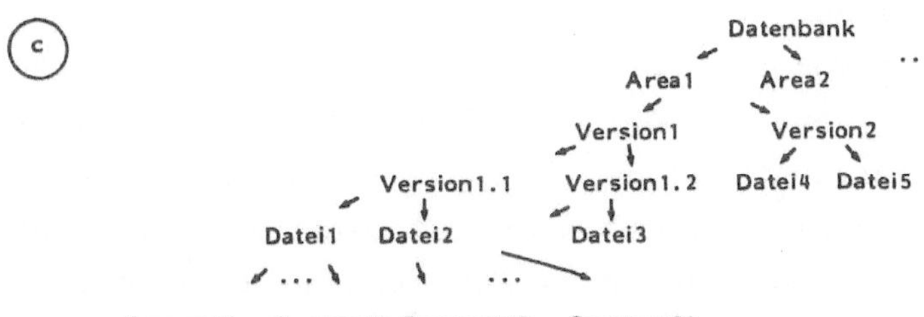

Abbildung 2-11: Logische Cluster
(a) Logische Cluster bei
    einer Baumdatenstruktur
(b) Logische Cluster bei einer
    Netzwerkdatenstruktur
(c) Abbildung logischer Cluster auf
    physische Segmente bzw. Dateien

In der SSDL wird mit "**ENTRY IS**" der Recordtyp der Wurzel eines Logischen Clusters angegeben. "**INTERNAL RECORDS**" zeigt die weiteren Cluster-bildenden Recordtypen an.

Abbildung 2-11c zeigt die Abbildung von Areas und Cluster auf Dateien des zugrundeliegenden Betriebssystems. Jede Area kann in verschiedenen Versionen existieren. Die Dateimengen zweier Versionen sind disjunkt. Durch Versionsunternummern können verschiedenen Anwendern innerhalb einer Area gemeinsame Dateien oder auch bestimmten Anwendern eigene Dateien zugeordnet werden. Dateien enthalten ein oder mehrere Segmente. Segmente sind in Seiten organisierte lineare Adreßräume. Logische Cluster werden auf ein Segment ("physisches Cluster") abgebildet. Dabei kann ein Segment genau ein Logisches Cluster enthalten ("**CLUSTER MODE IS SINGLE POPULATED**") oder mehrere davon beherbergen ("**CLUSTER MODE IS MULTIPLE POPULATED**"). "**PLACEMENT ITEM IS**" benennt ein Feld (Item). Die Werte dieses Felds bestimmen die Datei, in die das Cluster zu liegen kommt.

o Der Definition von Logischen Clustern folgt in der SSDL die Festlegung der Speicherungsstruktur von Sets. Dabei sind nicht alle von der Syntax her erlaubten Kombinationen in der Angabe der Speicherungsstruktur möglich (vgl. <BLUME/FISCHER78>).
   "**MODE IS LIST**" verlangt, daß nach dem Owner-Record eines Sets die Member-Records physisch folgend abgespeichert werden. Diese Speicherungsform kann beim Einfügen von Records, das entsprechend der in der DDL verlangten Reihenfolge erfolgen muß, zu kostenaufwendigen Reorganisationen führen und ist deshalb nur in Sonderfällen sinnvoll (und in PHIDAS erlaubt).
   "**MODE IS CHAIN**" spezifiziert eine physische Verkettung der Records eines Sets. Im Normalfall ist dies eine Vorwärtskette. "**LINKED TO PRIOR**" führt zu einer doppelt

verketteten Liste.   Bei "LINKED TO OWNER" enthält jeder Member eines Sets zusätzlich einen Zeiger auf seinen Owner (bzgl. des Sets).

Die Angabe "B*-TREE" überlagert einem Set einen zusätzlichen Zugriffspfad in Form eines Mehrwegbaums (B*-Baum). Ein solcher Zugriffspfad ermöglicht z.B. den schnellen Zugriff auf ein Teil über die Teilenummer. Wäre dieser Zugriffspfad nicht vorhanden, müßte zeitaufwendig entlang einer Zeigerkette gesucht werden.

Die weiteren Angaben "SHARED", "DYNAMIC OWNER" und "DYNAMIC MEMBER" stellen Speicherungsstrukturen zur Verfügung, welche Vorteile bei einer Schemaänderung, hauptsächlich bei dem Anlegen neuer Settypen, aufweisen. Diese Speicherungsstrukturen sind der ASP-Struktur ähnlich (vgl. 2.2.2).

Subschemadefinition und Datenmanipulation

Die Subschemadefinition kann prinzipiell mit den Sprachmitteln der DDL erfolgen. Gegenüber dem Konzeptionellen Schema können:

o Felder (Items) umbenannt, ausgelassen oder deren Typ geändert werden und

o Record- und Settypen bzw. Areas umbenannt oder ausgelassen werden.

Aufruf eines Subschemas und Datenmanipulation (DML) erfolgen über eine FORTRAN CALL-Schnittstelle, deren allgemeiner Aufbau hier nicht näher erläutert werden soll. Zum CODASYL-Vorschlag der FORTRAN-Einbettung vergleiche man <CODASYL81>. Wir konzentrieren uns dafür im folgenden auf das Problem der Ausgabe und Identifikation von Objekten der Technischen Datenbank auf einer grafischen Darstellungsfläche.

Beim Erzeugen eines neuen Satzes (Records) wird vom System
ein Schlüssel (Surrogat) vergeben, der den Satz eindeutig
identifiziert. Dieser Schlüssel ist eine Externspeicher-
adresse des Satzes, was der Anwender aber nicht wissen muß.
Die Lebensdauer dieses Schlüssels ist damit auf die Zeit zwischen dem Öffnen und Schliessen einer Area beschränkt
(Temporary Data Base Key, TDBK). Wie wir schon in 1.4.1
besprochen haben, kann sich ja durch Reorganisation der Datenbank der Schlüssel ändern. (Man vergleiche hierzu das
sehr ähnliche Konzept der "Internen Satznummer" im Datenbanksystem ADABAS, <SOFTWAREAG82>.)
Diese Vorgehensweise ist ein Kompromiß zwischen dem CODASYL
"Currency"-Konzept, das durch seine impliziten Mechanismen
und der Vielzahl an benötigten Funktionen nicht anwen-
dergerecht ist, und der zeit- und speicherplatzaufwendigen
Umsetzung von Anwenderschlüsseln, deren Identifikationseigen-
schaft unbegrenzt lang gilt, auf interne Satzadressen.

Dieser TDBK kann auch gleichzeitig die für grafische Interak-
tionen äußerst wichtige sog. <u>Pick-Funktion</u> unterstützen
(vgl. <NEWMAN/SPROULL79>, <FOLEY/VanDAM82>). Die Pick-Funktion ist ein sehr natürlicher grafischer Interaktionsmodus,
da der Bediener lediglich auf ein grafisches Element deuten
muß, ohne daß er Identifikatoren oder Namen für dieses Element zu kennen braucht.
Dem Grafiksystem kann nämlich der TDBK als Name für ein
grafisches Element (z.B. einer Linie) oder ein ganzes Teil-
bild (sog. Segment) auf der Darstellungsfläche dienen.
Dieser Name wird dem Grafiksystem beim Zeichnen des grafischen Elements mitgeteilt. Nachdem der Bediener, einer Auf-
forderung des Systems folgend, z.B. mit einem durch eine
Maus gesteuerten Cursor ein grafisches Element identifiziert
hat, liefert das Grafiksystem dem Anwendungsmodul den entsprechenden TDBK zurück (vgl. Abbildung 2-12a).
Dabei muss i.A. ein Korrelationprozeß stattfinden, der zu
dem vom Bediener grafisch-interaktiv angegeben Koordinaten-

paar den Namen des getroffenen Elements findet. Bei der Pick-Eingabe können auch mehrere Elemente getroffen werden (sog. Pick-Mehrdeutigkeiten). Der Prozeß der Korrelation kann in der Hardware bzw. Firmware des Geräts ablaufen ("Hardware-Pick") oder innerhalb des Grafiksystems durchgeführt werden ("Software-Pick"). Der TDBK kann dann direkt dazu benutzt werden, um in der Datenbank weitere Informationen über das getroffene Element abzufragen bzw. in der Datenbank das Element in gewünschter Weise zu modifizieren.

Abbildung 2-12b zeigt, daß im allgemeinen Fall Datenbanksystem und Grafiksystem grafische Objekte sowohl verschieden identifizieren wie strukturieren.

Das vom TDBVS verwaltete Technische Modell ist gemäß dem Datenmodell der Technischen Datenbank strukturiert. Objekte sind i.A. über ihren Schlüssel identifizierbar. Die Daten dieser Objekte werden vom Anwendungsmodul in entsprechende Aufrufe des Grafiksystems umgewandelt und so visualisiert. Das Grafiksystem benutzt oft selbst wiederum ein, jetzt grafisches Modell, indem es einen Teilbildmechanismus unterstützt (vgl. <FOLEY/VanDAM82>). Teilbilder (Segmente) sind i.A. über Nummern (Segmentnummern) identifiziert. Segmente können selbst wieder Segmente enthalten. Das grafische Modell ist also eine hierarchische Datenstruktur, die von manchen Geräten im Speicher des Geräts selbst verwaltet wird. Dieser Systemaufbau ergibt drei Probleme:

1. Falls (nicht wie in PHIDAS) Schlüssel nicht nur aus Nummern bestehen, muß im Anwendungsprogramm eine Umsetzung von Identifikatoren erfolgen. Das Grafiksystem sollte also als Identifikatoren für Segmente nicht nur Nummern bereitstellen, sondern auch anwendungsbezogene Namen. Auf dieses Problem wird näher in <REINHARDT83>, <WELLER/CARLSON/ea79> bzw. <WELLER/CARLSON/ea80> eingegangen.

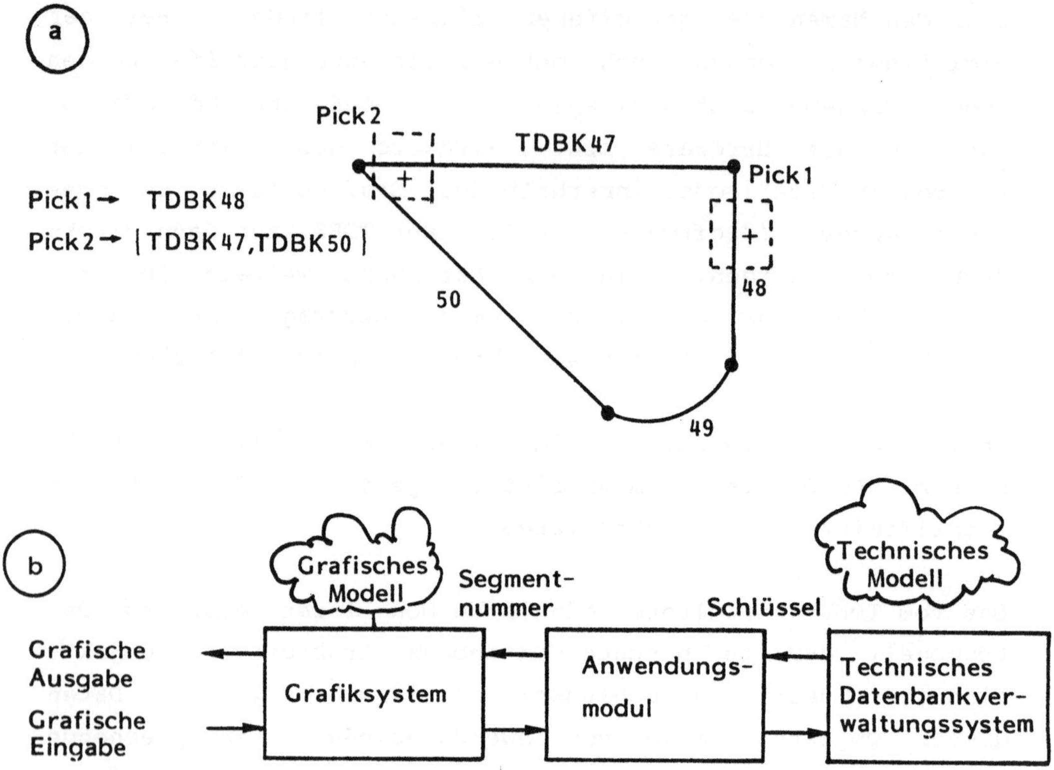

Abbildung 2-12: PICK-Funktion
(a) PICK-Funktion und der Temporary
    Data Base Key (TDBK)
(b) Zusammenspiel zwischen Grafiksystem
    und Datenbanksystem

2. Durch redundante Datenstrukturen können Konsistenzprobleme entstehen, weil das Anwendungsprogramm die Datenbank und die grafische Datenstruktur konsistent ändern
   muß.

3. Zur Visualisierung eines Objekts der Technischen Da-
    tenbank muß der Anwendungsmodul Funktionen des Grafikpa-
    kets aufrufen, also **prozedural** vorgehen. Es ist jedoch
    auch eine **deskriptive** Vorgehensweise denkbar und wün-
    schenswert. Zeichentheoretisch gesehen handelt es sich
    bei jeder grafischen Darstellung um eine <u>ikonische</u> Reprä-
    sentation des entsprechenden Objekts. Zur Spezifikation
    der Abbildung von der symbolischen Repräsentation des Ob-
    jekts in der Datenbank auf ein das Objekt darstellendes
    Ikon können spezielle Kopplungsmechanismen oder eigene
    Sprachen entworfen werden. Man vergleiche hierzu die
    Ansätze von <DONELSON78>, <GARRETT80>, <HEROT80> und
    <STONEBRAKER/KALASH82>. Werden Attribute von Objekten in
    der Technischen Datenbank geändert, so wirkt sich dies
    unmittelbar in der grafischen Darstellung aus. Diese
    Änderung der Darstellung geschieht entsprechend der Defi-
    nition der Abbildung.

2.3.2 TORNADO

Das TDBVS TORNADO (<LILLEHAGEN/ea81>, <ULSFBY80>, <ULFSBY/
MEEN/ea81>, <ULFSBY/MEEN/ea82a>, <ULFSBY/MEEN/ea82b>) ist
ebenfalls ein Datenbanksystem nach dem Netzwerkmodell. Ter-
minologie und Implementation weichen aber vom CODASYL-Modell
teilweise stark ab. TORNADO entstand im Rahmen von Integrierten Ingenieursystemen für den Schiffsbau (<LILLEHAGEN/
OIAN77>, <OIAN82>, <GPM82>).

Das TORNADO zugrundeliegende Datenmodell kennt benannte und
"namenlose" Objekte und Beziehungen zwischen Objekten. Diese
Beziehungen können auch vom Typ m:n sein.

Die Syntax der DDL des Systems TORNADO ist in Abbildung 2-13
angegeben.
Die einzelnen Klauseln sind wie folgt zu interpretieren:

o   "DBFILENO" gibt die Nummer einer Datei an, in der die Da-
    tenbank gespeichert wird.

o   "NODATTYP" legt datenbankweit fest, welche Datentypen in
    Objekten erlaubt sind. So bestimmt z.B. die Kennziffer
    2, daß Objekte nur Attribute vom Typ INTEGER, REAL und
    CHARACTER enthalten dürfen.

o   "OBJCLASS" definiert eine Objektklasse (Satztyp). Der
    Name dieser Klasse wird numerisch angegeben.
    Danach folgt die Reservierung eines Bereichs von Zeigern,
    der zur Einbindung dieses Objekts in die verschiedenen
    Beziehungen zur Verfügung steht.

```
DBFILENO <file-number>

NODATTYP <number-of-datatypes>  --- 1 Integer
                                --- 2 & Real
                                --- 3 & Character
                                --- 4 & Double Real
                                --- 5 & Double Integer
                                --- 6 & Complex
                                --- 7 & Logical


(*)   OBJCLASS <object-class-number>
               <number-of-pointers>
               <number-of-words-in-date>
               <number-of-characters-in-name>
               <number-of-buckets>
               <number-of-integer-fields>
               <number-of-real-fields>
               <number-of-character-fields>
               <number-of-double-real-fields>
               <number-of-double-integer-fields>
               <number-of-complex-fields>
               <number-of-logical-fields>

(*)   ONE-MANY <set-type-number>
               <ring-option> <direct-option>

(*)   MAN-MANY <set-type-number>
               <ring-option-1> <direct-option-1>
               <ring-option-2> <direct-option-2>
               <link-object-class-number>
```

Abbildung 2-13: DDL der Technischen
                    Datenbank TORNADO

Wenn ein Objekt erzeugt wird, so wird von TORNADO automatisch die Zeit der Generierung (sog. "time stamp") zu den Objektdaten hinzugespeichert. **<number-of-words-in-date>** gibt an, welche Anteile der Zeitangabe (Jahr, Monat, Tag, Minute, Sekunde, 1/100-Sekunde) zu einem Objekt des angegebenen Typs gespeichert werden.
Objekte können vom Anwendungsprogramm mit einem Namen versehen werden. **<number-of-characters-in-name>** gibt die maximale Länge des Namens für Objekte dieses Typs an. Zugriff per Namen wird mit einer Hashtabelle realisiert, **<number-of-buckets>** ist ein Parameter des Hashalgorithmus.
Schließlich folgt die Angabe, wieviele Felder des jeweiligen Typs ein Objekt enthält (**<number-of-integer-fields>** bis **<number-of-logical-fields>**).

o **"ONE-MANY"** definiert eine <u>1:n-Beziehung</u>. Dabei wird <u>nicht</u> angegeben, zwischen welchen Objektklassen diese Beziehung definiert ist. Dieser "Settyp" wird wieder durch eine Nummer identifiziert.
   Mit **<ring-option>** wird die Verwendung eines einfach bzw. doppelt verketteten Rings bestimmt und mit der **<direct-option>**-Angabe ist das Anlegen eines zusätzlichen Zeigers auf das "Owner"-Objekt möglich.

o **"MAN-MANY"** legt analog zu **"ONE-MANY"** eine <u>m:n-Beziehung</u> fest. Zur Realisierung dieser Beziehung muß die Nummer eines artifiziellen Objekttyps (**<link-object-class-number>**) angegeben werden, der dem "Relationship-Recordtyp" in PHIDAS entspricht.

Wie man erkennt, sind in diese Datendefinitionssprache Aspekte der Speicherungsstruktur hineingemischt. Es besteht also nicht wie im System PHIDAS eine klare Trennung zwischen DDL und SSDL.
Objekttypen und Beziehungstypen sind nur über Nummern

benannt. Felder innerhalb eines Objekts sind nur über ihre
Position adressierbar.
Weiterhin sind die Beziehungen nicht typgebunden, d.h. das
Anwendungsprogramm kann zur Laufzeit Objekte verschiedenen
Typs über einen bestimmten Beziehungstyp verknüpfen. Aller-
dings kann dann das System nicht überprüfen, ob die so
durchgeführte Verknüpfung auch sinnvoll ist.

TORNADO kennt kein Subschema. Die Datenmanipulationssprache
ist wie bei PHIDAS eine FORTRAN-Unterprogrammschnittstelle.
Diese enthält auch spezielle Funktionen zum Bearbeiten von
m:n-Beziehungen. Dabei braucht der Anwendungsprogrammierer
den "Link"-Objekttyp nicht zu kennen.

TORNADO weist noch folgende Besonderheiten auf:

o Weil Beziehungen nicht typgebunden sind, sind "Multi-
  Owner" bzw. "Multi-Member" Beziehungen möglich.
  Abbildung 2-14 zeigt im BACHMAN-Diagramm, wie sich die
  Darstellung unseres Beispiels aus Abbildung 2-2 bzw. 2-7
  durch diese Möglichkeit und die direkte Angabe von m:n-
  Beziehungen vereinfacht.

o Zur Darstellung allgemeiner gerichteter Graphen (z.B.
  Stücklisten) kann eine m:n-Beziehung über nur einem Objekttyp erklärt werden.

o Zum Traversieren von Hierarchien, definiert durch eine
  1:n Beziehung über einem Objekttyp, gibt es eine spezielle Funktion.

o Objekte können unabhängig von Beziehungen existieren, da
  auf sie per Namen zugegriffen werden kann (vgl. **"OWNER
  IS SYSTEM"** in PHIDAS).

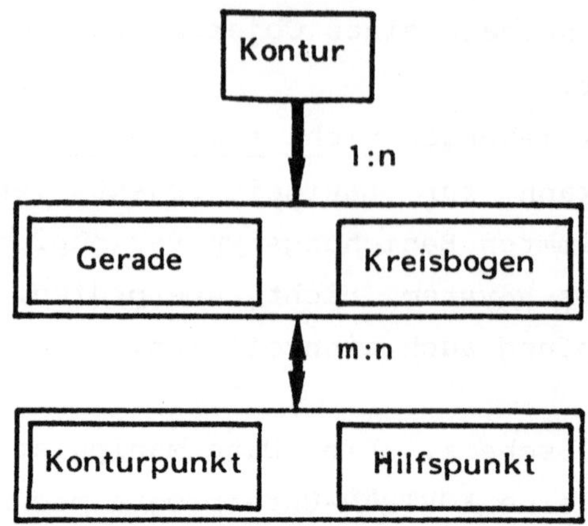

<u>Abbildung</u> <u>2-14</u>: Objektklassen und Beziehungstypen
im System TORNADO am Beispiel

o Durch Zuhilfenahme von Funktionen des zugrundeliegenden
   Speicherverwaltungssystems EASYBAS können Tabellen
   variabler Länge verwaltet werden. Jede Zeile der Tabelle
   besteht aus einer festen Anzahl von Attributen des Typs
   INTEGER oder REAL.

o TORNADO ist ein portables <u>Einbenutzersystem</u>.

2.3.3 <u>Weitere Systeme</u> und <u>Diskussion</u>

Ein weiteres TDBVS nach dem Netzwerkmodell ist das Datenbanksystem des CAD Centre (Cambridge, England, vgl. <CHA-
LLIS80>). Vorläufer dieses Systems sind die jeweils auf-
wärtskompatiblen Technischen Datenbankverwaltungssysteme
HEAPCON, BUCKON und DABACON (<CADC78>).
Mit dem System HEAPCON können einfache hierarchische Strukturen verarbeitet werden. Dabei sind nur ganzzahlige Attribute
zulässig. Verweise zwischen Teilästen der Hierarchie sind
nicht möglich. Die Datenstruktur wird dabei gänzlich im
Hauptspeicher verwaltet. Der Programmierer muß die benötigten Teile der Datenstruktur selbst von Dateien einlesen
(copy-in copy-out). BUCKON enthält als Erweiterung von
HEAPCON ein automatisches Paging-System. In DABACON sind
zusätzlich REAL-Attribute und Netzwerkstrukturen möglich.

CHALLIS beschreibt nun die Konzeption eines neuen Systems,
die auf den mit den alten Systemen gemachten Erfahrungen
beruht (<CHALLIS80>).

Wie beim Netzwerkdatenmodell üblich, gibt es **Recordtypen** und
Settypen. Recordtypen haben **Felder**, die ebenfalls einen **Typ**
besitzen. Als Datentypen für Felder sind z.B. **INTEGER,
REAL, BOOL, STRING** (max. 256 Zeichen), **ARRAY OF INTEGER** und
ARRAY OF REAL zulässig. Arrays können dabei variabel lang
sein. Zusätzliche Datentypen sind:

1. **REFERENCE:** Der Datentyp REFERENCE bezeichnet Zeiger auf
   Ausprägungen von Recordtypen. Ein Feld dieses Typs kann
   dergestalt eingeschränkt werden, daß nur Referenzen auf
   Records bestimmten Typs erlaubt werden. Ansonsten sind
   Referenzen auf Records beliebigen Typs zulässig. **ARRAY
   OF REFERENCE** ist ebenfalls möglich.

2. **INDEX:** Der Wert eines Felds vom Typ INDEX ist eine Folge
   von Paaren (Wert, Referenz). Dabei durchläuft "Wert"
   alle Werte eines bestimmten Felds in einem Recordtyp (das
   indizierte Feld). "Referenz" verweist auf die Ausprägung
   des Recordtyps, dessen indiziertes Feld diesen Wert
   enthält.

3. **KEY:** bezeichnet Schlüsselattribute.

4. **HUNK:** ist ein variabel langes Feld beliebigen Inhalts.
   Diese Felder werden beim Zugriff blockweise direkt von
   Externspeicher in dafür vorgesehene Bereiche im Anwendungsmodul transferiert.   Dies steht im Kontrast zum
   normalen Datenfluß, bei dem **seitenweise** Teile der Daten
   in den Datenbankpuffer geladen werden. Aus den Seiten
   werden dann die vom Anwender angesprochenen Sätze ausge-
   blendet.   In den einzelnen Feldern der Sätze werden
   eventuell Typ- und Formatkonvertierungen durchgeführt.
   Dann werden die Sätze in einen Datenbereich des Anwendungsmoduls kopiert.

Settypen haben die übliche Interpretation der 1:n-Beziehung.
Dabei sind die an Settypen beteiligten **Recordtypen** explizit
anzugeben. Dagegen findet im System TORNADO (2.3.2) keine
Typprüfung statt. Typlose Sets, also Sets, bei denen Records
beliebigen Typs als Owner oder Member auftreten können, sind
im vorliegenden System aber auch erlaubt. Zulässig sind auch
Multimember- und Multiowner-Settypen, d.h. als Ownerrecord-
typ dürfen eins bis n Recordtypen verwendet werden.
Desgleichen gilt dies für Memberrecordtypen.   Eine **Area**
enthält spezielle Records zum Einstieg in die Netzwerk-
struktur, sog. **World Records**.

Abbildung 2-15 zeigt unserer durchgehendes Beispiel in der
DDL des Systems.

```
            AREA Beispiel      Abbildung 2-15:
                               Unser Beispiel dargestellt in
            --- FELDER         der DDL des TBVS des CAD Centre
            REAL x
            REAL y


            --- RECORDTYPEN
            RECORD Konturpunkt (x, y)
            RECORD Hilfspunkt  (x, y)


            RECORD RelRec               --- Hilfsrecordtyp


            RECORD Gerade
            RECORD Kreisbogen


            RECORD Kontur


            --- SETTYPEN
            SET Kanten-einer-Kontur:
                Kontur -> (Gerade, Kreisbogen)


            SET Punkte-einer-Kante:
                (Gerade, Kreisbogen) -> RelRec


            SET Kanten-am-Punkt:
                (Konturpunkt, Hilfspunkt) -> RelRec


            SET Einstieg:
                WORLD -> Kontur       --- WORLD ist Einstiegs-
                                      --- Record für die Area
                                      --- Beispiel
```

CHALLIS diskutiert weiterhin ein Schatterspeicherverfahren
(vgl. <LORIE77>) zur Abbildung von logischen auf physische
Seiten und eine auf dem Cursor-Konzept basierende Datenmanipulationssprache. Eine qualifizierte Menge von Records wird
dabei **stream** genannt.

Bei der Abarbeitung von Multimember- bzw. Multiowner-Sets muß im Anwendungsprogramm eine unterschiedliche Behandlung der Records der jeweiligen Recordtypen erfolgen (<CHALLIS 82>). Dieses Problem hat in Programmiersprachen sein Äquivalent in der Behandlung von union-Typen (ALGOL68) oder varianten Records (PASCAL). In der DML wird eine Art CASE-Anweisung benötigt. Bei der Abarbeitung eines Sets wird mit Hilfe dieser Anweisung entsprechend des Typs des gerade anstehenden Records verzweigt.

Bei der Datendefinition kann jeder Felddefinition noch eine weitere Typangabe in Form einer ganzen Zahl mitgegeben werden (user type). Dieser Typ wird nicht vom System, sondern vom Benutzer interpretiert. Ein Beispiel wäre:

     10 = Temperatur in Grad Celsius

     11 = Temperatur in Fahrenheit

Diese Angabe des "Benutzertyps" entspricht in ihrer Intention der in 1.4.1 geforderten Namensäquivalenz von Typen.

Ein **weiteres System** nach dem Netzwerkmodell ist z.B. RASGOT (<EIGNER/GLATZ/ea80>).

KORENJAK und TEGER beschreiben den Einsatz des CODASYL-DBVS IDMS für den Entwurf Integrierter Schaltkreise (<KORENJAK/ TEGER75>).

Das DBVS UDS nach dem CODASYL-Modell wird ebenfalls für den IC-Entwurf sowie für den Entwurf von gedruckten Schaltungen eingesetzt (<ZINTL81>). Dabei wird auch die **Historie** des Entwurfs gespeichert (<MALLMANN80>).

Diskussion

Vorteile der oben genannten TDBVS nach dem Netzwerkmodell sind:

o   Wegen der Standardisierung bietet das CODASYL-Modell normierte Schnittstellen.

o   Für die Implementation von Sets in Speicherungsstrukturen gibt es eine Fülle von Möglichkeiten. Bei geeigneter Definition dieser Strukturen mit Hilfe einer SSDL können effiziente Zugriffspfade eingerichtet werden.

Als **Nachteile** und Schwächen können gelten:

o   Datendefinition und Datenmanipulation leiden unter der großen Vielfalt an Konzepten (Area, Recordtyp, Settyp, Data Base Key, usw.).

o   m:n-Beziehungen sind normalerweise nicht direkt ausdrückbar. Dies führt zu artifiziellen Recordtypen.

o   Es werden im allgemeinen keine mengenorientierten Abfragemöglichkeiten geboten.

Insgesamt gesehen mögen solche Technischen Datenbankverwaltungssysteme nach dem Netzwerkmodell zwar effizient sein, weisen aber ein zu komplexes Datenmodell auf.

2.4 Relationale TDBVS

In diesem Abschnitt wollen wir Ansätze aufzeigen und
diskutieren, welche sich mit dem Einsatz relationaler Datenbanken in CAD-Anwendungen beschäftigen. Hierbei sind insbesondere die Weiterentwicklungen an den zwei relationalen
Datenbanksystemen SYSTEM R und INGRES von Interesse. Die mit
dem jeweiligen System beschäftigten Forschergruppen haben
beide in jüngster Zeit ein Hauptaugenmerk auf die Verbesserung der Funktionen ihrer Datenbanksysteme im Hinblick auf
den Einsatz innerhalb von CAD-Systemen gelegt. Dabei wurden
Vorschläge zur Erweiterung der Funktionalität der Systeme er-
arbeitet und teilweise implementiert.

2.4.1 SYSTEM R

In einer Gruppe um LORIE im IBM Forschungslabor San Jose,
Kalifornien wird versucht, das relationale Datenbanksystem
SYSTEM R (<CHAMBERLIN/ASTRAHAN/ea81>, kommerzielle Version
SQL/DS: <IBM81>) so zu erweitern, daß damit technische Daten
effektiver verwaltet werden können (<HASKIN/LORIE81>,
<LORIE82>). Diese Erweiterungen werden anhand eines grafi-
schen Editors für VLSI-Masken validiert (<KOENIG/LORIE82>,
<KOENIG/ETIENNE82>). Weitere potentielle Einsatzgebiete sind
etwa geographische Datenbanken (<LORIE/MEIER83>).

Der Ausgangspunkt der Überlegungen ist, daß sich relationale
Datenbanken nur gut für die traditionellen Anwendungsbereiche
eignen. Diese Anwendungsklassen lassen sich dadurch charak-
terisieren, daß der Benutzer gewöhnlich mit Objekten umgeht,
die aus einem Tupel (Satz) oder einer Menge homogener Tupel,
d.h. Tupel gleicher Struktur, bestehen. Typische Transaktionen, insbesondere modifizierende, dauern bei solchen Anwendungen nur eine relativ kurze Zeit, die sich im Sekunden-
bereich bewegt. Gewöhnlicherweise werden in einer solchen

Transaktion, z.B. bei einem Buchungsvorgang, nur einige
wenige Tupel gelesen oder modifiziert.

Die Systemarchitektur relationaler DBVS spiegelt diese
Charakteristika wieder (z.B. in Datenmanipulationssprache
oder Transaktionsverwaltung). Bei **CAD-Anwendungen** sind diese
Voraussetzungen nicht gegeben (vgl. 1.4.1):

o Die Beschreibung eines technischen Objekts, z.B. eines
   Maskenentwurfs (vgl. 1.3.3), erstreckt sich im allgemeinen über mehrere Relationen.

o Die Konstruktionsprozesse und die interaktive Arbeits-
   weise bedingen, daß sich die Beschreibung eines technischen Objekts relativ lange in einem inkonstistenten,
   "tentativen" Zustand befindet. Dies ist beispielsweise
   der Fall, wenn der Konstrukteur etliche Entwurfsalternativen exploriert.

Die vorgeschlagenen Erweiterungen konzentieren sich auf die
folgenden Punkte:

1. Bei den Datentypen von Feldern eines Satzes sollte mehr
   Flexibilität geboten werden. Insbesondere sollte es möglich sein, daß Tupel <u>variabel lange Felder</u> besitzen
   können. Diese Felder enthalten unformatierte Daten.

2. Bei der Datendefinition sollte es möglich sein, dem
   System die <u>Struktur komplexer Objekte</u> mitzuteilen. Das
   relationale Modell kennt nur einzelne Tupel bzw.
   Tupelmengen, also Relationen als Grundeinheit zur Darstellung von Objekten. Diese Definition **komplexer Objekte** entspricht dabei dem Begriff des **"Logischen
   Clusters"** im TDBVS PHIDAS (vgl. 2.3.1).

3. <u>Lang</u> <u>andauernde</u> <u>Transaktionen</u> für interaktives Arbeiten
   sollten unterstützt werden.

<u>1.</u> Verwaltung langer Felder

Abbildung 2-16 zeigt die bei Attributen von Sätzen möglichen
Datentypen dreier bekannter relationaler Systeme, nämlich
INGRES (<RTI82>, <STONEBRAKER/ea76>, <WOODFILL/SIEGEL/ea81>),
ADABAS (<SOFTWAREAG82>) und SQL/DS (<IBM81>).
Die Abbildung zeigt, daß im Prinzip von den heutigen Daten-
bankverwaltungssystemen nur sehr rudimentäre Datentypmecha-
nismen zur Verfügung gestellt werden. Aufzählungstypen zum
Beispiel fehlen bei diesen Systemen völlig. In anderen
Systemen existieren erste Ansätze hierfür (vgl. <SCHMID/BRO-
DIE83>). Die Darstellung zeigt auch, daß zusätzlich die
Länge von Zeichenketten eingeschränkt ist. Falls Feld- oder
Mengentypen zur Verfügung stehen, ist deren Indexbereich bzw.
Kardinalität limitiert. Zumeist existieren auch Restriktio-
nen hinsichtlich der Maximalzahl von Feldern pro Satz. Dafür
unterstützen viele Systeme spezielle Datentypen aus den betriebswirtschaftlichen Anwendungsgebieten. Beispiele für
solche Datentypen sind DATE, MONEY oder PERSONNAME.
Im System SQL/DS ist die maximale Länge eines Zeichenketten-
felds auf 254 Bytes beschränkt. Ein spezieller Datentyp
"CHAR(LONG) VARYING" erlaubt zwar die Speicherung von Feldern
bis zu 32767 Bytes, allerdings unter speziellen Restrik-
tionen. Will man ein Datenbanksystem dazu benutzen, um z.B.
große Matrizen, Texte, Bilder oder Sprachdaten zu speichern,
werden Felder beliebiger Länge benötigt. (Man vergleiche das
Konzept des "HUNK"-Typs im TDBVS des CAD Centre, 2.3.3.)

	INGRES	ADABAS	SQL/DS
(a)			
ELEMENTARE **DATENTYPEN** (Länge in Bytes)			
Zeichen- ketten	c (1-255)	A (1-253, max. 126 für Deskriptoren)	CHAR, CHAR VARYING (1-254) CHAR(LONG) VARYING (1-32767)
INTEGER	i (1,2,4)	Festpunkt: F (1-4) Binär: B (1-126) Gepackt: P (1-14) Ungepackt: U (1-27)	INTEGER (4) SMALLINT (2) DECIMAL(m,n) (2-8)
REAL	f (4,8)	---	FLOAT
(b)			
ABGELEITETE **DATENTYPEN**			
RECORD	---	Stufennummern	---
ARRAY	---	Perioden- gruppenfeld (Index: 0-99)	---
SET	---	Multiples Feld (Kardinalität: 0-191)	---

<u>Abbildung 2-16</u>: Datentypen dreier relationaler
                    Datenbanksysteme
(a) Grunddatentypen
(b) Zusammengesetzte (abgeleitete) Datentypen

Diese Forderung tangiert mehrere Komponenten eines DBVSs.

o   <u>Zugriffsmethode</u> <u>und</u> <u>Einbettung</u> <u>in</u> <u>die</u> <u>Programmiersprache</u>
    Auf Felder eines Tupels wird i.A. als Ganzes zugegriffen. So liefert z.B. die SQL-Anweisung
       "$ SELECT A INTO $A FROM R WHERE ..."
    den Inhalt des gesamten Felds A der Relation R in die Programmvariable A, die groß genug dimensioniert sein muß, um den Feldinhalt aufzunehmen. Das Zeichen "$" ist ein Präprozessorfluchtsymbol und unterscheidet DML-Anweisungen von Anweisungen der umgebenden Quellsprache. Es wird auch dazu benutzt, um Programmvariable von Namen für Datenbankobjekte zu unterscheiden.

    Wegen Beschränkungen im Adreßraum oder Working Set kann es bei Datenmengen von beispielsweise über einem Megabyte unmöglich werden, den Feldinhalt als Ganzes zu übernehmen. Lange Felder müssen also auch stückweise bearbeitbar sein.

o   <u>Recovery-Komponente</u>
    DBVS speichern Log-Information auf nicht-flüchtigen Speichermedien, um nach einem Systemzusammenbruch die Datenbank wieder in einen konsistenten Zustand bringen zu können (vgl. <GRAY78>, <HÄRDER78>,<HÄRDER/REUTER83b>). Diese Logdatei enthält im SYSTEM R unter anderem nach jeder Modifikation jeweils den alten und neuen Satzinhalt. Enthält ein Satz ein "langes" Feld, so kann diese Art des Logging zu nicht akzeptierbaren Einbußen im Leistungsverhalten führen. Inkrementelle Logverfahren, d.h. solche Verfahren, die nicht die Zustände vor und nach Änderung protokollieren, sondern die jeweils durchgeführten Änderungen, können bei bestimmten Anwendungen Verbesserungen erbringen. Ein Beispiel hierfür ist das Editieren von Text. Wird allerdings der gesamte Inhalt eines langen Felds geändert, wenn z.B. eine neue Version

eines Rasterbilds in die Datenbank eingebracht wird, so empfehlen sich wiederum andere Logverfahren, z.B. das Schattenspeicherkonzept (<LORIE77>).

o Sekundärspeicherverwaltung

"Lange" Felder können in ihrer Länge stark variieren. Dies hat Konsequenzen bei der Abbildung auf Seiten (pages) des Externspeichers. Bei einer großen Seitengröße wird zu viel Platz am Ende nur teilweise gefüllter Seiten verbraucht (interner Verschnitt). Eine kleine Seitengröße impliziert eine hohe Seitentransferrate. Die Ein/Ausgaberate kann zwar durch eine physisch benachbarte Abspeicherung der Seiten gesenkt werden. Dies führt aber zur Fragmentierung des Externspeichers. Das Problem interner vs. externer Fragmentierung bei der Speicheraufteilung in Segmente bzw. Seiten ist aus der Betriebssystemliteratur hinreichend bekannt, vgl. z.B. <DENNING70>.

o Archiv-Komponente

Es kann möglich sein, daß Dateninhalte langer Felder auf Speichermedien abgelegt werden, deren Format dem DBVS nicht bekannt ist, z.B. auf Bildplatten. Das DBVS sollte Datenträger unterstützen, die solche Rohdaten speichern, indem es deskriptive Information separat von der eigentlichen Information verwaltet. Ein solcher Mechanismus erlaubt auch die Verwendung von Archivspeichern. Diese wären "Tertiärspeicher" im Sinn einer mehrstufigen Speicherhierarchie.

LORIE/HASKIN schlagen zur Unterstützung des Konzepts "langes Feld" Erweiterungen der Anweisungen der uniformen DB-Sprache SQL vor. Sei eine Relation R wie folgt definiert:

```
$ CREATE TABLE R (..., A: LONG, B: LONG,
                  ..., C: INTEGER, ...)
```

         (A und B sind also lange Felder der Relation R)
Die Abfrage

         $ LET R_CURSOR BE
               SELECT A, B, C
               INTO $A, $B, $C
               FROM   R
               WHERE   ...

bindet wie üblich die Felder A, B und C an die Programm-
variablen $A respektive $B und $C. Die satzweise Verarbei-
tung der aus der Abfrage resultierenden Tupelmenge geschieht
über die Operation $FETCH auf dem Cursor (der Tupelvariable)
R_CURSOR. Über das Cursorkonzept ist es so möglich, die
Tupelmenge einer Abfrage bzw. die Tupelmengen mehrerer
Abfragen gleichzeitig satzweise zu bearbeiten.
Zur stückweisen Bearbeitung langer Felder wird die Anweisung
erweitert:

         $ LET R_CURSOR BE
               SELECT A, B, C
               INTO   A_CURSOR, B_CURSOR, $C
               FROM   R
               WHERE   ...

Die langen Felder A und B sind jetzt wiederum an Cursor
gebunden. Diese Cursor sind Variable für Teile des jeweiligen Felds.
Das Lesen eines Felds geschieht z.B. mit der Anweisungsfolge

         $ FETCH R_CURSOR
         (stellt ein Tupel zur Bearbeitung bereit)
         $ GET <cursor> INTO <variable>
            STARTING AT <displacement>
            FOR <length> BYTES
<cursor> wäre in unserem Beispiel A_CURSOR oder B_CURSOR.

Das Einfügen von Tupeln mit langen Feldern geschieht mittels

```
    $ INSERT INTO R (A,B,C): <A_CURSOR, B_CURSOR, $C)
    (zeigt an, daß ein Tupel eingefügt werden soll)
    $ PUT <cursor> FROM <variable>
      FOR <length> BYTES
```

Die Modifikation von Tupeln ist folgendermaßen möglich:

```
    $ UPDATE R
      SET A = A_CURSOR
      WHERE CURRENT OF R_CURSOR
    (zeigt an, daß Feld A des durch R_CURSOR
     bezeichneten Tupels der Relation R
     modifiziert werden soll)
    $ PUT A_CURSOR FROM <variable>
      FOR <length> BYTES
      STARTING AT <displacement>
      REPLACING <rlength> BYTES
```

Die Abbildung langer Felder auf Speichermedien geschieht wie
folgt. Als Wert eines langen Felds in einem Tupel wird
zunächst nur ein Deskriptor gespeichert. Dieser Deskriptor
enthält

1. den Namen des Datenträgers, auf dem der eigentliche
    Feldinhalt zu suchen ist und

2. **Anfangsadresse** und **Länge** von **zusammenhängenden Speicher-
    bereichen** auf diesem Datenträger. Diese Speicherbereiche
    enthalten den eigentlichen Feldinhalt.

Gleichzeitig enthalten Systemrelationen Freispeichertabellen
für die Datenträger. Die gesamte Verwaltungsinformation über
lange Felder ist demgemäß in Form von Tupeln gespeichert.

Dies hat den Vorteil, daß zur Sicherung der operationellen
Integrität die bestehenden Locking- und Recovery-Mechanismen
benutzt werden können. Werden die Inhalte langer Felder
indirekt auf die Speicherbereiche abgebildet, findet also
kein "update in place" statt, so haben nach Rücksetzen einer
Transaktion **Deskriptor**, **Freispeichertabelle** und **Feldinhalt**
den alten Wert.

2. Komplexe Objekte

Die Erweiterungen des SYSTEM R erlauben es, **komplexe** Objekte
zu definieren. Ein komplexes Objekt wird hier verstanden als
eine Menge von Objekttypen, die jeweils durch <u>1:n</u>-Beziehungen
verbunden sind.
In unserem fortlaufenden Beispiel bedeutet dies, daß eine
KONTUR mit allen ihren KANTEn ein komplexes Objekt bildet.
KONTUR und KANTE stehen ja in einem 1:n-Verhältnis. Dagegen
zählen die PUNKTe der KONTUR nicht mehr zum komplexen Objekt,
da KANTE und PUNKT durch eine m:n-Beziehung verbunden sind.
Abbildung 2-17a zeigt die Schemadefinition für unser
Beispiel. Die Relation "Kontur" enthält den artifiziellen
Schlüssel, also das <u>Surrogat</u> "KonturNr". In gleicher Weise
besitzt die Relation "Kante" einen Schlüssel "KantenNr".
"Kontur" ist Vater von "Kante" im Sinne des komplexen
Objekts. Diese, in die Relationenstruktur eingebette,
hierarchische Struktur ist in Abbildung 2-17b dargestellt.
Im Schema ist dieser Sachverhalt durch die Angabe
"COMPONENT_OF" ausgedrückt. Das Attribut "KonturNr" in
"Kante" enthält also als Werte die Surrogate der Wurzel des
komplexen Objekts. Ausprägungen der jeweiligen Relationen
sind in Abbildung 2-17c zu sehen.
Die Beziehung zwischen PUNKT und KANTE, d.h. die Relation
"KanPun", ist vom Typus m:n. Deshalb zählen die Tupel der
Relationen "Punkt" und "KanPun", die die zu einer Kontur ge-
hörigen Punkte, bzw. die Konnektivität zwischen Kanten und
Punkten beschreiben, nicht mehr zum komplexen Objekt.

(a)

```
CREATE TABLE Kontur (KonturNr: IDENTIFIER)

CREATE TABLE Kante  (KantenNr: IDENTIFIER,
                     KonturNr: COMPONENT_OF Kontur,
                     Typ:      SMALLINT)
                     --- 1 = Gerade,
                     --- 2 = Kreisbogen

CREATE TABLE Punkt  (PunktNr: IDENTIFIER,
                     X:        FLOAT,
                     Y:        FLOAT,
                     Typ:      SMALLINT)
                     --- 1 = Konturpunkt,
                     --- 2 = Hilfspunkt

CREATE TABLE KanPun (KantenNr: REFERENCE_TO Kante,
                     PunktNr:  REFERENCE_TO Punkt,
                     Rolle:    SMALLINT)
                     --- 1 = Kantenanfangspunkt
                     --- 2 = Kantenendpunkt
                     --- 3 = Kreismittelpunkt
```

(b)

```
+--------+
! Kontur !
+---!----+
    !
+---V---+
! Kante !
+-------+
```

Abbildung 2-17: Beispiel 1 für
                komplexe Objekte
(a) Schemadefinition
(b) Die dem komplexen Objekt
    zugrundeliegenden Hierarchien

(c)

```
        +--------+----------+
        ! Kontur ! KonturNr !
        +--------+----------+        Komplexes Objekt
                  !    1   --+------------------+
                  +----------+                  !
                                                !
    +-------+----------+----------+-----+       !
    ! Kante ! KantenNr ! KonturNr ! Typ !       !
    +-------+----------+----------+-----+       !
            !    1     !    1     ! 1   !<---+
            !    2     !    1     ! 1   !<---+
+---------->!    3     !    1     ! 2   !<---+
!           !    4     !    1     ! 1   !<---+
!           +----------+----------+-----+
!
!
!                  +-------+----------+-----+---+---+
!                  ! Punkt ! PunktNr  ! Typ ! X ! Y !
!                  +-------+----------+-----+---+---+
!                          !    1     ! 1   ! . ! . !
!                          !    2     ! 1   ! . ! . !
!                   +-->!   3     ! 1   ! . ! . !
!                   !    !    4     ! 1   ! . ! . !
!                   !    !    M     ! 2   ! . ! . !
!                   !    +----------+-----+---+---+
!                   !
!    EXTERNE Referenzen !
+-------------------+   !
                    !   !
    +--------+----!-----+--!------+--------+
    ! KanPun ! KantenNr ! PunktNr ! Rolle  !
    +--------+----------+---------+--------+
             !    1     !    1    !   1    !
             !    1     !    2    !   2    !
             !    2     !    2    !   1    !
             !    2     !    3    !   2    !
             !    3     !    3    !   1    !
             !    3     !    4    !   2    !
             !    3     !    M    !   3    !
             !    4     !    4    !   1    !
             !    4     !    1    !   2    !
             +----------+---------+--------+
```

Abbildung 2-17: Beispiel 1 für
               komplexe Objekte
(c) Ausprägungen

Die referentielle Integrität (vgl. 1.4.1) der Relation "KanPun" kann mit Hilfe der Angabe **"REFERENCE_TO"** ausgedrückt werden. "KantenNr" verweist also nur Tupel der Relation "Kante". "PunktNr" ist in gleicher Weise Fremdschlüssel für "Punkt".

Führen wir jetzt zwei neue und eigentlich redundante Beziehungen des Typs 1:n zwischen den Relationen "Kontur" und Punkt" bzw. "Kontur" und "KanPun" ein, so bilden KONTUR, KANTE und PUNKT ein komplexes Objekt. Dies ist in den Abbildungen 2-18a, 2-18b und 2-18c veranschaulicht.

Die Referenzen in der Relation "KanPun" unterscheiden sich nun von denen im vorangegangen Beispiel. Während im ersten Fall die Referenzen von **außerhalb** des komplexen Objekts stammten, sind jetzt die Referenzen **intern** zum komplexen Objekt.

Für interne Referenzen können **kürzere Schlüssel** verwendet werden, da ein komplexes Objekt i.A. nicht sehr groß wird. Wir könnten z.B. festlegen, daß ein komplexes Objekt stets kleiner als 64 KiloByte ist. Eine solche Einschränkung stellt insbesondere deswegen kein weiteres Problem dar, weil die Schlüssel für interne Referenzen im gewissen Umfang **wiederverwendbar** sind. Werden Tupel eines komplexen Objekts gelöscht, so können deren Surrogate ohne Bedenken für andere Tupel innerhalb des komplexen Objekts verwendet werden, solange keine weiteren internen Referenzen auf diese Tupel existieren und auf das Tupel nicht von extern verwiesen wird. Ansonsten würden Alias-Tupel (falsche Zeiger) entstehen. Ob noch Verweise existieren, läßt sich für interne Referenzen mittels eines Referenzzählers feststellen.

(a)

```
CREATE TABLE Kontur (KonturNr: IDENTIFIER)

CREATE TABLE Kante  (KantenNr: IDENTIFIER,
                     KonturNr: COMPONENT_OF Kontur,
                     Typ:      SMALLINT)
                     --- 1 = Gerade,
                     --- 2 = Kreisbogen

CREATE TABLE Punkt  (PunktNr:  IDENTIFIER,
                     KonturNr: COMPONENT_OF Kontur,
                     X:        FLOAT,
                     Y:        FLOAT,
                     Typ:      SMALLINT)
                     --- 1 = Konturpunkt,
                     --- 2 = Hilfspunkt

CREATE TABLE KanPun (KantenNr: REFERENCE_TO Kante,
                     PunktNr:  REFERENCE_TO Punkt,
                     KonturNr: COMPONENT_OF Kontur,
                     Rolle:    SMALLINT)
                     --- 1 = Kantenanfangspunkt
                     --- 2 = Kantenendpunkt
                     --- 3 = Kreismittelpunkt
```

(b)

```
        +-------------+
        !   Kontur    !
        +-!----!----!-+
          !    !    !
          !    !  +-V-----+
          !    !  ! Kante !
          !    !  +-------+
          !    !
          !  +-V-----+
          !  ! Punkt !
          !  +-------+
          !
  +-V------+
  ! KanPun !
  +--------+
```

Abbildung 2-18: Beispiel 2 für
                komplexe Objekte
(a) Schemadefinition
(b) Die dem komplexen Objekt
    zugrundeliegenden Hierarchien

(c)

```
        +--------+----------+
        ! Kontur ! KonturNr !
        +--------+----------+            Komplexes Objekt
                 !    1   ---+---------------------------+
                 +----------+                            !
                                                         !
        +--------+----------+----------+-----+           !
        ! Kante  ! KantenNr ! KonturNr ! Typ !           !
        +--------+----------+----------+-----+           !
                 !    1   !     1    !  1  ! 1 !<--------+
                 !    2   !     1    !  1  ! 1 !<--------+
+--------------->!    3   !     1    !  2  ! 2 !<--------+
!                !    4   !     1    !  1  ! 1 !<--------+
!                +----------+----------+-----+           !
!                                                        !
! +-------+----------+----------+-----+---+---+          !
! ! Punkt ! PunktNr  ! KonturNr ! Typ ! X ! Y !         !
! +-------+----------+----------+-----+---+---+          !
!         !    1   !     1    !  1  ! . ! . !<-------+
!         !    2   !     1    !  1  ! . ! . !<-------+
!   +--->!    3   !     1    !  1  ! . ! . !<-------+
!   !     !    4   !     1    !  1  ! . ! . !<-------+
!   !     !    M   !     1    !  2  ! . ! . !<-------+
!   !     +----------+----------+-----+---+---+          !
!   !                                                    !
!   +-----------------+                                  !
!                     !                                  !
!     INTERNE Referenzen !                               !
+------------+           !                               !
             !           !                               !
+--------+------!-----+----!----+----------+-------+      !
! KanPun ! KantenNr ! PunktNr ! KonturNr ! Rolle !      !
+--------+----------+----------+----------+-------+      !
         !    1   !     1    !     1    !   1   !<--+
         !    1   !     2    !     1    !   2   !<--+
         !    2   !     2    !     1    !   1   !<--+
         !    2   !     3    !     1    !   2   !<--+
         !    3   !     3    !     1    !   1   !<--+
         !    3   !     4    !     1    !   2   !<--+
         !    3   !     M    !     1    !   3   !<--+
         !    4   !     4    !     1    !   1   !<--+
         !    4   !     1    !     1    !   2   !<--+
         +----------+----------+----------+-------+
```

Abbildung 2-18: Beispiel 2 für
                komplexe Objekte
(c) Ausprägungen

Dem System die Struktur komplexer Objekte mitzuteilen, hat
folgende Vorteile:

o Ein komplexes Objekt kann als ganzes gelöscht oder
   kopiert werden. Es bildet also eine Art molekulare
   semantische Einheit.

o Ein komplexes Objekt ist bei einem verteilten Systemaufbau weiterhin die **Einheit des Datentransfers** zwischen
   Zentralrechner und Arbeitsplatzrechner. Wird die Wurzel
   eines komplexen Objekts angesprochen, so können alle im
   Sinne der Hierarchie abhängigen Teile mittransferiert
   werden.   Dabei kann auf dem Arbeitsplatzrechner entweder
   wieder ein **privates Datenbankbanksystem** exististieren
   oder der Transfer direkt in die **Datenstrukturen des
   Anwendungsmoduls** erfolgen. Allerdings erlaubt nur
   letzterer Weg die schnelle Verarbeitung des Objekts.

o Ein komplexes Objekt ist fernerhin ein Sperrgranulatat,
   d.h. die **Sperreinheit** bei konkurrierendem Zugriff.

Die geschilderte Vorgehensweise zur Bildung komplexer Objekte
hat jedoch einen entscheidenden Nachteil: die Definition
komplexer Objekte bezieht sich nämlich nur auf Hierarchien.
Wie in 1.4.1 gezeigt, finden sich aber innerhalb des Produktmodells sehr viele m:n-Verbindungen. Insbesondere finden
sich in geometrischen Datenstrukturen für mechanische Bau-
teile nur selten Hierarchien (vgl. 1.2.3). In VLSI-Anwen-
dungen hingegen kann eine ZELLE als komplexes Objekt betrachtet werden (vgl. 1.3.3).
In unserem Beispiel waren wir gezwungen, neue 1:n-Beziehungen
zwischen Relationen anzulegen, um das komplexe Objekt "Kontur" zu definieren.

In diesem Zusammenhang ist noch ein Vorschlag von HAYNIE er-
wähnenswert. Er diskutiert zur Darstellung von Datenstrukturen des Produktmodells eine Mischform zwischen relationaler
Darstellung und netzwerkartigen Strukturen (<HAYNIE81>).

Dabei geht er von der Vorstellung aus, daß für eine Relation
mehrere **Ausprägungen** existieren. Abbildung 2-19 sollte genügen, um die Grundidee dieser hybriden Darstellungsform zu
verstehen.

Mit dieser Methode ist möglich, auch m:n-Verbindungen in
komplexen Objekten unterzubringen. Das System kann auch spezielle Speicherungsstrukturen für die Ausprägungen anlegen.
Durch diese Vorgehensweise werden aber auch Verbindungen in
speziellen Konstrukten versteckt. Zum anderen sind bestimmte
Abfragen nicht mehr in der gewohnten Weise formulierbar.
Beispielsweise kann die Abfrage

```
SELECT   X, Y
FROM     Punkt
WHERE    Punkt.Typ = 1
```

so nicht gestellt werden. Wir müssen statt dessen folgende
wesentlich umständlichere Abfrage formulieren:

```
SELECT   Punkt.X, Punkt.Y
FROM     (SELECT Punkt
            FROM   (SELECT Kante
                    FROM Kontur))
WHERE Punkt.Typ = 1
```

Dabei liefert die Auswertung der FROM-Klausel die Menge der
Zugriffsattribute (1), (2) und so weiter. Diese Liste kann
benutzt werden, um die Attribute der angesprochenen Rela-
tionsausprägungen zu qualifizieren.

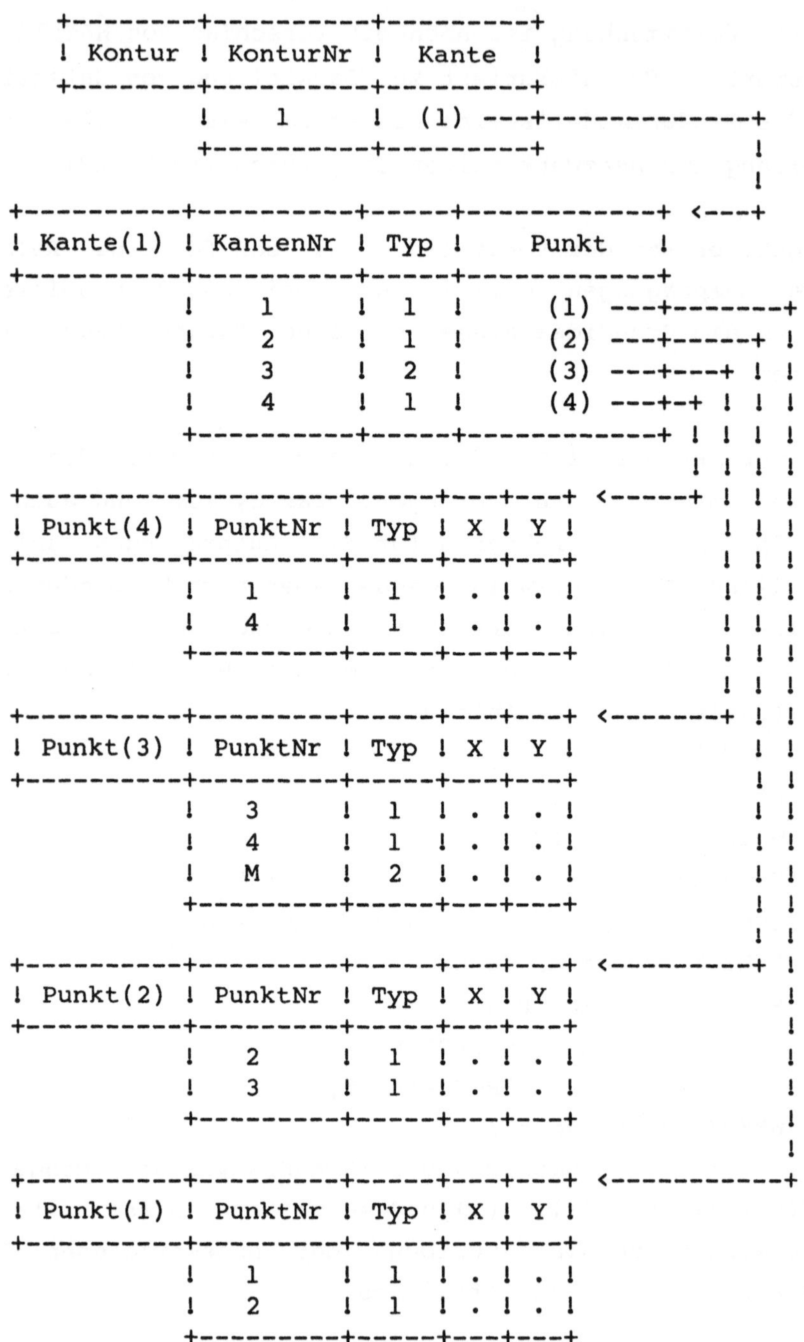

Abbildung 2-19: Mischform zwischen relationalem und Netzwerkdatenmodell

Drei weitere Nachteile des Konzepts des komplexen Objekts im SYSTEM R sind:

o   Zur Bearbeitung eines komplexen Objekts müssen im allgemeinen immer wieder Join-Operationen eines bestimmten Typs verwendet werden. Diese Joins sind **Gleichheits-Joins innerhalb des komplexen Objekts**. Suchen wir in unserem Beispiel für eine bestimmte Kontur mit der Nummer 4711 alle Punkte, die Eckpunkte von Strecken, also keine Kreismittelpunkte sind, so stellen wir folgende Abfrage:

```
SELECT   Punkt.X, Punkt.Y
FROM     Kontur, Punkt, Kante
WHERE    Kontur.KonturNr = 4711 AND Punkt.Typ = 1
         AND Kontur.KonturNr = Kante.KonturNr
         AND Kontur.KonturNr = Punkt.KonturNr
```

Die fett gedruckten Teile der Abfrage stellen zusätzlichen Aufwand bei der Formulierung der Abfrage dar. MEIER und LORIE (<MEIER/LORIE83>) schlagen deshalb eine Kurzform für diese Art des Joins innerhalb komplexer Objekte vor ("implicit join"):

```
X-Y := JOIN (X, Y ! X.XID = Y.YID)
```

Diese Definition läßt sich auf mehrere Relationen erweitern:

```
X-Z     := JOIN (X-Y, Z ! X-Y.YID = Z.YID)
X-(Y,Z) := JOIN (X-Y, X-Z ! X-Y.XID = X-Z.XID)
```

Unsere Abfrage läßt sich jetzt wesentlich kürzer formulieren:

```
SELECT   Punkt.X, Punkt.Y
FROM     Kontur-(Kante,Punkt)
WHERE    Kontur.KonturNr = 4711 AND Punkt.Typ = 1
```


o   Die Semantik der **REFERENCE_TO**-Klausel für externe Referenzen ist im Zusammenhang mit verteilten Datenbanken schwierig zu implementieren. Bei jedem Einfügen oder Ändern müßte verifiziert werden, ob das referierte Tupel existiert. Das angesprochene Tupel kann sich entweder im

Zentralrechner oder als Teil eines "ausgeliehenen"
komplexen Objekts in irgendeinem Arbeitsplatzrechner befinden. Alle diese Datenbanken müßten abgesucht werden,
bevor entschieden werden kann, ob das Einfügen oder
Ändern des Tupels zulässig ist.

Beim Löschen von Tupeln gilt das gleiche Argument. Tupel
dürfen nicht gelöscht werden, solange noch Referenzen auf
sie existieren.

Für interne Referenzen ist die Fremdschlüsselbedingung
REFERENCE_TO leicht mit Hilfe des bereits angesprochenen
Referenzzählers zu überwachen. Mit Hilfe einer Klausel
NULL bzw. **NOT NULL** kann dann zusätzlich angegeben
werden, ob das Referenzfeld eine Referenz enthalten <u>muß</u>
oder nicht. Dies entspricht unserer Angabe **alle:x** bzw.
einige:x für Beziehungstypen (vgl. 1.3.1).

o Bei einer Anfrage wird ein komplexes Objekt in
Datenstrukturen des Anwendungsmoduls transferiert. Dort
wird das Objekt im Hauptspeicher mit den üblichen Sprachmitteln der Programmiersprache manipuliert. Jede Ände-
rung auf dem komplexen Objekt muß dabei doppelt pro-
grammiert werden. Zum einen müssen die Datenstrukturen
im Hauptspeicher geändert werden. Parallel dazu müssen
mit Hilfe von Datenbankmanipulations-Anweisungen die
gleichen Änderungen auf der zentralen Datenbank vollzogen
werden. Daß diese beiden Änderungen jeweils konsistent
vollzogen werden, ist Aufgabe des Programmierers. Zur
Laufzeit des Programms finden also keine weiteren Prü-
fungen statt.

3. Lang andauernde Transaktionen

Wie wir bereits in 1.4.1 dargestellt haben, muß das Transaktionskonzept für CAD-Anwendungen verbessert werden. Dabei
stellen sich zwei Probleme:

1. **Sperrgranulat:** Wählen wir ein zu großes Sperrgranulat,
   d.h. sperren wir z.B. auf der Ebene ganzer Relationen,
   so wird dadurch die Möglichkeit des parallelen Arbeitens
   erheblich eingeschränkt. Dies gilt insbesondere für CAD-
   Transaktionen, die sehr lange dauern (s.u.) und damit
   andere Benutzer für lange Zeit aussperren. Sperren wir
   mit einem sehr feinen Granulat, z.B. auf Tupelebene, so
   resultiert ein hoher Aufwand zur Verwaltung der Sperren.
   Daher sind komplexe Objekte ein adäquates Sperrgranulat.

2. **Rücksetzlogik:** Transaktionen für CAD-Anwendungsprogramme
   dauern Stunden oder gar Tage. Passiert am Ende einer
   solchen Transaktion ein Fehler, so wird bei der herkömmlichen Transaktionslogik die Transaktion vollständig
   zurückgesetzt. Die durchgeführte Arbeit ist verloren.

Eine Möglichkeit, letzteres Problem zu vermeiden, ist die
Verwendung von Rücksetzpunkten innerhalb der Transaktion
(<GRAY81>). Alle Änderungen nach einem Rücksetzpunkt werden
dabei noch nicht permanent gemacht. Tritt ein Fehler in der
Transaktion auf, kann sich diese auf den letzten Rücksetz-
punkt "zurückziehen". Erst beim Erreichen des nächsten Rück-
setzpunktes sind die durchgeführten Änderungen nicht mehr
rückgängig zu machen.
LORIE und PLOUFFE diskutieren ein solches Verfahren im
Zusammenhang mit einer Arbeitsplatzrechner-Konfiguration.
Das Schema, nach dem vorgegangen wird, ist in Abbildung 2-20a
zu sehen.

(a)

```
Arbeitsplatzrechner                         Zentralrechner


+--- Anfang
|    Rücksetzpunkt (1)
|
|    Anforderung
|    eines Objekts      ------------->    BOT ----------+
|                                         Akquirieren   |
|                                         einer Sperre  |
|                                         für das       |
|                                         Objekt        |
|                                                       |
|    Empfang des     <--------------      Transfer des  |
|    Objekts                              Objekts       |
+--- Rücksetzpunkt (2) - - 2PL - - - EOT ----------+
|
|    Verarbeitung des Objekts
|
+--- Rücksetzpunkt (3a)
|
|    Verarbeitung des Objekts
|
+--- Rücksetzpunkt (3b)
|
|    ...
|
+--- Rücksetzpunkt (4)
|
|    Rückgabe
|    des Objekts      --------------->    BOT ----------+
|                                         Empfang des   |
|                                         Objekts       |
|                                                       |
|    Löschen des                          Änderung des  |
|    Objekts in der                       Objekts in    |
|    in der privaten                      zentralen     |
|    Datenbank                            Datenbank     |
|                                                       |
|                                         Freigabe der  |
|                                         Sperre        |
+--- Ende (5) --------- 2PL --------- EOT ----------+
```


Abbildung 2-20: Transaktionslogik in Arbeitsplatz-
               rechner-Konfigurationen
(a) Synchronisation zwischen den Systemen

Da es von allgemeiner Bedeutung für die Integritätssicherung in Filial-verteilten Datenbanken ist, wollen wir es etwas näher besprechen. Es besteht aus drei Abschnitten.

Abschnitt 1: Anforderung des Objekts
Die eigentliche Verarbeitung findet im Arbeitsplatzrechner statt. Will ein dort laufendes Anwendungsprogramm ein Objekt aus der zentralen Datenbank "entleihen", so stellt es eine Anforderung an den Zentralrechner. Objekte können dabei die besprochenen komplexen Objekte oder beliebige andere Datenobjekte sein. Am Zentralrechner wird eine herkömmliche Transaktion gestartet. Diese versucht, für das Objekt eine Sperre zu akquirieren. Gelingt dies, so wird das Objekt in dieser Transaktion gelesen und zum Arbeitsplatzrechner transferiert. Die Transaktion beendet sich normal. Gelingt dies nicht, so wird dies dem Benutzer am Arbeitsplatz mitgeteilt und die Transaktion im zentralen System abgebrochen. Das Programm am Arbeitsplatz wird ebenfalls auf den Anfang (Stelle (1) in Abbildung 2-20a) zurückgesetzt.
Konnte die Transaktion am zentralen Rechner die Sperre akquiereren und das Objekt transferieren, so hat sie sich normal beendet. Das Programm am Arbeitsplatzrechner kann aber unabhängig davon abstürzen. Das Resultat ist eine fälschlicherweise gesetzte Objektsperre. Da dieser Fall sehr selten ist, braucht dies eigentlich nicht weiter zu stören. Die Sperre kann vom Benutzer selbst beispielsweise über ein Dienstprogramm wieder zurückgesetzt werden.
Dieser Fall kann aber auch umgangen werden. Dabei wird die Sperre erst vorläufig akquiriert. Erreicht das Programm am Arbeitsplatzrechner nach Empfang des Objekts tatsächlich den Rücksetzpunkt (2), so wird am zentralen Rechner eine weitere Transaktion gestartet, die die vorläufige Sperre in eine tatsächliche Sperre umwandelt. Dabei muß das Erreichen des Rücksetzpunktes (2) im Arbeitsplatzrechner und das Ende dieser Transaktion am Zentralrechner eine synchrone, atomare Aktion bilden. Dies ist mit Hilfe des Zwei-Phasen-Freigabe-

protokolls (2PL-Protokoll) zu erreichen (<GRAY78>). Diese
Synchronisation durch die zusätzliche Transaktion ist in
Abbildung 2-20a nicht explizit aufgeführt. Wir haben diese
durch die gestrichelte Linie ausgehend vom Rücksetzpunkt (2)
angedeutet. Erreicht das Programm den Rücksetzpunkt (2)
nicht und wird auf (1) zurückgesetzt, so ist die Sperre für
andere Anforderungen prinzipiell frei.

Abschnitt 2: Verarbeitung des Objekts

Nach diesem Vorspiel kann nun das Objekt am Arbeitsplatzrechner beliebig bearbeitet werden. Zwischen größeren
Bearbeitungsschritten werden Rücksetzpunkte (3a), (3b), usw.
deklariert. Stürzt das System ab, kann bei diesem Rücksetzpunkt wieder begonnen werden.

Abschnitt 3: Rückgabe des Objekts

Am Ende der Bearbeitung wird das Objekt wieder in die
zentrale Datenbank zurückgespielt. Diese Rückgabe beginnt
mit Rücksetzpunkt (4) und startet in gleicher Weise wie bei
der Anforderung des Objekts im Abschnitt 1 eine Transaktion
am Zentralrechner. Diese Transaktion empfängt das Objekt und
führt die entsprechenden Änderungen durch. Je nachdem,
wieviele Änderungen am Objekt durchgeführt wurden, wird man
dabei entweder das Objekt selbst oder ein Protokoll der
durchgeführten Änderungen vom Arbeitsplatzrechner an den
Zentralrechner übergeben. Nachdem die Änderungen am Zentralrechner durchgeführt wurden, kann die Sperre für das Objekt
wieder freigegeben werden. Die Transaktion kann sich
beenden. Im Arbeitsplatzrechner kann mittlerweile das Objekt
in der privaten Datenbank gelöscht werden.
Auch hier können wieder Anomalien entstehen, wenn das
Programm am Arbeitsplatzrechner das Ende (5) nicht erreicht
und sich stattdessen auf den letzten Rücksetzpunkt (4)
zurückbegibt. Das Programm hat dann nämlich ein Objekt, das
in der zentralen Datenbank nicht gesperrt ist. Ende der
Transaktion am Zentralrechner und Löschen des Objekts im Ar-

beitsplatzrechner, d.h. Erreichen des Endes (5), müssen mit
Hilfe des 2PL-Protokolls synchronisiert werden.

Den Aufbau von Objektsperren zeigt Abbildung 2-20b. Die
Kompatibilität der Sperrmodi ist offensichtlich. Eine Lese-
sperre steht nicht im Konflikt mit einer Leseanforderung.
Eine Schreibsperre steht in Konflikt mit Lese- und Schreiban-
forderung.

(b)


```
+----------+
! Objekt-  !
! sperre   +---------------+----------------------+------------+
+----------+ Benutzername  ! Objektidentifikator  ! Sperrmodus !
           +---------------+----------------------+------------+
           !    i603       ! Zeichnung 32-7890    ! Lesen      !
           !    i701       ! Arbeitsplan 764-8    ! Schreiben  !
           !    ....       ! .................    ! ........   !
```

Abbildung 2-20: Transaktionslogik in Arbeitsplatz-
                rechner-Konfigurationen
(b) Systemtabelle für Objektsperren

Das Verfahren kommt im Arbeitsplatzrechner mit einer
einfachen Rücksetzlogik aus, wie sie etwa durch das bereits
schon mehrfach erwähnte Schattenspeicherkonzept geboten wird.
Eine komplette Transaktionslogik wird nicht benötigt, wenn
der Arbeitsplatzrechner im Einbenutzerbetrieb genutzt wird.
Die Rücksetzlogik besteht dabei etwa aus zwei Operationen
SAVE und **UNSAVE,** die z.B. von der virtuellen Speicherverwaltung des Betriebssystems zur Verfügung gestellt werden.
SAVE markiert einen Rücksetzpunkt. UNSAVE kehrt zu einem
Rücksetzpunkt zurück. Beim Schattenspeicherkonzept kehrt
UNSAVE zum <u>letzten</u> Sicherungspunkt zurück. (Die Verall-
gemeinerung des Schattenspeicherkonzepts auf n Sicherungs-
punkte mit festem n ist trivial, aber auch speicherauf-
wendig.)
Will der Benutzer allerdings am Arbeitsplatz mehrere Arbeiten
erledigen und zum Beispiel den Ablauf bestimmter Konstruk-
tionsschritte erst einmal zurückstellen (etwa zwischen den
Punkte (3a) und (3b)) und dafür mit anderen Programmen fort-
fahren, so wird zusätzlich eine normale Transaktionslogik be-
nötigt. Diese klammert jeweils die Punkte (1) und (5) in
Abbildung 2-20 und besteht aus den bekannten Operationen
BEGIN-TRANSACTION, END-TRANSACTION und **ABORT-TRANSACTION.**
Um eine Transaktion zu suspendieren und später wieder fort-
setzen zu können, sind die zwei zusätzlichen Operationen
SUSPEND-TRANSACTION und **RESUME-TRANSACTION** nötig.
Bei einer suspendierten Transaktion bleiben jedoch die
Objekte **gesperrt,** die in der Transaktion bearbeitet werden.
Oftmals möchte man aber einen Teil dieser Objekte freigeben,
damit z.B. andere Konstrukteure daran weiterarbeiten können.
Dies ist nur noch mit dem Modell der **geschachtelten** Trans-
aktionen möglich.

Die geschilderte Vorgehensweise zur Integritätssicherung in Arbeitsplatzrechner-Konfigurationen läßt sich in zwei Arten variieren (vgl. auch <KOHLER81>):

1. Falls a priori bekannt ist, auf welche Objekte die Transaktionen zugreifen, so ergibt sich eine Kompatibilitätsrelation zwischen Transaktionen, die zur Synchronisation benutzt werden kann. Sperren werden bei diesem Verfahren nicht benötigt.

   Jede Transaktion hat eine Menge R von Objekten, die sie liest und eine Menge W von Objekten, die sie überschreibt, sog. "read/write sets". Zwei Transaktionen T1 und T2, bei denen die Mengen W1,W2, W1,R2 und W2,R1 jeweils disjunkt sind, sind dabei kompatibel, d.h. sie dürfen parallel ablaufen. R1,R2 kann dabei beliebig, d.h. disjunkt oder nicht disjunkt sein. Wenn das System für alle Transaktionen Ti die Mengen Ri und Wi kennt, so kann es diese Kompatibilitätsrelation ermitteln. Mit deren Hilfe kann es dann den Ablauf von Transaktionen kontrollieren, ohne Sperren benutzen zu müssen.

   Ein solches Schema ließe sich in TDBVS basierend auf der zentralen Stellung des Begriffs TEIL im Produktmodell realisieren. Nehmen wir an, daß die zu zwei verschiedenen Teilen gehörenden Informationsmengen disjunkt sind, so dürfen zwei CAD-Transaktionen parallel laufen, wenn sie entweder nur Information lesen oder nicht das gleiche Teil verändern. Vor Start einer Transaktion muß dabei vom Benutzer die Angabe der Teileidentifikation und Verarbeitungsart (Lesen oder Schreiben) erfolgen. Das Anwendungsprogramm selbst darf dann nur die zu diesem Teil gehörige Information lesen bzw. verändern.

2. Das oben geschilderte Verfahren läßt sich auch in einer "optimistischen" Variante durchführen. Dabei werden alle Lese- und Schreibanforderungen für Objekte grundsätzlich erst einmal gewährt. Erst bei der Rückgabe des Objekts wird durch das System geprüft, ob sich Überschneidungen der Lese/Schreibmengen in der oben geschilderten Art ergeben haben. Ist dies der Fall, werden solange Transaktionen zurückgesetzt, bis sich keine Überschneidungen mehr ergeben.

Dabei würden wir für CAD-Transaktionen das Verfahren abwandeln. Stellt das System Überschneidungen fest, so werden alle Benutzer, die die entsprechenden Transaktionen gestartet haben, vom System über den Konflikt informiert. Die versuchten Änderungsoperationen werden vom System zurückgehalten. Die Benutzer müssen sich dann untereinander auf eine Menge von Transaktionen einigen, die konsistent ist. Dies teilen sie dann wieder dem System mit. Die zurückgestellten Änderungen werden dann vollzogen.

2.4.2 INGRES

Das relationale Datenbanksystem INGRES ist neben SYSTEM R wohl das bekannteste relationale Datenbanksystem (<STONE-BRAKER/ea76>, <WOODFILL/SIEGEL/ea81>). Auch die mit diesem System beschäftigten Forscher haben in jüngster Zeit vor allem versucht, ihr System für CAD-Anwendungen zu erweitern. Genauso wie bei SYSTEM R sehen sie einen Schwerpunkt der Anwendungen ihrer Erweiterungen im VLSI-Entwurf.

Entsprechend den im Abschnitt 1.4 erklärten Problemen liegen die vorgeschlagenen Erweiterungen zum einen im Bereich einer Verbesserung des relationalen Datenmodells und zum anderen in einer Steigerung des Leistungsverhaltens (<GUTTMAN/STONE-BRAKER82>, <STONEBRAKER/ROWE82>, <STONEBRAKER/RUBENSTEIN/ea83>).

Als Erweiterung des relationalen Datenmodells wird die Verwendung abstrakter Datentypen in Attributen von Relationen propagiert.

Zur Verbesserung des Leistungsverhaltens werden erweiterte Sekundärzugriffspfadmechanismen (abstrakte Indizes) und das Konzept der sog. Portale vorgeschlagen.

1. Abstrakte Datentypen

Wie wir bereits in 1.4.1 ausgeführt haben und an speziellen Systemen in 2.4.1 zeigten, ist die Typkontrolle der Attribute von Relationen noch nicht zufriedenstellend gelöst.

STONEBRAKER et al. schlagen deshalb vor, als Datentypen von Feldern beliebige abstrakte Typen zu erlauben. Diese **abstrakten Datentypen** werden nicht wie die herkömmlichen Typen konstruktiv von Grunddatentypen über **Typgeneratoren** abgeleitet. Abstrakte Typen haben lediglich einen Namen. Ihre Bedeutung ist über die auf ihnen definierten Operatoren erklärt.

Abbildung 2-21a zeigt wieder unser Beispiel. Die Relation "Konturen" enthält zwei Attribute, das Schlüsselattribut "KonturNr" und das beschreibende Attribut "Kont". "Kont" ist dabei vom abstrakten Typ "Kontur". Dies wird durch das Suffix "-ADT" ausgedrückt.

(a)

```
    CREATE Konturen (KonturNr = I4, Kont = Kontur-ADT)
```

(b)

```
    CREATE Kontur  (KonturNr = I4)
    CREATE Kante   (KantenNr = I4, KonturNr = I4,
                    Kant = Kanten-ADT)

    CREATE Kontur  (KonturNr = I4, Kont = Kontur-ADT)
    CREATE Kante   (KantenNr = I4, KonturNr = I4,
                    Kant = Kanten-ADT)
```

<u>Abbildung 2-21</u>: **Abstrakte Datentypen für
                   Attribute von Relationen**
                (a) Beispiel
                (b) Alternativen zur Darstellung (a)

Ein **Operator** dieses abstrakten Datentyps ist beipielsweise:

+   Mengentheoretische Vereinigung zweier Konturen

So erweitert die Modifikationsanweisung

```
RANGE OF k1 IS Konturen
RANGE OF k2 IS Konturen
REPLACE k1 (Kont = k1.Kont + k2.Kont)
WHERE   k1.KonturNr = 4711 AND
        k2.KonturNr = 4712
```

die Kontur mit der Nummer 4711 um die Bereiche der Kontur Nummer 4712.

In gleicher Weise können **Funktionen** definiert werden.   So sucht die nachfolgende Abfrage alle Konturen mit einem Flächeninhalt größer als 100.

```
RANGE OF k IS Konturen
RETRIEVE (k.KonturNr)
WHERE   AREA (k.Kont) > 100
```

Ebenfalls möglich sind neue **Vergleichsoperatoren.** Sei & ein Vergleichsoperator, der feststellt, ob sich zwei Konturen überlappen. Die folgende Abfrage sucht alle Konturen, die sich mit dem durch die zwei Punkte (0,0) und (1,1) definier- ten achsenparallelen Einheitsrechteck schneiden:

```
RANGE OF k IS Konturen
RETRIEVE (k.KonturNr)
WHERE   k.Kont & "(0,0), (1,0), (1,1), (0,1), (0,0)"
```

Schließlich sind auch Aggregatfunktionen denkbar:

```
RANGE OF k IS Konturen
RETRIEVE (k.KonturNr)
WHERE   k.Kont = MAXEDGE (k.Kont)
```

Letzte Abfrage sucht unter allen Konturen diejenigen, die die meisten Kanten haben.

Wie man sieht, bietet das Konzept der abstrakten Datentypen in Attributen von Relationen sehr anwendungsnahe Möglichkei- ten der Datenabfrage und -manipulation. Daß bei dieser Vor- gehensweise interne Strukturen (etwa wie Konturen durch Kanten und Punkte dargestellt sind) versteckt werden, ist im

Sinne der Datenabstraktion positiv. Die Verdeckung interner
Strukturen hat im Kontext von gemeinsamen Daten jedoch auch
Nachteile. Haben etwa zwei Konturen gemeinsame Punkte, entstehen dadurch erstens Redundanzen in der Darstellung und
zweitens Konsistenzprobleme.
Des weiteren ist nicht klar, wie bei Hierarchien abstrakter
Datentypen die Schichtung durchgeführt werden soll. In Abbildung 2-21b sind zwei Alternativen zur Darstellung aus
2-21a zu sehen, die jeweils mehrere abstrakte Datentypen enthalten.

2. Abstrakte Indizes

Abstrakte Indizes sind einfach Sekundärschlüsselzugriffspfade
für die neuen Vergleichsoperatoren in abstrakten Datentypen.
Für den Vergleichsoperator "&" in der schon oben gezeigten
Abfrage

        RANGE OF k IS Konturen
        RETRIEVE (k.KonturNr)
        WHERE k.Kont & "(0,0), (1,0), (1,1), (0,1), (0,0)"

ließe sich ein Index einrichten. Dieser Index würde für
jede Kontur auf alle anderen Konturen verweisen, die sich mit
dieser überschneiden. Jede Abfrage, die dann den Operator
"&" enthält, wäre durch die Ausnutzung eines solchen
speziellen Sekundärschlüsselpfads optimierbar.

Sowohl für das Konzept der abstrakten Datentypen als auch für
abstrakte Indizes muß das DBVS spezielle Schnittstellen
besitzen, über die der Anwender neue Operatoren oder Indizes
in das System einbringen kann.

3. Portale

Ein Portal ist ein spezielles Sprachkonstrukt, das ebenso wie eine Abfrage eine Tupelmenge selektiert. Ein Portal wird definiert durch:

```
LET <portal> BE (<target-list>)
        WHERE <qualification>
```

Ein Portal entspricht also einer **Sicht** (view). Nachdem ein Portal definiert ist, werden nun im Gegensatz zum Sichtenmechanismus automatisch spezielle Zugriffspfade auf die Tupel des Portals gebildet. Möglichkeiten wären beispielsweise die Benutzung **temporärer Relationen** oder **hauptspeicherresidenter Relationen.** Nachfolgende Operationen auf dem Portal wie zusätzlich einschränkende Qualifikationen oder die tupelweise Bearbeitung sind dann erheblich schneller durchzuführen.

In unserem fortlaufenden Beispiel könnten wir etwa wie folgt vorgehen, wenn wir zwei Konturen lesen wollen:

```
RANGE OF k IS Konturen
LET p BE RETRIEVE (k.KonturNr, k.Kont)
        WHERE   k.KonturNr = 4711 OR
                k.KonturNr = 4712
OPEN p INTO buf
   --- buf(1) enthält Kontur 4711
   --- buf(2) enthält Kontur 4712
   --- Verarbeitung der Konturen
 ...
CLOSE p
```

Durch die Definition des Portals p haben wir nun schnellen Zugriff auf die zwei Konturen 4711 und 4712. Die Anweisung "OPEN p INTO buf" transferiert beide Konturen in eine Datenstruktur "buf" im Anwendungsmodul. Mit "CLOSE p" werden eventuelle Änderungen aus den temporären Relationen in die Primärrelationen übernommen.

Solche Änderungsoperationen werden aber nur in sehr be-
schränktem Ausmaß zur Verfügung gestellt. Da ein Portal
einer Sicht entspricht, stellt sich nämlich das bekannte
Problem von Updates auf Sichten. Obwohl ein schneller Lese-
zugriff im Anwendungsprogramm möglich ist, ziehen also auch
mit diesem Konzept Änderungen der Datenstrukturen im Hauptspeicher nicht automatisch Änderungen der Datenbank nach
sich. Diese Problematik hatten wir bereits bei den komplexen
Objekten im SYSTEM R angesprochen (vgl. 2.4.1).

2.4.3 Weitere Systeme und Diskussion

Ein einfaches relationales System zur Verwaltung von Daten
der NC-Programmierung beschreibt GREINDL (<GREINDL77>,
<GREINDL78>).

EIGNER entwickelte ebenfalls ein relationales TDBVS (<EIGNER
80b>). Das beschriebene Laufzeitverhalten des Systems ist
aber nicht ermutigend. So benötigt dieses System für den
Join zweier Relationen mit je 1000 Tupeln a 20 Byte über zwei
Stunden.

Ein durch einen **Anpassungsmodul** auf dem DBVS ADABAS
aufgesetztes relationales TDBVS ist CADMAT (<KIMURA/ea82>).
CADMAT weist einen sehr hohen Integrationsgrad des Produktmodells auf.

Weitere Überlegungen zum Einsatz des relationalen Datenmodells in CAD-Datenbanksystemen finden sich z.B. in
<BLASER/SCHAUER77>, <GRABOWSKI/EIGNER79b> und <VALLE77>.

Diskussion

Vorteile der oben genannten TDBVS nach dem relationalen
Datenmodell sind:

o Die Datendarstellung beruht auf einem einfachen und
   mathematisch untermauerten Konzept, nämlich der Relationenalgebra.

o Diese Algebra bietet die mengenorientierte Abfrage und
   Verarbeitung.

o Die Datendarstellung gewährt ein hohes Maß an Datenunabhängigkeit.

o Es existieren vielversprechende Weiterentwicklungen wie
   etwa die Einführung komplexer Objekte (2.4.1) oder abstrakter Datentypen (2.4.2).

Als **Nachteile** und Schwächen können gelten (vgl. auch 1.4):

o Relationale TDBVS sind ohne den Einsatz spezieller
   Implementationstechniken (Zugriffspfadoptimierung, Vor-
   übersetzung von Anfragen, Definition komplexer Objekte)
   ineffizient.

o Die Manipulation vernetzter geometrischer Strukturen über
   Join-Operationen ist umständlich.

o Die Einführung neuer Relationen für m:n-Verbindungen und
   die Realisierung von Beziehungen über Schlüsselverweise
   fördert zwar die Datenunabhägigkeit, führt aber auch zur
   redundanten Speicherung von Schlüsseln.

Insgesamt gesehen sind aber relationale TDBVS den Anforderungen einer hohen Interaktivität zur Zeit noch nicht ge-
wachsen. Ein weiteres dringendes Problem ist die fehlende
Datentypunterstützung. Beide Aussagen treffen aber nicht nur
auf relationale TDBVS allein zu.

In dem nun folgenden **Kapitel 3** wird ein Vorschlag gemacht,
der diese Probleme lösen helfen soll. Zur Datendefinition
und Manipulation benutzen wir dabei eine Spracherweiterung
der Programmiersprache MODULA.
Dies erlaubt uns die Verwendung von Datentypen in der Datendefinition. Der Datentypmechanismus ermöglicht gleichzeitig
eine Typprüfung der Anwendungsmodule zur Übersetzungszeit.

Das Laufzeitverhalten von Anwendungsmodulen soll mit Hilfe
eines speziellen Laufzeitsystems gesteigert werden. Dabei
betrachten wir Arbeitsplatzrechner-Konfigurationen.
Anwendungsmodule und Laufzeitsystem befinden sich dabei in
den Arbeitsplatzrechnern. Die von den Anwendungsmodulen an-
geforderten Daten werden aus einem herkömmlichen relationalen
DBVS auf dem Zentralrechner dem Laufzeitsystem übergeben und
während des Ablaufs des Anwendungsmoduls von diesem verwaltet. Nach Ende der Verarbeitung werden die Daten wieder in
das zentrale DBVS übernommen.

3 Eine neue Systemstruktur für Technische Datenbankverwaltungssysteme

In diesem Kapitel wollen wir eine neue Systemstruktur für Technische Datenbankverwaltungssysteme vorschlagen. Beim Entwurf dieser Systemstruktur können wir natürlich nicht alle der bisher angesprochenen Probleme adressieren und lösen. Wir wollen uns daher zum Ziel setzen, vor allem zwei Problembereiche zu bearbeiten. Diese sind die <u>Datentypunterstützung</u> im Datenmodell und die <u>Verbesserung</u> <u>des</u> <u>Leistungsverhaltens</u> des TDBVS.

Die Konzentration auf diese Problembereiche resultiert einerseits aus der Anforderungsanalyse in Abschnitt 1.4, die ihrerseits auf einer Durchleuchtung typischer Produktmodelle basierte. Zum anderen kann man aus den in Kapitel 2 diskutierten Vorschlägen anderer Autoren ersehen, daß diese zwei Problempunkte wohl die Haupthindernisse für den erfolgreichen Einsatz von DBVS zur Verwaltung des Produktmodells darstellen.

3.1 Entwurfüberlegungen und allgemeiner Systemaufbau

Die Datentypunterstützung wollen wir dabei im Rahmen einer <u>Spracherweiterung</u> (vgl. 2.1) diskutieren. Als Basissprache wählen wir MODULA-2 (<WIRTH82>). Im Prinzip sind unsere Vorschläge aber auch auf andere Programmiersprachen mit starker Typbindung übertragbar. Der Einsatz des Typkonzepts für Datenbanksysteme ist bereits von anderen Autoren diskutiert worden, man vergleiche hauptsächlich <BRODIE80>, <BRODIE82>, <SCHMIDT77> und <SCHMIDT/MALL80>.

Mit der Forderung nach der strengen Typbindung schließen wir allerdings die bei CAD-Anwendungen vorherrschende Programmiersprache FORTRAN aus. FORTRAN wird aber im CAD-Bereich hauptsächlich aus Portabilitätsgründen heraus verwendet. Eigentlich ist FORTRAN für die CAD-Anwendungsprogrammierung nicht sonderlich geeignet. So finden sich zum

Beispiel in CAD-Anwendungsmodulen häufig dynamische Datenstrukturen und rekursive Algorithmen, die in FORTRAN nur mit
Mühe zu programmieren sind. Beispielsweise ist unser in
1.3.2 erwähnter geometrischer Modellierer in FORTRAN implementiert. In diesem Programm muß an mehreren Stellen die Abarbeitung rekursiver Algorithmen mit Hilfe von Kellern simu-
liert werden.

Bei unserer Spracherweiterung führen wir sowohl im **Deklara-
tionsteil** als auch im **Anweisungsteil** von MODULA-Programmen
neue Konstrukte ein.

Die Verbesserung des Laufzeitverhaltens wollen wir im Rahmen
einer speziellen verteilten Rechnerkonfiguration behandeln.
Diese Konfiguration besteht aus einem Zentralrechner und
mehreren Arbeitsplatzrechnern in einer sternförmigen
Anordnung. Zentralrechner und Arbeitsplatzrechner seien über
einen hinreichend schnellen Kanal für den Datentransfer
verbunden. Beide Arten von Rechnern könnten auch über ein
ringförmiges Netzwerk verbunden sein. Wir bieten in diesem
Fall aber keine Möglichkeiten für den direkten Datenaustausch
zwischen zwei Arbeitsplatzrechnern an (außer dem Weg über den
Zentralrechner).

Der Zentralrechner enthält dabei ein im wesentlichen
unverändertes relationales Datenbanksystem. Die Arbeitsplatzrechner enthalten ein Laufzeitsystem, das dynamische
Datenstrukturen im virtuellen Adreßraum verwaltet und mit dem
DBVS auf dem Zentralrechner kommuniziert. Wir setzen voraus,
daß die Funktionen zur virtuellen Speicherverwaltung von den
auf den Arbeitsplatzrechnern laufenden Betriebssystemen zur
Verfügung gestellt werden. Dabei rechnen wir mit virtuellen
Adreßräumen im Mega- bis GigaByte-Bereich.

Damit erhalten wir zwei Systeme zur Datenverwaltung. Dies
bedeutet auch einen größeren Aufwand in der Systemarchitektur. Wir müssen aber einen Kompromiß schließen. Die Problematik ist in Abbildung 3-1 dargestellt. Eine höhere Flexibilität in der Datenverwaltung kann nur mit einer größeren Zu-
griffszeit erkauft werden. Daher teilen wir die zwei sich
widersprechenden Anforderungen jeweils zwei verschiedenen
Systemen zu.

```
Dynamische Speicher-              !          !
verwaltung                       !          !
                                 !          !
                                 ! Z        ! F
Datenverwaltungspaket            ! U        ! L
mit Dateizugriff und             ! G        ! E
Pufferung                        ! R        ! X
                                 ! I        ! I
                                 ! F        ! B
Technisches Datenbank-           ! F        ! I
verwaltungssystem mit            ! S        ! L
festem Schema                    ! Z        ! I
                                 ! E        ! T
                                 ! I        ! A
Allgemeines Datenbank-           ! T        ! E
verwaltungssystem                !          ! T
                                 !          !
                                 V          V
```

Abbildung 3-1: Zugriffszeitverhalten und
               Flexibilität bei verschiedenen
               Systemen zur Datenorganisation

Das Laufzeitsystem am Arbeitsplatzrechner liefert das für
interaktive Anwendungen notwendige Leistungsverhalten. Das
Datenbanksystem auf dem Zentralrechner bietet die beliebige
Datenauswertung, Datenschutz, Mehrbenutzerbetrieb und weitere
Funktionen.

Insbesondere stellen wir in den Spracherweiterungen zur
Datenmanipulation nicht die Möglichkeiten einer voll entwickelten Datenbankabfragesprache zur Verfügung. Wir stellen
hierfür Konstrukte bereit, die vor allem die für CAD-Anwendungen typische,stark algorithmisch geprägte Verarbeitungs-
weise unterstützen (vgl. 1.4.2). Damit können wir auch das
Laufzeitsystem klein halten.

Abbildung 3-2 zeigt die gesamte Systemstruktur.
Die **Datendefinition** erfolgt auf dem Zentralrechner in einem
Schema-Modul. Dieser Schema-Modul enthält die Daten-
beschreibung des Produktmodells, also die Festlegung von
Objekt- und Beziehungstypen (vgl. 1.3.1). Der Schema-Modul
wird durch einen Schema-Konverter in entsprechende DDL-Anweisungen des relationalen DBVS übersetzt. Die Objekt- und
Beziehungstypen werden also in relationale Strukturen abgebildet. Im Schemamodul können auch Konstante, Typen und Prozeduren wie gewöhnlich definiert werden. Der Schema-Konverter legt zusätzlich die im Schema-Modul enthaltene Beschreibung in einem Daten-Dictionary ab. Dazu erzeugt er
DDL- und DML-Anweisungen für das DBVS.

Die **Datenmanipulation** erfolgt am Arbeitsplatzrechner. Wird
eine Menge von Anwendungsmodulen übersetzt, so wird zur Übersetzung der Schema-Modul in Quellform hinzugezogen. Das
übersetzte Anwendungsprogramm wird mit dem Laufzeitsystem zu-
sammengebunden. Dieses fordert zur Laufzeit über DML-
Anweisungen Daten vom DBVS des Zentralrechners an. Nachdem
die Daten übertragen wurden, werden sie vom Laufzeitpaket im
virtuellen Speicher verwaltet. Geänderte Teile im Speicher
werden markiert. Nach Beendigung der Verarbeitung werden vom
Laufzeitsystem mit Hilfe von DML-Anweisungen die Änderungen
auch in der zentralen Datenbank vollzogen.

<u>Arbeitsplatzrechner</u>   <u>Zentralrechner</u>

```
+--------------+                      +--------------+
! Anwendungs-  !                      ! Schema-Modul !
!   module     !                      +--!----!------+
+------!-------+                         !    !
       !                                 !    !
       !     +-------------- . . . . . ----------+    !
       !     !                               !
       V     V                               V
*************                *********************
* Übersetzer  *              * Schema-Konverter *
*******!*******              ****!************!**
       !                         !            !
       !                     DDL !        DDL, !
       .                         !        DML  !
       .                         V            V
       .                DML  *********************
       !     +- . . . . ----->*      DBVS       *
       !     !                *********************
*************  !                  !            !
* Anwendungs- * !                 !            !
*  programm   * !             +------------+   !
************* !               ! Datenbank  !   !
*  Laufzeit-  * Daten !       +------------+   !
*   system    *<-------+                       !
*************                 +------------+   !
*  Speicher-  *               ! Dictionary !----+
* verwaltung  *               +------------+
*************
```

<u>Abbildung</u> <u>3-2</u>: **Systemstruktur**

3.2 Datendefinition

Bei den Datendefinitionsmöglichkeiten wollen wir uns an dem in Abschnitt 1.3.1 aufgestellten grafischen Modell zur Darstellung von Produktmodellen orientieren. Für dieses stellen wir äquivalente Deklarationsmöglichkeiten zur Verfügung.

Wir benutzen folgende Schreibweise zur Syntaxdarstellung:

```
//A B C//         meint:  ABC oder ABCABC oder ABCABCABC usw.
/A ";"/           meint:  A oder A;A oder A;A;A  usw.
/(A) (B) (C)/     meint:  Nichts oder A oder B oder C oder
                          A;B oder B;C oder A;C oder A;B;C
(A ! B ! C)       meint:  A oder B oder C
< A >             meint:  Nichts oder A
```

Verschiedene Typen von Identifikatoren, z.B. Typ- oder Prozeduridentifikatoren unterscheiden wir durch ein Präfix.

```
    Type-IDENT  meint:  Identifikator für Typ
    Proc-IDENT  meint:  Identifikator für Prozedur
```

Die Großschreibung ("IDENT", "INTEGERNUMBER" usw.) kennzeichnet stets lexikalische Elemente.

Die Datendefinition erfolgt in einem speziellen Modul, der Daten und Prozeduren enthält, dem Schema-Modul. In diesem Modul werden Konstante, Typen und Prozeduren in der gewohnten Weise deklariert. Dabei nehmen wir aber jeweils Einschränkungen vor, die es uns erlauben, das Schema leichter in relationale Datenstrukturen abzubilden. Variablendeklarationen sind nicht erlaubt. Weiterhin werden in diesem Modul die in 1.3.1 besprochenen Objekttypen und Beziehungstypen definiert. Die Definition der Objekttypen und Beziehungstypen erfolgt nach den Typdeklarationen.

3.2.1 Aufbau des Schema-Moduls und Objekttypdeklaration

Den Aufbau eines Schema-Moduls zeigt die nachfolgende Syntax.
Dabei werden wir uns in diesem Abschnitt im wesentlichen zunächst nur mit der Definition der Objekttypen beschäftigen.
Gleichzeitig werden wir besprechen, wie diese Objekttypen in
relationale Datenstrukturen abzubilden sind.

Grundsätzlich werden alle in einem Schema-Modul auf äußerster
Ebene deklarierten Objekte exportiert. Eine gesonderte
Angabe der vom Schema-Modul exportierten Objekte entfällt
also. Wollten wir eine Subschema-Möglichkeit zur Verfügung
stellen, so könnten wir jeweils mehrere Objekte zusammengefaßt als Subschema bezeichnen. Exportiert würden dann
jeweils alle Objekte eines Subschemas. Die Importierung im
Anwendungsmodul könnte dann durch die Angabe des Namens des
Subschemas erfolgen.

```
SchemaDeclaration =
    "SCHEMA MODULE" Schema-IDENT
    Declarations
    "END" Schema-IDENT.


Declarations =
    /("CONST"    /RestrictedConstantDeclaration ";"/)
     ("TYPE"     /RestrictedTypeDeclaration ";"/)
     ("OBJECT TYPE"         /ObjectTypeDeclaration ";"/)
     ("RELATIONSHIP TYPE"   /RelationshipTypeDeclaration ";"/)
     ("PROCEDURE" /ProcedureDeclaration ";"/)/


ProcedureDeclaration =
    ... Wird in Abschnitt 3.3 vervollständigt


RelationshipDeclaration =
    ... Wird in Abschnitt 3.2.2 besprochen
```

Konstantendefinitionen dienen der Parametrisierung des
Schemas. Bei der Definition von Konstanten lassen wir keine
Ausdrücke zu.


```
RestrictedConstantDeclaration =
   Const-IDENT "="
   (IntegerConstant ! RealConstant ! StringConstant)


IntegerConstant = INTEGERNUMBER ! Const-IDENT
RealConstant    = REALNUMBER    ! Const-IDENT
StringConstant  = STRING        ! Const-IDENT
```


Bei der Typdeklaration sind an elementaren Typen nur INTEGER,
BOOLEAN, CHAR, REAL, Aufzählungstypen und Teilbereiche dieser
Typen zulässig. An strukturierten Typen sind lediglich
Felder und Matrizen erlaubt (s.u.).

Zwei spezielle Typen sind der Identifikatortyp und der
Prozedur-geprüfte Typ.
Der Identifikatortyp beschreibt systemgenerierte Identifika-
toren (vgl. 1.4.1).
Der Prozedur-geprüfte Typ ist einer Prozedur assoziiert und
besteht aus einer Zeichenkette bestimmter Länge. Die
Prozedur kann man als Typprüf-Routine ansehen, die dem
Laufzeitsystem vom Benutzer zur Verfügung gestellt wird. Das
Laufzeitsystem ruft diese Prozedur nach jeder Veränderung von
Variablen dieses Typs auf. Die Prozedur ist eine Funktions-
prozedur und hat als Eingabeparameter einen Parameter des
angegebenen Basistyps. Wir beschränken uns hier auf Zeichenketten. Als Wert liefert die Prozedur "wahr" oder "falsch"
zurück, je nachdem ob die Zeichenkette einen gültigen oder
ungültigen Inhalt hat.

Aufzählungen sind a priori <u>ungeordnet</u>, d.h.   an Vergleichsoperatoren ist nur der Test auf Gleichheit bzw.   Ungleichheit
möglich.   Durch Angabe von "ORDERED" können aber   auch
geordnete Aufzählungstypen deklariert werden.

Teilbereiche des Typs **REAL** sind   entgegen MODULA zulässig.
Teilbereiche der   des   Typen **BOOLEAN** und **CHAR** sind verboten.
Teilbereiche von Aufzählungstypen sind nur für geordnete
Aufzählungstypen erlaubt.

```
RestrictedTypeDeclaration =
    Type-IDENT "="
    (RestrictedType I IdentifierType I ProcCheckedType)


RestrictedType =
    (RestrictedSimpleType I RestrictedArrayType)


RestrictedSimpleType =
    ("INTEGER" I "BOOLEAN" I "CHAR" I "REAL" I
     EnumerationType I SubrangeType)


EnumerationType =
    <ORDERED> "(" Enum-IDENT (//"," Enum-IDENT//) ")"


SubrangeType =
    (IntegerSubrange I RealSubrange I EnumerationSubrange)


IntegerSubrange =
    "[" IntegerConstant ".." IntegerConstant "]"
RealSubrange =
    "[" RealConstant ".." RealConstant "]"
EnumerationSubrange =
    "[" Enum-IDENT ".." Enum-IDENT "]"


IdentifierType =
    "IDENTIFIER"
```

```
ProcCheckedType =
   ARRAY " [1 .. " IntegerConstant "]" "OF CHAR"
   "CHECKED BY" Proc-IDENT
```

Felder werden nur ein- und zweidimensional betrachtet. Der
Indextyp von Feldern ist ein Teilbereich des Basistyps
INTEGER. Feldgrenzen sind konstant. Die untere Feldgrenze
ist stets eins. Es steht jedoch ein besonderer Typ zur
Verfügung, der eindimensionale dynamische Felder des Typs
CHAR erlaubt.

```
RestrictedArrayType =
   ConstantArrayType ! DynamicArrayType

ConstantArrayType =
   ("ARRAY" ArrayIndexType
    OF RestrictedSimpleType) !
   ("ARRAY" ArrayIndexType "," ArrayIndexType
    OF RestrictedSimpleType)

ArrayIndexType =
   "[" "1 .." IntegerConstant "]"

DynamicArrayType =
   "ARRAY [1 .. *] OF CHAR"
```

Eine Zeichenkette der Länge 10 ist also beispielsweise vom
Typ:
```
      ARRAY [1..10] OF CHAR
```
Ein dynamisches Feld ist vom Typ:
```
      ARRAY [1..*] OF CHAR
```
Ein Bespiel für einen Prozedur-geprüften Typ wäre:
```
      ARRAY [1..10] OF CHAR CHECKED BY CheckProc
```

Eine Objekttypdeklaration erfolgt in der nachstehenden
Syntax. Bei einem Objekttypen können seine <u>Artobjekttypen</u>
(vgl. 1.3.1) angegeben werden. Diese werden wiederum als
normale Objekttypen deklariert.

```
ObjectTypeDeclaration =
   ObjectType-IDENT
   < < VariantSection >
      < "=" SpecialRecordType > >

VariantSection = VARIANTS /VariantGroup ","/ ";"

VariantGroup =
   < ("DISJOINT" ! "PARTITION") >
   "(" /ObjectType-IDENT ","/ ")"

SpecialRecordType =
   "RECORD"
   < IdentifierField ";" >
   /DescriptiveField ";"/
   "END"

IdentifierField =
   "KEY" Field-IDENT ":"
   (IdentifierType ! ProcCheckedType)

DescriptiveField =
   /Field-IDENT ","/ ":"
   (RestrictedType ! ProcCheckedType)
```

Ein Objekttyp ist also im Prinzip ein RECORD. Dabei ist
maximal ein Schlüsselfeld (KEY) erlaubt. Dieses muß vom Typ
IDENTIFIER oder Prozedur-geprüft sein. Fehlt der Schlüssel,
so wird implizit ein Feld des Typs IDENTIFIER definiert.

Halten wir einen Moment ein mit der Vervollständigung unserer
Syntax und sehen uns zunächst wieder unser schon in Kapitel 2
verwendetes Beispiel an. Mit der beschriebenen Syntax würden
wir die Objekttypen KONTUR, KANTE und PUNKT wie folgt
festhalten:

```
SCHEMA MODULE Beispiel

OBJECT TYPE
   Kontur =
      RECORD
         KEY KonturNr: IDENTIFIER
      END;

   Kante =
      RECORD
         KEY KantenNr: IDENTIFIER;
         Typ: (Strecke, Kreisbogen)
      END;

   Punkt =
      RECORD
         KEY PunktNr: IDENTIFIER;
         X, Y:  [0.0 .. 1000.0] ;
         Typ:    (Konturpunkt, Hilfspunkt)
      END

END Beispiel.
```

Mit Hilfe von Artobjekttypen läßt sich unser Beispiel wie folgt formulieren:

```
SCHEMA MODULE Beispiel

OBJECT TYPE
   Kontur =
      RECORD
      KonturNr: IDENTIFIER
      END;


   Kante =
      VARIANTS PARTITION (Strecke, Kreisbogen)
      RECORD
      KantenNr: IDENTIFIER
      END;


      Strecke =
         RECORD
         a, b: REAL (* Parameter der Geraden- *)
                    (* gleichung  y = a*x + b *)
         END;


      Kreisbogen =
         RECORD
         Radius: [0.0 .. 1000.0]
         END;
```

```
Punkt =
  VARIANTS PARTITION (Konturpunkt, Hilfspunkt)
  RECORD
  PunktNr: IDENTIFIER;
  X, Y: [0.0 .. 1000.0]
  END;


Konturpunkt;
Hilfspunkt;
```

END Beispiel.

In der Klausel, die die Varianten zu einem Objekttyp angibt
("VariantSection"), sind folgende Möglichkeiten erlaubt:

o Die Angabe "PARTITION" zeigt an, daß die Artobjekttypen
   eine Partition des Gattungsobjekttyps bilden.

o Eine Angabe "DISJOINT" markiert disjunkte Artobjekttypen.

o Ist nichts angegeben, können sich die Artobjekttypen
   überschneiden.

Wie wir gesehen haben, sind die Typen wie INTEGER, REAL, usw.
und die Typbildner wie ARRAY oder Teilbereichsangaben nur in
einer gewissen Weise kombinierbar. Diese Typbildungsregeln
lassen sich in Form eines Graphen darstellen, der von GROSCH
entwickelt wurde (<GROSCH82>). Der Graph heißt Abstammungsgraph. Typen und Typbildner sind dabei die Knoten des
Graphen. Die Kanten repräsentieren die erlaubten Kombina-
tionsmöglichkeiten. Abbildung 3-3a zeigt den Abstammungsgraphen für unser Datenmodell.

Zum Vergleich ist in Abbildung 3-3b der Abstammungsgraph für
das relationale DBVS INGRES dargestellt (vgl. Abbildung
2-16). Attribute der Relationen sind vom Typ **i** (INTEGER), **f**
(REAL) oder **c** (CHAR). Mit Hilfe einer **Längenangabe** können
die Attribute dimensioniert werden. Aus mehreren Attributen
wird eine Relation gebildet. Auf Relationen können Sichten
(views) gebildet werden. Dieser Sichtenbildungsmechanismus
ist rekursiv. Auf Sichten dürfen wiederum Sichten definiert
werden.

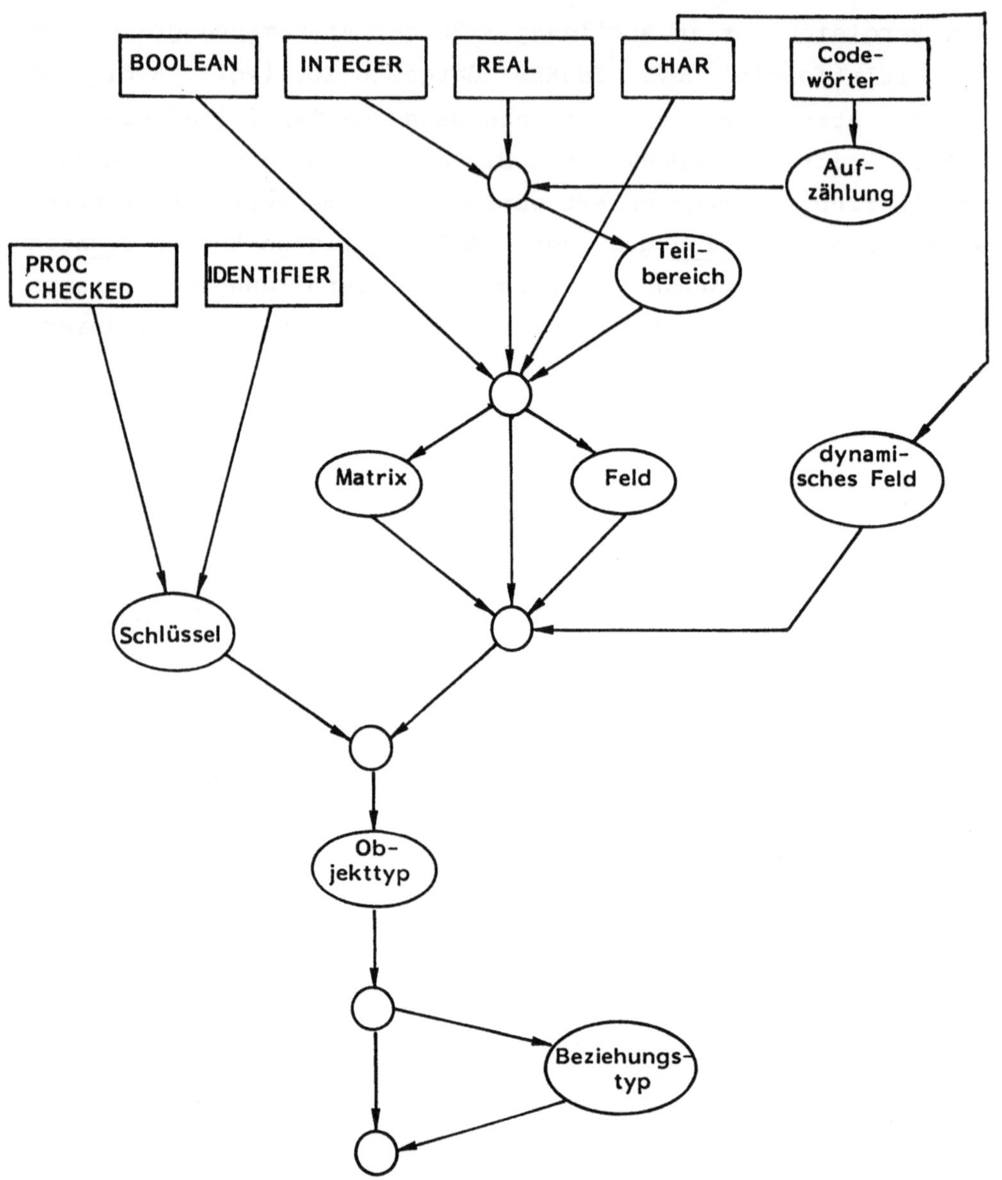

Abbildung 3-3: Abstammungsgraphen
(a) Unser Datenmodell

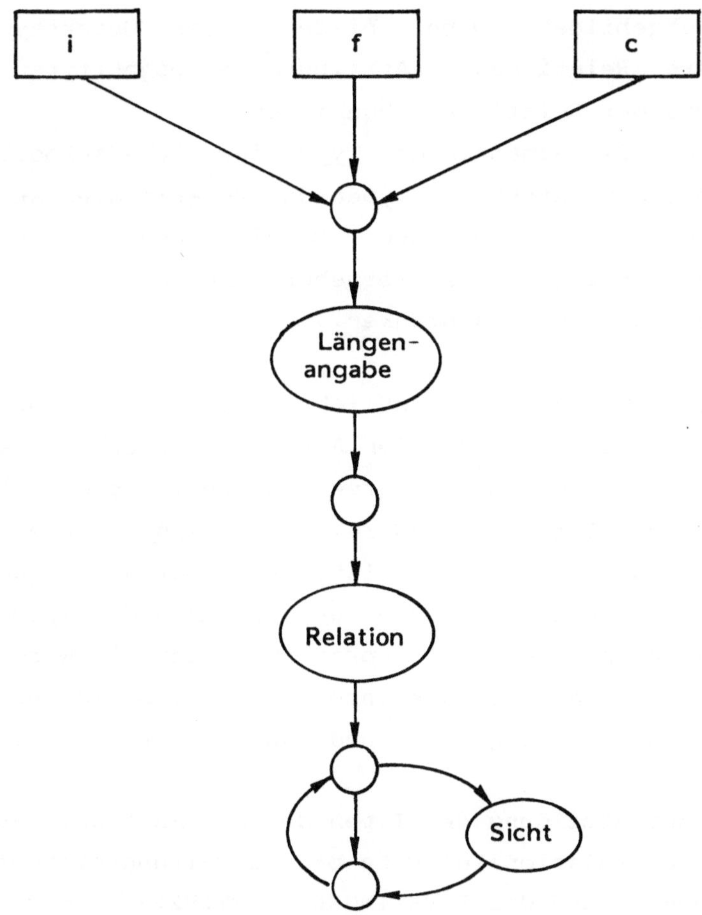

Abbildung 3-3: Abstammungsgraphen
(b) INGRES

Abbildung in relationale Datenstrukturen

Objekttypen und Beziehungstypen (s.u.) werden, wie in 3.1 besprochen, durch den Schema-Konverter in relationale Datenstrukturen abgebildet. Dabei bildet jeder **Objekttyp eine oder mehrere Relationen**. Attribute der Objekttypen werden auf Attribute der Relationen abgebildet.

Wir versuchen, die Semantik der Typen des Schema-Moduls auf die zur Verfügung stehenden Typen der relationalen Attribute so genau wie möglich abzubilden. Dabei können wir z.B. über Integritätsbedingungen die Wertebereiche der relationalen Attribute zusätzlich einschränken.

Diese Vorgehensweise ist eigentlich nicht direkt notwendig. Für die Anwendungsmodule auf den Arbeitsplatzrechnern wird ja über die Typprüfung zur Übersetzungszeit die korrekte Verwendung der Daten gesichert. Es wird aber wohl auch wünschenswert sein, daß die relationale Datenbank auf dem Zentralrechner auch noch von anderen Anwendungsprogrammen (z.B. in anderen Programmiersprachen) benutzt wird. Des weiteren kann die Datenbank interaktiv mit Hilfe der Datenmanipulationssprache abgefragt und manipuliert werden.

Die Regeln zur Abbildung der Typen des Schema-Moduls auf die Datentypen des relationalen Datenbankverwaltungssystems zeigt Abbildung 3-4 anhand des DBVS INGRES (<RTI82>). Im folgenden werden wir stets INGRES als Beispiel für das Datenbankverwaltungssystem des Zentralrechners heranziehen. Bei der Verwendung anderer relationaler Datenbankverwaltungssysteme geschieht die Umsetzung analog.

Für jeden Objekttyp wird grundsätzlich eine Relation angelegt. Je nach Typ des Attributs werden gewisse Attribute von Objekttypen dabei direkt auf ein Attribut in dieser Relation abgebildet. Für andere Attribute von Objekttypen wiederum müssen neue Relationen kreiert werden.

```
+--------------------------+-------------------------------+
| Typ im Schema-Modul      | Typ des Attributs in der      |
|                          | relationalen Datenbank        |
+--------------------------+-------------------------------+
|        INTEGER           |            i4                 |
+--------------------------+-------------------------------+
|        BOOLEAN           |            i1                 |
+--------------------------+-------------------------------+
|        CHAR              |            c1                 |
+--------------------------+-------------------------------+
|        REAL              |            f8                 |
+--------------------------+-------------------------------+
|     Aufzählungstyp       |            i1, i2             |
+--------------------------+-------------------------------+
| Teilbereich INTEGER      |            i1, i2, i4         |
+--------------------------+-------------------------------+
| Teilbereich BOOLEAN      |            verboten           |
+--------------------------+-------------------------------+
| Teilbereich CHAR         |            verboten           |
+--------------------------+-------------------------------+
| Teilbereich REAL         |            f8                 |
+--------------------------+-------------------------------+
| Teilbereich              |                               |
| Aufzählung               |            i1, i2             |
+--------------------------+-------------------------------+
|     IDENTIFIER           |            c8                 |
+--------------------------+-------------------------------+
| Feld CHAR                |            c                  |
+--------------------------+-------------------------------+
```

Abbildung 3-4: **Abbildung der Typen des
Schema-Moduls auf die Typen
des DBVS INGRES**

Abbildungen, die keine neuen Relationen erfordern

Die Typen INTEGER und REAL werden jeweils mit voller Genauigkeit abgebildet (i4 bzw. f8). Der Typ BOOLEAN und
Aufzählungstypen werden dabei in ganzen Zahlen (Format i)
kodiert dargestellt. Im Fall des Typs BOOLEAN ist die
Kodierung 1 = TRUE und 0 = FALSE. Bei Aufzählungstypen wird
entsprechend vorgegangen: 1 entspricht dem ersten Element
der Aufzählung, 2 dem zweiten und so fort.
Daten des Typs IDENTIFIER, also systemgenerierte Schlüssel,
werden mit 8 Bytes dargestellt. Wir speichern sie als
Zeichenkette, verwenden also das Format c8.
Felder des Basistyps CHAR werden ebenfalls in der offensicht-
lichen Weise als Zeichenkette gespeichert. Ist der obere
Index größer als die vom DBVS zur Verfügung gestellte
maximale Länge von Zeichenkettenfeldern (in INGRES: c255),
muß eine neue Relation angelegt werden (s.u.).
Die Länge von Integerattributen (Typ i) bei Aufzählungstypen
oder Teilbereichen richtet sich nach der entsprechenden
Kardinalität.

   Beispiel:
   Der Objekttyp Kante

```
      Kante =
         RECORD
            KEY KantenNr: IDENTIFIER;
            Typ: (Strecke, Kreisbogen)
         END;
```

   wird in folgende relationale Darstellung gebracht:

```
      CREATE Kante (KantenNr = c8,
                    Typ = i1)
```

Durch Integritätsbedingungen können wir zusätzlich die Bedeutung von Datentypen in der relationalen Darstellung absichern. Je nach Datentyp ergeben sich verschiedene Bedingungen.

o Beim **Datentyp BOOLEAN** wird vom Schema-Konverter folgende Integritätsbedingung erzeugt:

```
RANGE OF r IS <relation>
DEFINE INTEGRITY ON r IS
   r.<field> = 0 OR
   r.<field> = 1
```


o Für das Schlüsselattribut **KEY** (**IDENTIFIER** oder **CHECKED BY**) muß die Bedingung gelten, daß der gleiche Schlüssel nicht mehrfach in der Relation vorkommt. Eine solche Bedingung ist in INGRES nur im Zusammenhang mit der Definition eines Primärschlüssel-Zugriffspfads auszudrücken. Beispiel:

```
MODIFY <relation> TO
   HASH UNIQUE ON <field>
```

Wären in INGRES Aggregatoperationen bei Integritätsbedingungen erlaubt, könnte die Schlüsselbedingung auch mit Hilfe der Funktionen COUNT bzw. COUNTU (unterdrückt mehrfach vorkommende Werte) formuliert werden:

```
RANGE OF r IS <relation>
DEFINE INTEGRITY ON r IS
   COUNT (r.<field>) = COUNTU (r.<field>)
```


o Bei **Teilbereichen** von INTEGER, REAL und Aufzählungstypen ergibt sich die folgende <u>zusätzliche</u> Bedingung:

```
RANGE OF r IS <relation>
DEFINE INTEGRITY ON r IS
   r.<field> >= <lower-bound> AND
   r.<field> <= <upper-bound>
```

<u>Beispiel:</u>

Für den Objekttyp Punkt

```
    Punkt =
      RECORD
        KEY PunktNr: IDENTIFIER;
        X, Y: [0.0 .. 1000.0];
        Typ:  (Konturpunkt, Hilfspunkt)
      END
```

wird vom Schema-Konverter folgende Sequenz von DDL-Anweisungen generiert:

```
    CREATE Punkt (PunktNr: c8,
                  X: f8,
                  Y: f8,
                  Typ: i1)
    RANGE OF r IS Punkt
    DEFINE INTEGRITY ON r IS
       r.X >= 0.0 AND r.X <= 1000.0
    DEFINE INTEGRITY ON r IS
       r.Y >= 0.0 AND r.Y <= 1000.0
    DEFINE INTEGRITY ON r IS
       r.Typ >= 1 AND r.Typ <= 2
    MODIFY Punkt TO
       HASH UNIQUE ON PunktNr
```

Abbildungen, die neue Relationen erfordern

Attribute von Objekttypen, die Felder (eindimensionale Felder, Matrizen, variabel lange Felder) zum Typ haben (außer Zeichenkettenfeldern konstanter Größe kleiner 255), sind nicht direkt auf ein Attribut des relationalen Datenbankverwaltungssystems abbildbar. Für diese Typen müssen jeweils neue Relationen angelegt werden.

Es wird für jedes solche Attribut eine getrennte Relation erzeugt. Der Name der Relation kann beispielsweise durch Konkatenation aus dem Objekttypnamen und dem Attributnamen gebildet werden und ist somit eindeutig. Das Attribut wird dabei in der neuen Relation entsprechend des Elementtyps des Felds so dargestellt, wie wir es schon oben geschildert haben (vgl. Abbildung 3-4).
Die neue Relation enthält bei eindimensionalen Feldern ein zusätzliches Attribut für den Index. Analog werden bei zweidimensionalen Feldern zwei zusätzliche Attribute zur Darstellung der Indices eingeführt.

Abbildung 3-5 zeigt die Vorgehensweise am Beispiel.

(a)

```
OBJECT TYPE StandardKörper =
    RECORD
        KEY Nr: IDENTIFIER
        Farbe: (Rot, Grün, Blau)
        TransformationsMatrix: ARRAY [1..4],[1..4] OF REAL
    END
```

(b)

```
+------------------+------+-------+
| StandardKörper   |  Nr  | Farbe |
+------------------+------+-------+
                   |  7   |   2   |

+------------------+
| StandardKörper.  |
| Tranformations-  +------+--------+--------+------+
|    Matrix        |  Nr  | Index1 | Index2 | Wert |
+------------------+------+--------+--------+------+
                   |  7   |   1    |   1    | ...  |
                   |  7   |   1    |   2    | ...  |
                   |  7   |   1    |   3    | ...  |
                   |  7   |   1    |   4    | ...  |
                   |  7   |   2    |   1    | ...  |
                   |  7   |   2    |   2    | ...  |
                   |  7   |   2    |   3    | ...  |
                   |  7   |   2    |   4    | ...  |
                   |  7   |   3    |   1    | ...  |
                   |  7   |   3    |   2    | ...  |
                   |  7   |   3    |   3    | ...  |
                   |  7   |   3    |   4    | ...  |
                   |  7   |   4    |   1    | ...  |
                   |  7   |   4    |   2    | ...  |
                   |  7   |   4    |   3    | ...  |
                   |  7   |   4    |   4    | ...  |
```

<u>Abbildung 3-5</u>: **Abbildung vom Feldern
am Beispiel**
(a) Objekttypdeklaration
(b) Relationale Darstellung

Außer bei variabel langen Zeichenkettenfeldern ist die
korrekte Verwendung der Indices wieder durch Integritätsbedingungen absicherbar. Damit der Indextyp eingehalten
wird, würde der Schema-Konverter im Beispiel aus Abbildung
3-5 folgende Integritätsbedingung absetzen:

```
RANGE OF r IS StandardKörper.Transformationsmatrix
DEFINE INTEGRITY ON r IS
   r.Index1 >= 1 AND
   r.Index1 <= 4
DEFINE INTEGRITY ON r IS
   r.Index2 >= 1 AND
   r.Index2 <= 4
```

Variabel lange Zeichenkettenfelder oder Zeichenkettenfelder
mit konstanter Obergrenze, die nicht mehr durch den Typ cl
bis c255 dargestellt werden können, werden ebenfalls in einer
getrennten Relation dargestellt. In Abbildung 3-6 ist die
Art der Repräsentation solcher Typen in relationalen Datenstrukturen am Beispiel der Speicherung eines NC-Programms
exemplifiziert.

(a)

```
OBJECT TYPE NCProgramm =
   RECORD
      KEY Nr: IDENTIFIER
      Text: ARRAY [1..*] OF CHAR
   END
```

(b)

```
+-------------+-----+
| NcProgramm  |  Nr |
+-------------+-----+
              |  9  |


+-------------+
| NCProgramm. +----+---------+---------+-----  - - - - -----+
|    Text     | Nr | Index11 | Index12 |        Wert        |
+-------------+----+---------+---------+-----  - - - - -----+
              | 9 |       1  |  255    |  ... . . . . ....  |
              | 9 |     256  |  511    |  ... . . . . ....  |
              | 9 |     512  |  767    |  ... . . . . ....  |
              | 9 |     768  |  ...    |  ... . . . . ....  |
              | . |     .    |   .     |   .               .|
              | . |     .    |   .     |   .               .|
              | . |     .    |   .     |   .               .|
              | 9 |    ...   |  4711   |  .......          .|
```

Abbildung 3-6: Abbildung variabel langer Felder
(a) Objekttypdeklaration
(b) Relationale Darstellung

Wie wir in Abschnitt 3.1 erläutert haben, erzeugt der Schema-Konverter nicht nur DDL-Anweisungen, um den Schema-Modul in ein relationales Schema zu konvertieren, sondern auch DDL- und DML-Anweisungen für ein Datendictionary. Wir wollen hier nicht bis ins einzelne spezifizieren, wie das Datendictionary durch den Schema-Konverter gefüllt wird. Ein solches Dictionary enthält im wesentlichen die Information, die der Schema-Konverter bei der Übersetzung des Schema-Moduls schon in gewöhnlichen Übersetzertabellen angesammelt hat (vgl. <SCHNEIDER75>).

Abbildung 3-7 zeigt an einem Beispiel ausschnittsweise die Relationen des Datendictionary. Mit Hilfe dieses Daten-dictionary ist also der Schema-Modul in einer strukturierten, relationalen Form dargestellt. Dies hat den Vorteil, daß mit Hilfe der Datenbankabfragesprache des DBVS Metainformation abfragbar ist. Wollen wir z.B. alle Objekttypen suchen, die Attribute des Typs "u" besitzen (vgl. Abbildung 3-7), so läßt sich dies über die nachfolgende Abfrage bewerkstelligen:

```
RANGE OF a IS Attribute
RETRIEVE (a.Objekttyp, a.Name)
    WHERE a.Typ = "u"
```

(a)

```
TYPE u = ORDERED (x, y, z);
     v = REAL;

OBJECT TYPE
   Beispiel =
     RECORD
        a1: INTEGER; a2: BOOLEAN; a3: CHAR; a4: REAL; a5: u;
        b1: [1..7] ; b4: [0.0 .. 1.0]; b5: [x..y] ;
        f1: ARRAY [1..10] OF v;
        f2: ARRAY [1..*]  OF CHAR;
        f3: ARRAY [1..4] , [1..4] OF REAL;
     END
```

(b)

```
+----------------+----------+
! Objekttypen    !   Name   !
+----------------+----------+
                 ! Beispiel !
```

Attribute	Name	Typ	Objekttyp
	a1	1	Beispiel
	a2	2	Beispiel
	a3	3	Beispiel
	a4	4	Beispiel
	a5	"u"	Beispiel
	b1	6	Beispiel
	b4	7	Beispiel
	b5	8	Beispiel
	f1	9	Beispiel
	f2	10	Beispiel
	f3	11	Beispiel

Abbildung 3-7: Inhalt des Datendictionary
(a) Beispiel einer Objekttypdeklaration
(b) Darstellung im Datendictionary

```
+---------+-----+--------------+
| Typen   | Typ |     Typ      |
+---------+-----+--------------+
          |  1  | INTEGER      |
          |  2  | BOOLEAN      |
          |  3  | CHAR         |
          |  4  | REAL         |
          | "u" | Aufzählung   |
          | "v" | REAL         |
          |  6  | Teilbereich  |
          |  7  | Teilbereich  |
          |  8  | Teilbereich  |
          |  9  | Feld         |
          | 10  | Feld         |
          | 11  | Feld         |
          | 12  | Feld         |
```

```
+---------------+---------+-----------+-----+
| Aufzählungen  | Element | OrdnungsNr | Typ |
+---------------+---------+-----------+-----+
                |    x    |     1     | "u" |
                |    y    |     2     | "u" |
                |    z    |     3     | "u" |
```

```
+---------------+-----+--------+--------+---------+
| Teilbereiche  | Typ | Grenze1 | Grenze2 | Basistyp |
+---------------+-----+--------+--------+---------+
                |  6  |   1    |   7    |    1    |
                |  7  |  0.0   |  1.0   |    4    |
                |  8  |   x    |   y    |   "u"   |
```

```
+---------+-----+----------+------------+
| Felder  | Typ | Basistyp | Obergrenze |
+---------+-----+----------+------------+
          |  9  |   "v"    |     10     |
          | 10  |    3     |     *      |
          | 11  |    12    |     4      |
          | 12  |    4     |     4      |
```

Abbildung 3-7: Inhalt des Datendictionary
(b) Darstellung im Datendictionary

3.2.2 Deklaration von Beziehungstypen

Beziehungstypen stellen eine Relation zwischen Objekten dar.
Sie werden entsprechend folgender Syntax notiert.

```
RelationshipTypeDeclaration =
    RelationshipType-IDENT "="
    <ORDERED>
    CardinalitySpec ObjectType-IDENT "TO"
    CardinalitySpec ObjectType-IDENT
    /DescriptiveField ";"/


CardinalitySpec =
    IntegerConstant < ":" IntegerConstant >
```

Die Kardinalitätsangabe ("CardinalitySpec") ist eine Verfei-
nerung der in 1.3.1 besprochenen Kardinalität (1:1, 1:n, m:n)
von Beziehungstypen. Gleichzeitig ist der Begriff der Abhängigkeit (alle:alle, einige:alle, alle:einige, einige:einige)
integriert. Die Angabe

$$X = m1 : m2 \; A \; TO \; n1 : n2 \; B$$

legt folgendes fest:

1. Zu jedem Objekt a des Objekttyps A stehen über die
    Beziehung X minimal n1 und maximal n2 Objekte b des
    Objekttyps B in Beziehung.

2. Zu jedem Objekt b des Objekttyps B stehen über die
    Beziehung X minimal m1 und maximal m2 Objekte a des
    Objekttyps A in Beziehung.

Ist m1 gleich m2 oder n1 gleich n2, so erlaubt die Syntax
eine abkürzende Notation. Beispielsweise ist die Angabe

    X = m A TO n1 : n2 B

ein Kurzform für:

    X = m : m A TO n1 : n2 B

<u>Beispiel:</u>
    Die Festlegung des Beziehungstyps "KanPun" zwischen den
    Objekttypen "Kante" und "Punkt" mit Hilfe der Deklara-
    tion
        KanPun = 1:2 Kante TO 2:3 Punkt;
    bestimmt folgendes:
        Zu einer Kante gehören 2 oder 3 Punkte (2 bei
        Strecken, 3 bei Kreisbögen). Zu einem Punkt ge-
        hören 1 oder 2 Kanten (1 bei Hilfspunkten, 2 bei
        Konturpunkten).

Die Angabe "ORDERED" bestimmt einen geordneten Beziehungstyp.

Beziehungstypen der Form m:n dürfen beschreibende Attribute
enthalten.

Wir können jetzt unser Beispiel durch die Angabe der
Beziehungstypen vervollständigen.

```
SCHEMA MODULE Beispiel

OBJECT TYPE
   Kontur =
      RECORD
      KonturNr: IDENTIFIER
      END;


   Kante =
      RECORD
      KantenNr: IDENTIFIER;
      Typ: (Strecke, Kreisbogen)
      END;


   Punkt =
      RECORD
      PunktNr: IDENTIFIER;
      X, Y: REAL;
      Typ:  (Konturpunkt, Hilfspunkt)
      END;

RELATIONSHIP TYPE
   KonKan = 1    Kontur TO 1:n Kante;
   KanPun = 1:2 Kante   TO 2:3 Punkt;


END Beispiel.
```

Die Abbildung von Beziehungstypen in eine relationale
Struktur ist einfach. Nehmen wir an, daß wir zunächst alle
Objekttypen in Relationen abgebildet haben (vgl. 3.2.1). **Es**
gelten nun folgende Regeln:

1. Beziehungstypen der Form **m:n** erfordern eine neue Relation. Diese nimmt auch die beschreibenden Attribute der
   m:n-Beziehung auf.

2. Alle anderen Beziehungstypen werden über zusätzliche
   Fremdschlüssel in bestehenden Relationen realisiert.

Abbildung 3-8 zeigt das Vorgehen an unserem Beispiel. Abbildung 3-8a zeigt zunächst nur die relationale Darstellung
der Objekttypen. Abbildung 3-8b zeigt die Einführung des
Fremdschlüssels "KonturNr" in der Relation "Kante" für die
1:n-Beziehung "KonKan" und die **neue Relation** "KanPun" für die
gleichlautende m:n-Beziehung.

(a)

```
+--------+----------------+
! Kontur ! KonturNr = c8 !
+--------+----------------+


+-------+----------------+----------+
! Kante ! KantenNr = c8 ! Typ = il !
+-------+----------------+----------+


+-------+----------------+----------+---------+---------+----------+
! Punkt ! PunktNr = c8 ! X = f8 ! Y = f8 ! Typ = il !
+-------+----------------+---------+---------+---------+----------+
```

(b)

```
+--------+----------------+
! Kontur ! KonturNr = c8 !
+--------+----------------+


+-------+----------------+----------********************
! Kante ! KantenNr = c8 ! Typ = il * KonturNr = c8 *
+-------+----------------+----------********************


+-------+----------------+---------+---------+----------+
! Punkt ! PunktNr = c8 ! X = f8 ! Y = f8 ! Typ = il !
+-------+----------------+---------+---------+----------+


*******************************
* KanPun * KantenNr * PunktNr *
*******************************
```

**Abbildung 3-8: Beziehungstypen in der
                 relationalen Darstellung**
(a) Abbildung der Objekttypen
**(b) Erweiterung der Darstellung
     um die Beziehungstypen**

Bei geordneten Beziehungstypen stellen wir die Ordnung der Objekte durch doppelte Verkettung der Identifikatoren der in der Ordnung stehenden Objekte dar. Abbildung 3-9 zeigt diese Vorgehensweise bei der relationalen Darstellung jeweils am Beispiel einer geordneten 1:n- und einer m:n-Beziehung.

Die relationale Darstellung von **Art/Gattungsbeziehungen** ist in Abbildung 3-10 gezeigt. Für jeden Artobjekttyp eines Gattungsobjekttyps wird eine neue Relation eingerichtet. In der Relation des Gattungsobjekttyps wird entsprechend ein Attribut hinzugefügt, das vom Typ BOOL ist. Dieses gibt an, welche Artobjekttypen zu einem Tupel des Gattungsobjekttyps existieren. Bilden die Artobjekttypen eine Partition der Gattung, so kann dies durch eine Integritätsbedingung der Form

```
RANGE OF r IS <relation>
DEFINE INTEGRITY ON r IS
    r.<field1> + r.<field2> + ... + r.<fieldn> = 1
```

festgehalten werden. Analoge Bedingungen gelten für disjunkte Artobjekttypen.

(a)

```
OBJECT TYPE
    A;
    B;

RELATIONSHIP TYPE
    X = ORDERED 1 A TO n B;
    Y = ORDERED m A TO n B;
```

(b)

```
+---+-------+
! A ! A.Key !
+---+-------+
    !  a1   !
    !  a2   !
```

a1 -- X --> (b1, b2, b3, b4)

```
+---+-------+----------+----------+----------+
! B ! B.Key ! PrevBKey ! NextBKey ! B.ForKey !
+---+-------+----------+----------+----------+
    !  b1   !   ---    !    b2    !    a1     !
    !  b2   !   b1     !    b3    !    a1     !
    !  b3   !   b2     !    b4    !    a1     !
    !  b4   !   b3     !   ---    !    a1     !
```

a1 -- Y --> (b1, b2)
a2 -- Y --> (b2, b3)

```
+---+-----------+----------+----------+-----------+
! X ! X.ForKeyA ! X.PrevB  ! X.NextB  ! X.ForKeyB !
+---+-----------+----------+----------+-----------+
    !    a1     !   ---    !    b2    !    b1      !
    !    a1     !   b1     !   ---    !    b2      !
    !    a2     !   ---    !    b3    !    b2      !
    !    a2     !   b2     !   ---    !    b3      !
```

Abbildung 3-9: Geordnete Beziehungstypen in der
relationalen Darstellung
(a) Beispiel zweier Beziehungstypen
(b) Entsprechendes relationales Schema

(a)

```
OBJECT TYPE
   Kante =
      VARIANTS PARTITION (Strecke, Kreisbogen)
      RECORD
      KEY KantenNr: IDENTIFIER
      END;

      Strecke =
         RECORD
         a, b: REAL
         END;

      Kreisbogen =
         RECORD
         Radius: REAL
         END;
```

(b)

```
+--------+----------+-------------+----------------+
! Kante  ! KantenNr ! ISA-Strecke ! ISA-Kreisbogen !
+--------+----------+-------------+----------------+
         !    1     !      1      !       0        !
         !    2     !      1      !       0        !
         !    3     !      0      !       1        !
         !    4     !      1      !       0        !


+---------+----------+-----+-----+
! Strecke ! KantenNr !  a  !  b  !
+---------+----------+-----+-----+
          !    1     ! ... ! ... !
          !    2     ! ... ! ... !
          !    4     ! ... ! ... !


+------------+----------+--------+
! Kreisbogen ! KantenNr ! Radius !
+------------+----------+--------+
             !    3     ! .... !
```

Abbildung 3-10: Relationale Darstellung
                von Varianten
(a) Beispiel
(b) Entsprechende Relationen

Könnten wir in INGRES Aggregatfunktionen bei der Spezifikation von Integritätsbedingungen verwenden, wäre die Semantik der Kardinalitätsangabe bei Beziehungstypen auch in die relationale Darstellung übertragbar. Wie dies vor sich ginge, wollen wir kurz schildern.

1. Beziehungen des Typs 1:n oder 1:1
   Betrachten wir die zwei Objekttypen A und B und eine 1:n- oder 1:1-Beziehung X zwischen A und B, die wie nachstehend definiert ist:

$$X = m1:m2 \ A \ TO \ n1:n2 \ B$$

   Da X eine 1:n- bzw. 1:1-Beziehung ist, gilt:

$$m1 = 0 \ oder \ 1$$
$$m2 = 1$$

   Die zwei Objekttypen werden auf zwei Relationen abgebildet. Nennen wir die jeweiligen Schlüssel **A.Key** bzw. **B.Key**. Eine Beziehung des Typs 1:n zwischen den Objekttypen A und B wird, wie oben erläutert, durch die Einführung des Fremdschlüssel **B.ForKey** dargestellt. Mit Hilfe der Abkürzungen

```
RefCount1 = COUNT (B.Key BY A.Key
                   WHERE A.Key = B.ForKey)
```
und
```
RefCount2 = COUNT (A.Key BY B.Key
                   WHERE B.ForKey = A.Key)
```

muß nun gelten:

```
    n1 >= MIN (RefCount1)  AND                    (*)
    n2 <= MAX (RefCount1)
AND
    m1 >= MIN (RefCount2)  AND
    m2 <= MAX (RefCount2)
```

Beispielsweise könnte der Schema-Konverter für eine Beziehung

```
    X = 0:1 A TO 2:3 B
```

folgende Integritätsbedingung absetzen:

```
    RANGE OF a IS A
    RANGE OF b IS B
    DEFINE INTEGRITY ON a,b IS
    2 >= MIN (COUNT (b.Key BY a.Key
                     WHERE a.Key = b.ForKey))  AND
    3 <= MAX (COUNT (b.Key BY a.Key
                     WHERE a.Key = b.ForKey))  AND
    0 >= MIN (COUNT (a.Key BY b.Key
                     WHERE b.ForKey = a.Key))  AND
    1 <= MAX (COUNT (a.Key BY B.Key
                     WHERE b.ForKey = a.Key))
```

2. **Beziehungen des Typs m:n**

   Betrachten wir wieder die zwei Objekttypen A und B und nehmen jetzt eine m:n-Beziehung X zwischen A und B an:

```
    X = m1:m2 A TO n1:n2 B
```

   Die zwei Objekttypen werden wieder auf zwei Relationen abgebildet. Die jeweiligen Schlüssel heißen **A.Key** bzw. **B.Key**. Ein Beziehung des Typs m:n zwischen den Objekttypen A und B wird durch die eine neue Relation X dargestellt, die zwei Fremdschlüssel **X.ForKeyA** und **X.ForKeyB** enthält.

   Mit Hilfe der leicht umformulierten Abkürzungen

```
    RefCount1 = COUNT (B.Key BY A.Key WHERE
                A.Key = X.ForKeyA AND X.ForKeyB = B.Key)
und
    RefCount2 = COUNT (A.Key BY B.Key WHERE
                B.Key = X.ForKeyB AND X.ForKeyA = A.Key)
```

muß wieder die obige Bedingung (*) gelten.

An dieser Stelle sollte erwähnt werden, daß Integritätsbedingungen für die referentielle Integrität bei Beziehungen in
der DDL von vielen relationalen Datenbankverwaltungssystemen
normalerweise gar nicht zugelassen werden. Jede normale
Änderungsanweisung, etwa das Ändern oder Einfügen eines
Tupels in einer Relation, hätte zur Folge, daß zur Überprüfung der Bedingung mehrere Tupel anderer Relationen
gelesen werden müßten. Dies beeinträchtigt stark das
Leistungsverhalten.
Mit Hilfe unserer Systemstruktur können wir uns aber solche
Bedingungen erlauben, weil diese bereits durch das Laufzeitpaket vorab geprüft werden können.

Wir haben bis jetzt erklärt, wie ein Schema-Modul aufgebaut
ist und wie dieser in relationale Datenstrukturen übersetzt
werden kann. Wir sind also in der Lage, typgebunden Datenstrukturen von Produktmodellen in diesem Modul auszudrücken
und daraus Schemata für ein relationales DBVS zu generieren.

Im nachfolgenden **Abschnitt 3.3** soll nun erläutert werden,
welche Anweisungen zur Manipulation von Objekt- und Beziehungstypen wir in MODULA vorsehen.

3.3 Datenmanipulation

Wird ein Anwendungsmodul auf dem Arbeitsplatzrechner
übersetzt, so wird der Schema-Modul textuell zum Über-
setzungsprozeß hinzugezogen (vgl. Abbildung 3-2). Alle
Anweisungen innerhalb des Anwendungsmoduls werden gegen die
deklarierten Typen, Objekttypen und Beziehungstypen typ-
geprüft. Dabei gilt für Ausdrücke, in die Typen involviert
sind, die aus dem Schema-Modul importiert werden, die Regel
der Namensäquivalenz (vgl. 1.4.1): Zusätzlich kann
natürlich jeder Anwendungsmodul für sich Konstante, Typen und
Variable definieren, solange sich keine Namenskonflikte mit
den Namen des Schema-Moduls ergeben.

Im folgenden werden die Anweisungen erläutert, die es den Anwendungsmodulen erlauben, Objekte und Beziehungen zwischen
den Objekten zu manipulieren.

Zur Verarbeitung von Objekttypen und Beziehungstypen werden
zusätzliche Anweisungen benötigt. Diese betreffen

1. die Deklaration von Variablen für Objekttypen (Objekt-
    mengenvariable),

2. den Transfer von Objekten aus der zentralen Datenbank in
    den Anwendungsmodul und umgekehrt,

3. die Erzeugung neuer Objekte, die Wertzuweisung an Attri-
    bute dieser Objekte und das Löschen von Objekten,

4. das Knüpfen und Löschen von Beziehungen,

5. die Abarbeitung von Beziehungen und

6. die Abarbeitung von Objektmengen.

1. Variable für Objekttypen

Um Ausprägungen von Objekttypen, also Mengen von Objekten, verarbeiten zu können, benötigen wir spezielle Variable, sog. Objektmengenvariable. Diese bezeichnen eine Menge von Objekten des angegebenen Typs. Die Deklaration der Objektmengenvariablen erfolgt mittels des Schlüsselworts "OBJECT" vor der Deklaration der normalen Variablen. Die Deklaration richtet sich nach folgender Syntax:

```
ObjectVariables =
   OBJECT /ObjectDeclaration ";"/


ObjectDeclaration =
   /ObjectVariable-IDENT ","/ ":" ObjectType-IDENT
```

Ein Beispiel für die Deklaration von Objektmengenvariablen ist:

```
      OBJECT Kon: Kontur;
            Kan: Kante;
            Pun: Punkt;
```

Die so definierten Objekte können erst dann angesprochen und manipuliert werden, wenn sie explizit aus der zentralen Datenbank in den Arbeitsplatzrechner transferiert wurden. Selbstverständlich ist die Manipulation auch mit neu erzeugten Objekten möglich.

2. Transfer von Objekten aus der zentralen Datenbank in den Arbeitsplatzrechner und umgekehrt

Der Transfer einer Menge von Objekten aus der zentralen Datenbank in den Anwendungsmodul geschieht mit Hilfe der Anweisung "GET OBJECT". Diese Menge wird einer Objektmengen-variablen zugeordnet.

```
GetObjectStatement =
    ObjectVariable-IDENT ":="
    "GET OBJECT" ObjectType-IDENT ObjectSpec
    "WHERE" Qualification


ObjectSpec =
    (EMPTY | CompoundObject | RecursiveObject)


CompoundObject =
    //"VIA" RelationshipType-IDENT//


RecursiveObject =
    "VIA" RelationshipType-IDENT
    "RECURSIVE" < "INVERSE" >


Qualification =
    ObjectVariable-IDENT RelOp (Val | Const)


RelOp =
    (">" | ">=" | "=" | "/=" | "<=" | "<")
```

Bei einem Transfer können Objekte homogenen oder verschiedenen Typs übertragen werden. Wir unterscheiden die **einfache Objektmenge** (alle Objekte sind vom gleichen Objekt-typ), die **zusammengesetzte Objektmenge** (es werden Objekte verschiedener Objekttypen übertragen) und die **rekursive Objektmenge** (Objekte gleichen Typs, die über eine rekursive Beziehung abgeleitet werden).

Eine _einfache_ _Objektmenge_ ist also ein Menge von Objekten gleichen Objekttyps.

Beispiel:
    OBJECT kon: Kontur;
    ...
    kon := GET OBJECT Kontur WHERE kon.KonturNr = 4711

Diese Anweisung transferiert die Kontur mit der Nummer 4711 aus der zentralen Datenbank zum Anwendungsmodul. Dabei ist die Umsetzung der Qualifikationsbedingung in die Anweisungen der Abfragesprache des zentralen DBVS offensichtlich. In unserem Beispiel würde das Laufzeitsystem zur Ausführung der Anweisung folgende Abfrage erzeugen:
    RANGE OF k IS Kontur
    RETRIEVE INTO TempRel (k.ALL) WHERE k.KonturNr = 4711

Die vom DBVS erzeugte Zwischenrelation "TempRel" kann nach Durchführung der Abfrage zum Arbeitsplatzrechner überspielt werden.
Für die Qualifikationsbedingung könnten wir prinzipiell beliebige boolesche Ausdrücke zulassen, die sich aus Vergleichen der Attribute des angegebenen Objekttyps mit Konstanten oder normalen Variablen bilden lassen. Um eine Implementation zu erleichtern, beschränken wir uns in der Syntax auf die einfache Selektion mittels **eines** Attributs.

Bei einem Tranfer einer _zusammengesetzten_ _Objektmenge_ werden Objekte verschiedener Objekttypen übertragen. Die Objektmengenvariable ist dabei an einen bestimmten Objekttyp typgebunden, der die **Wurzel** der transferierten Objekte darstellt.

<u>Beispiel</u>:

```
   kon := GET OBJECT Kontur
          VIA KonKan VIA KanPun
          WHERE kon.KonturNr = 4711;
```


Der Operator "VIA" liefert zu einer Menge von Objekten a des
Objekttyps A alle Objekte b des Objekttyps B, die über die
angegebene Beziehung X mit a verbunden sind. Gehen wir von
einer Kontur aus, so liefert beispielsweise der Ausdruck

```
   Kontur VIA KonKan
```

alle zu dieser Kontur gehörigen Kanten. Die Qualifikationsbedingung gibt an, welche Kontur gemeint ist. Der Ausdruck

```
   Kontur VIA KonKan VIA KanPun
```

liefert alle Punkte einer Kontur.

Die Anweisung

```
   GET OBJECT Kontur
       VIA KonKan VIA KanPun
```

überträgt also insgesamt alle Punkte und Kanten einer Kontur
in den Arbeitsplatzrechner. Diese Objekte sind über die
Objektmengenvariable "kon" erreichbar. "kon" ist typgebunden
an den Objekttyp "Kontur".

Jede Beziehung kann auch invers angegeben werden. Beispielsweise ist der Ausdruck

```
   Punkt VIA KanPun
```

erlaubt. Dieser Ausdruck ist vom Typ "Kante".

Um den Transfer ausführen zu können, stellt das Laufzeitsystem folgende Abfragen:

RANGE OF Kon   IS Kontur
RANGE OF Kan   IS Kante
RANGE OF Pun   IS Punkt
RANGE OF KaPu IS KanPun

RETRIEVE INTO TempRel1 (Kon.ALL) WHERE
    Kon.KonturNr = 4711

RETRIEVE INTO TempRel2 (Kan.ALL) WHERE
    Kon.KonturNr = 4711   AND
    Kon.KonturNr = Kan.KonturNr

RETRIEVE INTO TempRel3 (Pun.ALL) WHERE
    Kon.KonturNr = 4711   AND
    Kon.KonturNr = Kan.KonturNr   AND
    Kan.KantenNr = KaPu.KantenNr AND
    KaPu.PunktNr = Punkt.PunktNr

RETRIEVE INTO TempRel4 (KaPu.ALL) WHERE
    Kon.KonturNr = 4711   AND
    Kon.KonturNr = Kan.KonturNr   AND
    Kan.KantenNr = KaPu.KantenNr

Die entstehenden vier Zwischenrelationen werden nach Ausführung der Anfragen in den virtuellen Speicher des Arbeits-
platzrechners übertragen.

Die <u>rekursive Objektmenge</u> besteht aus Objekten homogenen Typs
A. Über dem entsprechenden Objekttyp muß ein Beziehungstyp

    X = ... A TO ... A

definiert sein. Die Anweisung

    t := GET OBJECT A

        VIA X RECURSIVE

        WHERE ...

liefert dann alle Objekte a des Typs A, die ausgehend von
allen Objekten, die die Qualifikationsbedingung erfüllen,
über eine ein- oder mehrfache Anwendung der Beziehung X
erreichbar sind. Das Schlüsselwort **"INVERSE"** kennzeichnet
die inverse Richtung der Beziehung. Steht beispielsweise a1
über X mit a2 und a3 in Beziehung, so ist umgekehrt a2 und a3
mit a1 verknüpft. (Diese Angabe ist nur bei monadischen Beziehungen erforderlich.)

<u>Beispiele:</u>

    csg := GET OBJECT CSGObjekt

          VIA UnterKörper RECURSIVE

          WHERE csg.Objektname = "Kurbelwelle"

    teil := GET OBJECT Teil

           VIA GehtEinIn RECURSIVE INVERSE

           WHERE teil.TeileNr = "A20-649032"

           (* alle Unterteile des *)

           (* Teils (direkt oder *)

           (* indirekt gesehen)   *)

Da diese Anweisungen die Berechnung der transitiven Hülle der
Relation erfordert und diese Operation mit Hilfe der gewohnten relationalen Operatoren nicht ausgedrückt werden kann
(vgl. 1.4.1), sind am Zentralrechner spezielle Programme zur
Durchführung der entsprechenden Abfrage notwendig.

Bei jeder der drei geschilderten Arten des Transfers von der
zentralen Datenbank in den Arbeitsplatzrechner werden implizit alle jeweils von den qualifizierten Objekten direkt oder
indirekt abhängigen Artobjekttypen mit übertragen.

Der Rücktranfer von Objekten im Arbeitsplatzrechner in die
zentrale Datenbank kann analog zur Anweisung "GET OBJECT" mit
Hilfe der Anweisung "RETURN OBJECT" erfolgen.

```
ReturnObjectStatement =
    ObjectVariable-IDENT ":="
    "RETURN OBJECT" ObjectType-IDENT ObjectSpec
```

Die Objektmengenvariable ist nach Ausführung dieser Anweisung
undefiniert.

3. Erzeugung neuer Objekte, Wertzuweisung und Löschen von
Objekten

Das Erzeugen neuer Objekte ist mit Hilfe der Anweisung "NEW
OBJECT" möglich.

```
NewObjectStatement =
    ObjectVariable ":="
    "NEW OBJECT" ObjectType-IDENT
    < "KEY" Var >
```

Beispiele:
```
    pun := NEW OBJECT Punkt;


    TeileNr := "A34-95822-Y";
    t := NEW OBJECT Teil KEY TeileNr;
```

Der Generator "NEW OBJECT" erzeugt ein Objekt des spezifi-
zierten Typs. Falls die "KEY"-Klausel nicht angegeben ist,

wird dabei für das Objekt automatisch vom System ein Schlüssel generiert. Ist die "KEY"-Klausel angegeben, bezieht sich die Variable auf ein identifizierendes Attribut des Typs "CHECKED BY". Der Typ der Objektmengenvariable muß mit dem angegebenen Objekttyp übereinstimmen.

Für eine Objektmenge eines Objekttyps, der Artobjekttypen besitzt, kann eine Beziehung zwischen Artobjektmenge und dieser (Gattungs-)Objektmenge hergestellt werden.

```
VariantAssigmentStatement =
    ObjectVariable "ISA" ObjectVariable
```

<u>Beispiel:</u>
```
    OBJECT kan: Kante;
           kre: Kreisbogen;
    kan := NEW OBJECT Kante;
    kre := NEW OBJECT Kreisbogen;
    kan ISA kre;
```

Mit Hilfe der qualifizierten Notation

```
AttributeAssignmentStatement =
    ObjectVariable-IDENT "." Field-IDENT ":=" Expression
```

können den Attributen eines Objekts Werte zugewiesen werden, wenn der Typ des angesprochenen Attributs und der Ausdruck auf der rechten Seite der Zuweisung typkompatibel sind.

<u>Beispiel:</u>
```
    pu.X := 2.3;
```

Generell dürfen Objektmengenvariable nur dann auf der linken Seite von Wertzuweisungen verwendet werden, wenn sie momentan <u>genau ein</u> Objekt ihres Typs bezeichnen. (Diese Einschränkung treffen wir wieder, um die Implementation zu erleichtern.)

Objektmengenvariable können generell in beliebigen Ausdrücken
vorkommen.   Auch   hier müssen sie stets genau ein Objekt bezeichnen.

Beispiel:
    pu.X := pu.Y + 4.7;

Das Löschen von Objekten   geschieht   mit   Hilfe   der   "DELETE
OBJECT"-Anweisung.

DeleteObjectStatement =
    ObjectVariable-IDENT ":="
    "DELETE OBJECT" ObjectType-IDENT ObjectSpec

"ObjectSpec" entspricht der Angabe bei der "GET OBJECT"-An-
weisung. Es können also wieder eine Menge homogener Objekte,
zusammengesetzte Objektmengen oder rekursiv bestimmte Objektmengen gelöscht werden. Die Semantik der Löschanweisung ist
analog zur "GET OBJECT"-Anweisung definiert.

Mehrere, jeweils durch Variable bezeichnete Mengen können zu
einer neuen Gesamtmenge zusammengefaßt werden.

CombineStatement =
    ObjectVariable ":="
    "COMBINE OBJECTS" /ObjectType-IDENT ","/

Beispiel:
    pu1 := NEW OBJECT Punkt;
    pu2 := NEW OBJECT Punkt;
    pun := COMBINE OBJECTS pu1, pu2;

4. Knüpfen und Löschen von Beziehungen

Zwischen den durch zwei Objektmengenvariablen bezeichneten Mengen können Beziehungen geknüpft werden.

```
ConnectStatement =
    "CONNECT"  ObjectVariable-IDENT
    "WITH"     ObjectVariable-IDENT
    "VIA"      RelationshipType-IDENT
    < ("AFTER" ! "BEFORE") ObjectVariable-IDENT >
```

Die Anweisung
```
    CONNECT a WITH b VIA X
```
mit der Beziehung
```
    X = m1:m2 A TO n1:n2 B
```
hat folgende Bedeutung:

1. Bei einer Beziehung vom Typ 1:n oder 1:1 darf a nur ein Objekt bezeichnen. Die Objektvariable b muß n1:n2 Objekte bezeichnen. Es wird das durch a bezeichnete Objekt mit jedem der durch b bezeichneten Objekte verknüpft.

2. Bei einer Beziehung vom Typ m:n darf a minimal m1 und maximal m2 Objekte beinhalten. Analog darf b nur minimal n1 und maximal n2 Objekte haben. Jedes durch a bezeichnete Objekt wird mit jedem durch b bezeichneten Objekt verknüpft.

Bei der Durchführung der CONNECT-Anweisung wird also gegen Kardinalitätsangabe des betreffenden Beziehungstyp geprüft.

Die Klausel **"AFTER"** bzw. **"BEFORE"** ist nur für geordnete Beziehungstypen zulässig. Die in dieser Klausel angegebene Objektmengenvariable kennzeichnet (genau) ein Objekt, nach dem
(bzw. vor dem) die durch b beschriebenen Objekte eingefügt
werden. a darf dabei nur genau ein Objekt bezeichnen.

Beziehungen können in der gleicher Art wieder gelöscht
werden:

```
DisconnectStatement =
    "DISCONNECT"  ObjectVariable-IDENT
    "FROM"        ObjectVariable-IDENT
    "VIA"         RelationshipType-IDENT
```

Die Anweisungen zum Knüpfen von Beziehungen sollen an einem
Beispiel dargestellt werden.

```
PROCEDURE ErzeugeRechteck
          (xl, yl, xh, yh: REAL): Kontur;
OBJECT
pul, pu2, pu3, pu4, pu: Punkt;
kal, ka2, ka3, ka4, ka: Kante;
ko: Kontur;


BEGIN
pul := NEW OBJECT Punkt; pu2 := NEW OBJECT Punkt;
pu3 := NEW OBJECT Punkt; pu4 := NEW OBJECT Punkt;
...
pul.X := ...; pul.Y := ...;
...
kal := NEW OBJECT Kante; ka2 := NEW OBJECT Kante;
ka3 := NEW OBJECT Kante; ka4 := NEW OBJECT Kante;
ka   := COMBINE OBJECTS kal, ka2, ka3, ka4;


ko   := NEW OBJECT Kontur;
CONNECT ko WITH ka VIA KonKan;


pu := COMBINE OBJECTS pul, pu2;
CONNECT kal WITH pu VIA KanPun;
pu := COMBINE OBJECTS pu2, pu3;
CONNECT ka2 WITH pu VIA KanPun;
pu := COMBINE OBJECTS pu3, pu4;
CONNECT ka3 WITH pu VIA KanPun;
pu := COMBINE OBJECTS pu4, pul;
CONNECT ka4 WITH pu VIA KanPun;


ErzeugeRechteck := ko
END ErzeugeRechteck;
```

Die Prozedur "ErzeugeRechteck" ist eine Funktion mit einem
Objekttyp als Resultat. Generell sind bei Prozeduren nicht
nur die üblichen Typen, sondern auch Objekttypen als Parameter erlaubt.

Dies gilt natürlich auch für Prozeduren, die im Schema-Modul
deklariert werden. Wir haben somit die Möglichkeit geschaf-
fen, im konzeptionellen Schema nicht nur Datenstrukturen,
sondern auch Zugriffsprozeduren zu definieren. Somit können
wir auch abstrakte Datentypen auf dem Produktmodell formulieren.

Wir können jetzt die aus Abschnitt 3.2.1 noch fehlende Syntax
der Prozedurdeklaration komplettieren.

```
ProcedureDeclaration =
    "PROCEDURE" Procedure-IDENT
    "(" FormalPars ")" <":" FormalType>


FormalPars =
    / < "VAR" > FormalType "," /
```

Der Aufruf der Prozedur "ErzeugeRechteck" könnte etwa wie
nachstehend gezeigt erfolgen:

```
    OBJECT kon: Kontur;

    kon := ErzeugeRechteck (2, 2, 5, 5);
```

5. Abarbeitung von Beziehungen

Zur Abarbeitung von Beziehungen benutzen wir den VIA-Operator, den wir schon bei der Anweisung zum Transfer einer zusammengesetzten Objektmenge kennengelernt haben. Der VIA-Operator liefert zu einer (durch eine Objektmengenvariable bezeichneten) Menge von Objekten a des Typs A und einem Beziehungstyp X zwischen A und B die Menge aller Objekte b, die insgesamt zu den Objekten a über X in Beziehung stehen.

Beispiel:

```
    OBJECT kon: Kontur;
          kan: Kante;
    ...
    kon := GET OBJECT Kontur
           VIA KonKan VIA KanPun
           WHERE kon.KonturNr = 4711;
    ...
    kan := kon VIA KonKan;   (* alle Kanten *)
                             (*  der Kontur *)
```

Diese Anweisungsfolge transferiert die gesamte zur Kontur der Nummer 4711 gehörige Information in den Arbeitsplatzrechner. Danach verweist die Objektmengenvariable "kan" auf alle Kanten dieser Kontur.

Beispiel:

```
    OBJECT teil: Teil
    ...
    teil := GET OBJECT Teil
            VIA GehtEinIn RECURSIVE INVERSE
            WHERE teil.TeileNr = "A20-649032";
    teil := teil VIA GehtEinIn INVERSE;
                        (* alle direkten Unter- *)
                        (*    teile des Teils   *)
```

Die erste Anweisung transferiert alle Unterteile zum genannten Teil in den Arbeitsplatzrechner. Die nächste Anweisung liefert die **direkten** Unterteile dieses Teils.

Die nachstehende Anweisungsfolge ist hingegen <u>falsch</u> und liefert einen Laufzeitfehler, weil nur die Kontur 4711 allein und nicht auch ihre Kanten (und Punkte) in den Arbeitsplatzrechner geladen wurden.

```
kon := GET OBJECT Kontur
        WHERE Kon.KonturNr = 4711;
kan := kon VIA KonKan;
```

Zwei kurze Bemerkungen sind hier wichtig:

1. Die VIA-Anweisung entspricht einer speziellen Art des **Gleichheits-Joins** in der Relationenalgebra.

2. Mit Hilfe dieser Anweisung lassen sich vernetzte Datenstrukturen ohne die Benutzung von **Pointern** abarbeiten.

6. Abarbeitung von Objektmengen

Die durch Objektvariablen bezeichneten Objektmengen können durch Bedingungen zusätzlich eingeschränkt werden. Dies geschieht mit Hilfe der Anweisung **"RESTRICT"**.

RestrictStatement =
    ObjectVariable ":=" "RESTRICT" Qualification

Die Qualifikationsbedingung hat die gleiche Syntax wie bei der "GET OBJECT"-Anweisung. In ihrer Wirkung ist diese Anweisung äquivalent zum Restriktionsoperator der Relationenalgebra.

Beispiel:
```
kon := GET OBJECT Kontur VIA KonKan VIA KanPun
       WHERE Kon.KonturNr = 4711;
kan := kon VIA KonKan ;
kan := RESTRICT kan.Typ = Kreisbogen ;
pun := kan VIA KanPun ;
pun := RESTRICT pun.Typ = Hilfspunkt
```

Diese Anweisungsfolge ermittelt letztlich alle Hilfspunkte der Kontur mit der Nummer 4711.

Sollen in einer Objektmenge nacheinander die einzelnen Objekte bearbeitet werden, so benötigen wir eine spezielle **Laufschleife**.

```
ForAllStatement =
    "FOR ALL" ObjectVariable-IDENT "DO"
     Statements
```

Innerhalb der Laufschleife bezeichnet die Objektmengenvariable jeweils die einzelnen Objekte.

<u>Beispiel:</u>

```
PROCEDURE Eckpunkt
            (pun: Punkt, kon: Kontur): BOOL;
(* Testet, ob der Punkt "pun" ein *)
(* Eckpunkt der Kontur "kon" ist  *)
    BEGIN
    OBJECT punk: Punkt;
    Eckpunkt := TRUE;
    punk := kon VIA KonKan VIA KanPun;
    punk := RESTRICT punk.Typ = Konturpunkt;
    FOR ALL punk DO
        IF EQUAL (pun, punk) THEN EXIT;
    Eckpunkt := FALSE
    END Eckpunkt;
```

Was wir schließlich noch benötigen, ist eine Testanweisung
auf Artobjekte sowie eine Anweisung zur Typkonvertierung vom
Gattungs- zum Artobjekt. Dafür wollen wir keine Syntax mehr
angeben. Ein Beispiel dürfte zur Veranschaulichung genügen.


```
IF kan ISA Kreisbogen THEN
   kre:= kan VARIANT Kreisbogen;
   ...
ELSEIF kan ISA Strecke THEN
   str:= kan VARIANT Strecke;
   ...
END;
```

Damit haben wir alle Manipulationsanweisungen dargestellt.
Wir können an dieser Stelle nicht bis ins einzelne die Implementation des Laufzeitmoduls darstellen. Zentral bei der Implementation ist jedoch eine effektive Realisierung der
Objektmengenvariablen.

Abbildung 3-11 gibt einen groben Eindruck von der
Speicherungsstruktur für Objektmengen. Objekte und Beziehungen werden getrennt gespeichert, d.h. sie sind nicht
miteinander verzeigert. Objekte und Beziehungen sind jedoch
über Schlüssel ansprechbar. Daher werden Zugriffspfade für
den Schlüsselzugriff, etwa B*-Bäume, benötigt. Diese Zugriffspfade sind in Abbildung 3-11 nicht dargestellt.

Für jedes Objekt und jede Beziehung wird weiterhin eine Mar-
kierung angelegt. Diese beschreibt, ob der jeweilige Inhalt
seit dem Transfer von der zentralen Datenbank in den Arbeitsplatzrechner modifiziert, gelöscht oder neu erzeugt wurde.
Bei der Rückgabe eines Objekts mit Hilfe der Anweisung RETURN
OBJECT werden vom Laufzeitsystem entsprechende DML-Anweisungen erzeugt, die die Änderungen in der Datenstruktur in der
zentralen Datenbank nachvollziehen.

Objektmengenvariablen werden in einem Kontrollblock dargestellt. Dieser enthält z.B. die momentane Kardinalität der
Objektmenge und Zeiger auf die einzelnen Objekte. So ist
prinzipiell ein Zugriff auf ein Objekt über eine indirekte
Adressierung möglich.

```
!           Objektmengenvariable              !
!                                             !
+-->+------------+               +-->+------------+
    !     2      !                   !     1      !
    +------------+                   +------------+
+---+--          !               +---+--          !
!   +------------+               !   +------------+
! +-+--          !               !
! ! +------------+               !
! !                             !
! !         +----- Modifiziert   !
! !         !     Gelöscht        !
! !         !     Neu             !
! !         !                     !
! !         !     Alle Objekte    !
! !         V     eines Typs      !
! !      +---+---------------+    !
! !      !   !               !<-------+
! !      +---+---------------+    !
! +--->! !   !               !
!      +---+---------------+
!      ! M !               !
!      +---+---------------+
+----->! !   !               !
       +---+---------------+
       ! G !               !
       +---+---------------+


         +----- Modifiziert
         !     Gelöscht
         !     Neu
         !
         !     Alle Beziehungen
         V     eines Typs
      +---+---------------+
      !   !               !
      +---+---------------+
      !   !               !
      +---+---------------+
      ! M !               !
      +---+---------------+
      !   !               !
      +---+---------------+
      ! G !               !
      +---+---------------+
```

**Abbildung 3-11: Speicherstruktur für
                 Objektmengenvariable**

4 Zusammenfassung

Wir haben in den vorangegangenen Kapiteln Methoden und Verfahren des Datenbankeinsatzes in Systemen der rechnergestützten Konstruktion untersucht.

Systeme, die den Konstruktions- (und Fertigungsprozeß) durchgehend unterstützen, haben wir dabei Integrierte Ingenieursysteme genannt. Dem Technischen Datenbankverwaltungssystem kommt die zentrale Rolle innerhalb der Architektur eines solchen Systems zu. Es verwaltet ein Modell der zu konstruierenden Erzeugnisse, das Produktmodell, welches die gemeinsame Datenstruktur aller Anwendungsmodule darstellt.

Im Rahmen der Arbeit haben wir folgende Problempunkte behandelt:

1. Es wurde, aufbauend auf einer Diskussion der Problematik der Rechnerunterstützung in der Konstruktion und dem Vergleich von Systemstrukturen von CAD-Systemen, eine Softwarearchitektur Integrierter Ingenieursysteme vorgestellt.

2. Eine grafische Spezifikationsform für Produktmodelle wurde entwickelt. Mit deren Hilfe können die Datenstrukturen von Produktmodellen spezifiziert werden.

3. Die Informationsinhalte von Produktmodellen wurden systematisiert und Beispiele aus den Bereichen mechanische Konstruktion und VLSI-Entwurf erläutert.

4. Eine Liste von Anforderungen an Technische Datenbankverwaltungssysteme wurde erstellt und mit den Möglichkeiten herkömmlicher Datenbankverwaltungssysteme verglichen.

5. Die in der **Literatur vorschlagenen Vorgehensweisen** wurden
   aufgezeigt und klassifiziert. Dabei haben wir ein
   durchgehendes Beispiel zur vergleichenden Darstellung der
   Möglichkeiten der einzelnen Systeme verwendet. Damit
   konnten Stärken und Schwächen der einzelnen Vorschläge
   illustriert werden.

6. Es wurde eine **neue Systemstruktur für** Technische Daten-
   bankverwaltungssysteme erläutert und die Funktionen der
   beteiligten Komponenten spezifiziert. Diese Systemstruktur verspricht ein verbessertes Laufzeitverhalten
   von CAD-Anwendungsmodulen. Gleichzeitig wird über die
   vorgeschlagene Erweiterung der Programmiersprache MODULA
   eine typgebundene Definition und Verarbeitung der Datenstrukturen des Produktmodells möglich.

In der Arbeit haben wir also aufgezeigt, daß die bestehende
Datenbanktechnik nur bedingt für CAD-Anwendungen brauchbar
ist. Bevor aber gänzlich neue Datenbankarchitekturen ent-
worfen werden können, müssen noch die Anforderungen anderer
potentieller Einsatzgebiete näher analysiert werden.

5 Literaturverzeichnis

<ABBAS/ea77>   Abbas, S.A.; Coultas, A.; Lee, B.S. (eds.): Proc. "CAD education", IPC Science and Technology Press (1977)

<AHO/ULLMAN79>   Aho, A.V.; Ullman, J.D.: **Universality of Data Retrieval Languages**, Proc. 6th ACM Symposium on Principles of Programming Languages (1979), pp. 110-120

<ANDERL/RIX/ea83>   Anderl, R.; Rix, J.; Wetzel, H.: GKS im Anwendungsbereich CAD, Informatik-Spektrum, Heft 6 (1983), pp. 76-81

<ANSI75>   ANSI/X3/SPARC: **Study Group on Data Base Management Systems: Interim Report**, FDT (Bulletin of ACM SIGMOD), Vol. 7, No. 2 (1975)

<ANSI78>   ANSI/X3/SPARC: **The ANSI/X3/SPARC DBMS Framework, Report of the Study Group on Database Management Systems**, Information Systems, Tsichritzis, D., Klug, A. (eds.), Vol. 3 (1978), pp. 173-191

<APS82>   **APS, A Joint German/Norwegian Research and Development Project**, IPK, Fraunhofer Institut für Produktionsanlagen und Konstruktionstechnik, Kleiststr. 23-26, D-1000 Berlin 30, Broschüre (1982)

<BACHMAN69>   Bachman, C.W.: **Data Structure Diagrams**, Data Base (Quaterly Newsletter of ACM SIGEDP), Vol. 1, No. 2 (1969), pp. 4-10

<BACHMAN73>   Bachman, C.W.: **The Programmer as Navigator**, Comm. of the ACM, Vol. 16, No. 11 (Nov. 1973), pp. 653-658

<BADLER/BAJCSY78>   Badler, N.; Bajcsy, R.: **Three-Dimensional Representations for Computer Graphics and Computer Vision**, Computer Graphics, Vol. 12, No. 3 (1978), pp. 153-160

<BAER/EASTMAN/ea77>   Baer, A.; Eastman, C.; Henrion, M.:
A survey of geometric modelling, Carnegie-Mellon University, Institute of Physical Planning, Report No. 66, (1977), auch: **"Geometric Modelling: A Survey"**, Computer-Aided Design, Vol. 11, No. 5 (Sept. 1979), pp. 253-272

<BARGELE/FRITSCHE/ea79>   Bargele, N.; Fritsche, B.; Seifert, H.: **Verschiedene Möglichkeiten der rechnerunterstützten dreidimensionalen Bauteilbeschreibung mit PROREN2**, VDI-Zeitschrift, Band 121, Nr. 11 (Juni 1979), pp. 565-571

<BARON/BORNKESSEL/ea82>   Baron, N.; Bornkessel, E. et al.: **An Approach to the Integration of Geometrical Capabilities into a Data Base for CAD Applications**, Proc. IFIP WG5.2 Conf. on File Structures and Data Bases, Seeheim, North-Holland Publ. Comp. (1982), pp. 231-243

<BARSKY82>   Barsky, B.A.: **Computer-Aided Geometric Design, A Bibliography with Keywords and Classified Index**, Computer Graphics, Vol. 16, No. 1 (May 1982), pp. 67-159

<BAUBÖCK78>   Bauböck, E.: **Dialogue-Handling System for Graphics and CAD Applications**, Proc. Intern. Conf. Interactive Techniques in Computer Aided Design, Bologna (Sept. 1978), pp. 466-472, auch: **Konzept zur Beschreibung und Ausführung von hierarchisch strukturierten Bildschirmdialogen**, Proc. GI-Fachtagung "Methoden der Informatik für Rechnerunterstütztes Entwerfen und Konstruieren, München (1977), Informatik-Fachberichte, No. 11, Springer Verlag, pp. 233-247

<BAUMGART75>   Baumgart, B.G.: **A Polyhedron Representation for Computer Vision**, Proc. National Computer Conf. (1975), pp. 589-596

<BEEBY82>   Beeby, W.: **The Future of Integrated CAD/CAM Systems: The Boeing Perspective**, IEEE Computer Graphics and Applications, Vol. 2, No.1 (Jan. 1982), pp. 51-56

<BEITZ79>   Beitz, W.: **Anforderungen der Konstruktionspraxis and die CAD-Technologie**, Zeitschrift für wirtschaftliche Fertigung, Band 74, Heft 9 (1979), pp. 459-464

<BENSOUSSAN/CLINGEN/ea69>   Bensoussan, A.; Clingen, C.T.; Daley, R.C.: **The MULTICS Virtual Memory**, Proc. Second Symposium on Operating System Principles, Princeton Univ. (Oct. 1969), pp. 30-42

<BERGERON/BONO/ea78>   Bergeron, R.D.; Bono, P.R.; Foley, J.D.: **Graphics Programming Using the Core System**, ACM Computing Surveys, Vol. 10, No. 4 (Dec. 1978), pp. 440-443

<BLASER/SCHAUER77>   Blaser, A.; Schaür, U. **Aspects of Data Base Systems for Computer Aided Design**, Proc. GI-Fachtagung "Methoden der Informatik für Rechnerunterstütztes Entwerfen und Konstruieren, München (1977), Informatik-Fachberichte, No. 11, Springer Verlag, pp. 78-119

<BLUME/BURMESTER77>   Blume, P.; Burmester, J.: **Integriertes CAD-System, System für Stanzteile**, Zeitschrift für wirtschaftliche Fertigung, Band 72, Heft 5 (1977), pp. 219-224

<BLUME/FISCHER78>   Blume, P.; Fischer, W.E.: **Datenbanksystem für CAD-Anwendungen**, CAD-Berichte, Kernforschungszentrum Karlsruhe, KfK-CAD 111 (Aug. 1978)

<BOOTH79>   Booth, K.S.: **Tutorial: Computer Graphics**, IEEE Publication, Catalog No. EHO 147-9 (1979)

<BORGERSON/JOHNSON80>   Borgerson, B.R.; Johnson, R.H.: **Beyond CAD to Computer Aided Engineering**, Proc. IFIP (1980), Lavington, S.H. (ed.), North-Holland Publ. Comp., pp. 659-666

<BORGMANN77>   Borgmann, J.-D.: **3D-Geometrie für die rechnerunterstützte Konstruktion von mechanischen Bauteilen und Werkzeugen**, VDI-Zeitschrift, Band 119, Nr. 1/2 (Jan. 1977), pp. 17-24

<BOYSE/GILCHRIST82>   Boyse, J.W.; Gilchrist, J.E.: **GMSolid: Interactive Modeling for Design and Analysis of Solids**, IEEE Computer Graphics and Applications, Vol. 2, No. 2 (1982), pp. 27-40

<BRAID75>   Braid, I.C.: **The Synthesis of Solids Bounded by Many Faces**, Comm. of the ACM, Vol. 18, No. 4 (April 1975), pp. 209-216

<BRAID/HILLYARD77>   Braid,   I.C.;   Hillyard,   R.C.:
Geometric Modelling in ALGOL 68, ACM SIGPLAN Notices,
Vol. 12, No. 6 (1977), pp. 168-174

<BRAID78>   Braid, I.C.: **On Storing and Changing Shape
Information**, Computer Graphics, Vol. 12, No. 3 (1978),
pp. 252-262

<BRAID/HILLYARD/ea78>   Braid,   I.C.;   Hillyard,   R.C.;
Stroud, I.A.: **Stepwise Construction of Polyhedra in
Geometric Modeling**, Univ. of Cambridge, Computer
Laboratory, Computer-Aided Design Group Document No. 100
(1978)

<BRODIE80>   Brodie, M.L.: **The Application of Data Types
to Database Semantic Integrity**, Information Systems,
Vol. 5, No. 4 (1980), pp. 287-296

<BRODIE82>   Brodie, M.L.: **Axiomatic Definitions for Data
Model Semantics**, Information Systems, Vol. 7, No. 2
(1982), pp. 183-197

<BROWN74>   Brown, P.J.: **Macro Processors and Techniques
for Portable Software**, John Wiley and Sons, Series in
Computing (1974)

<BROWN/REQUICHA/ea78>   Brown,   C.M.;   Requicha,   A.A.G.;
Voelcker, H.B.: **Geometric Modelling Systems for
Mechanical Design and Manufacturing**, Proc. ACM Annual
Conf. (1978), pp. 770-778

<BUCHMANN/PALACIOS83>   Buchmann, A.P.; Palacios, W.: **A
Self-Contained Database Design Tool for Support of CAD
Environments Based on a Binary Associative DBMS**,
Universidad Nacional Autonoma de Mexico, Instituto de
Investigaciones en Matematicas Aplicadas y en Sistemas
(1983)

<BUDDE/ERNST/ea82>   Budde, W.; Ernst, G.; Imbusch, K.:
**Untersuchung der Einsatzmöglichkeiten und Einsatzbe-
dingungen von Datenbanksystemen für eine integrierte Anwendung von CAD/CAM-Programmsystemen**, Forschungsvereini-
gung Programmiersprachen für Fertigungseinrichtungen
e.V., Aachen, Schlußbericht zum BMFT Vorhaben AC-FOR/113
(1982)

<BURCHI80>   Burchi, R.S.: **Interactive Graphics Today**, IBM
Systems Journal, Vol. 19, No. 3 (1980), pp. 292-313

<BURMESTER/DAHNKEN/ea79>   Burmester, J.; Dahnken, H.;
Denker,   A.: **Schneidwerkzeugkonstruktion** und **NC-
Programmierung am interaktiven Bildschirm**, VDI-Zeit-
schrift, Band 121, Nr. 15/16 (1979), pp. 791-798

<BUSCHMANN76>   Buschmann, H.: **Ideen vom Computer ?**, Kon-
struktion Band 28, Heft 6 (1976), pp. 234-236

<CAD78>   **CAD, The Next Ten Years**, Computer-Aided Design,
Vol. 10, No. 6 (Nov. 1978), pp. 347-349

<CADC78>   **CADC, The First Eight Years**, Computer-Aided
Design, Vol. 10, No. 1 (1978), pp. 83-85

<CADNet82>   **CADNet Grobkonzept**, Fa. BMW (Nov. 1982)

<CAMI81>   **Design of an Experimental Boundary Represen-
tation and Management System for Solid Objects**, Computer
Aided Manufacturing International, Inc., 611 Ryan   Plaza
Drive, Suite 1107, Arlington, Texas 76011 (1981)

<CARLBOM/PACIOREK78>   Carlbom, I.; Paciorek, J.: **Planar
Geometric   Projections   and Viewing   Transformations**,
Computing Surveys, Vol. 10, No. 4 (Dec. 1978), pp.   465-
502

<CARLSON/METZ/ea81>   Carlson, E.D.; Metz, W. et al.:
**Display Generation and Management Systems (DGMS) for
Interactive Business Applications**, Verlag Friedr. Vieweg
& Sohn (1981)

<CGAA82>   Diverse Aufsätze in: IEEE Computer Graphics and
Applications, Vol. 2, No. 2 (March 1982)

<CHALLIS80>   Challis, M.F.: **The New Database Package,   An
Overview**, CAD Centre, Cambridge (UK), Report WP/126/80
(1980)

<CHALLIS82>   Challis, M.F.: **Typing in Data Base Models**,
Proc. IFIP WG5.2 Conf. on File Structures and Data
Bases, Seeheim, North-Holland Publ. Comp. (1982), pp.
265-276

<CHAMBERLIN/ASTRAHAN/ea81>   Chamberlin, D.D.; Astrahan,
M.M. et al.: **A History and Evaluation of System R**, Comm.
of the ACM, Vol. 24, No. 10 (1981), pp. 632-646

<CHASEN75>   Chasen, S.H.: Economic Principles for Interactive Graphic Applications, Proc. National Computer Conf. (1975), pp. 613-620

<CHEN76>   Chen, P.P.: The Entity-Relationship Model, Towards a Unified View of Data, ACM Transactions on Database Systems, Vol. 1, No. 1 (1976), pp. 9-36

<CHILDS68>   Childs, D.L.: Description of a Set-Theoretic Data Structure, Proc. AFIPS Fall Joint Computer Conf. (1968), AFIPS Press, Montvale, NJ, Vol. 33, pp. 557-564

<CHU/FISHBURN/ea83>   Chu, K.; Fishburn, J.P. et al.: Vdd, A VLSI Design Database System, Proc. ACM SIGMOD Conf. (1983), Engineering Design Applications, pp. 25-37

<CODASYL71>   CODASYL Data Base Task Group April 71 Report, ACM, New York

<CODASYL78>   Report of the CODASYL Data Description Language Committee, Information Systems, Vol. 3 (1978), pp. 247-320

<CODASYL81>   CODASYL FORTRAN Data Base Facility, Information Systems, Vol. 6 (1981), pp. 161-199

<CODD70>   Codd, E.F.: A Relational Model for Large Shared Data Banks, Comm. of the ACM, Vol. 13, No. 6 (1970), pp. 377-387

<CODD79>   Codd, E.F.: Extending the Database Relational Model to Capture More Meaning, IBM Research Report RJ2599, San Jose, Cal. (1979), auch: ACM Transactions on Database Systems, Vol. 4, No. 4 (Dec. 1979), pp. 397-434

<CODD81>   Codd, E.F.: The Capabilities of Relational Database Management Systems, IBM Research Report RJ3132, San Jose, Cal. (1981)

<DASSLER/GERMER/ea82>   Dassler, R.; Germer, H.-J.; Krause, F.-L.; Pohlmann, G.: Databases for Geometric Modelling and their Application, Proc. IFIP WG5.2 Conf. on File Structures and Data Bases, Seeheim, North-Holland Publ. Comp. (1982), pp. 171-189

<DATE81a>   Date, C.J.: An Introduction to Database Systems (Third Edition), Addison-Wesley Publ. Comp., Systems Programming Series (1981)

<DATE81b>   Date, C.J.: **Referential Integrity**, Proc. Intern. Conf. on Very Large Databases, Cannes (1981)

<DEISEL82>   Deisel, W.: **Mengenoperationen auf Polyedern**, Studienarbeit, IMMD VI, Univ. Erlangen-Nürnberg (1982)

<DENNING70>   Denning, P.J.: **Virtual Memory**, ACM Computing Surveys, Vol. 2, No. 3 (1970), pp. 153-189

<DEWHIRST/HILLYARD81>   Dewhirst, D.L.; Hillyard, R.C.: **Application of Volumetric Modeling to Mechanical Design and Analysis**, Proc. 18th Design Automation Conf. (1981), pp. 171-178

<DODD66>   Dodd, G.D.: **APL: A Language for Associative Data Handling in PL/1**, Proc. AFIPS Fall Joint Computer Conf. (1966), Vol. 29, Spartan Books, New York, pp. 677-684

<DONELSON78>   Donelson, W.C.: **Spatial Management of Information**, Computer Graphics 12 (1978), pp. 203-209

<DROSSMANN80>   Droßmann, V.: **Steuerung der Kommunikation zwischen Benutzer und Rechner bei interaktiven Programmsystemen**, 10. Jahrestagung der Gesellschaft für Informatik, CAD-Fachgespräch, Informatik Fachberichte 34 (1980), Springer Verlag, pp. 26-40

<EASTMAN/LIVIDINI/ea75>   Eastman, C.M.; Lividini, J.; Stoker, D.: **A Database for Designing Large Physical Systems**, Proc. National Computer Conf. (1975), pp. 603-611

<EASTMAN/HENRION76>   Eastman, C.M.; Henrion, M.: **Language for a Design Information System**, Carnegie-Mellon Univ., Pittsburgh, Institute of Building Sciences, Research Report No. 58 (March 1976)

<EASTMAN80>   Eastman, C.M.: **System Facilities for CAD Databases**, Proc. 17th Design Automation Conf., Minneapolis (1980), pp. 50-56

<EASTMAN81>   Eastman, C.M.: **Database Facilities for Engineering Design**, Proc. of the IEEE, Vol. 69, No. 10 (Oct. 1981), pp. 1249-1263

<EASTMAN/ea81>   Eastman, C.M.; et al.: An Introduction to GLIDE, Graphical Language for Interactive Design, Carnegie-Mellon Univ., Pittsburgh, Institute of Building Sciences, Research Report (March 1981)

<EASTMAN/LAFUE82>   Eastman, C.M.; Lafue, G.M.E.: **Semantic Integrity Transactions in Design Databases**, Proc. IFIP WG5.2 Conf. on File Structures and Data Bases, Seeheim, North-Holland Publ. Comp. (1982), pp. 45-54

<EBERLEIN/WEDEKIND82>   Eberlein, W.; Wedekind, H.: **A Methodology for Embedding Design Databases into Integrated Engineering Systems:**, Proc. IFIP WG5.2 Conf. on File Structures and Data Bases, Seeheim, North-Holland Publ. Comp. (1982), pp. 3-37

<EBERLEIN/REINHARD83>   Eberlein, W.; Reinhardt, K.: **EGMS, Experimentelles Geometrisches Modellierungssystem**, Univ. Erlangen-Nürnberg, IMMD VI, Unveröffentlichter Arbeitsbericht (1983)

<EDL83>   **EDL, Engineering Data Library**, Control Data GmbH, Halbergstraße 28, 4000 Düsseldorf (1983)

<EFFELSBERG81>   Effelsberg, W.: **Systempufferverwaltung in Datenbanksystemen**, Dissertation, Technische Hochschule Darmstadt, Fachbereich Informatik (1981)

<EFFELSBERG83>   Effelsberg, W.: **Fixing Pages in a Database Buffer**, ACM SIGMOD Record, Vol. 13, No. 2 (Jan. 1983), pp. 52-59

<EIGNER80a>   Eigner, M.: **Semantische Datenmodelle als Hilfsmittel der Informationshandhabung und deren programmtechnische Realisierung auf Kleinrechnern**, Fortschritt-Berichte der VDI-Zeitschriften, VDI-Verlag, Reihe 10, Nr. 9 (1980)

<EIGNER80b>   Eigner, M.: **Informationshandhabung in CAD-Systemen**, VDI-Zeitschrift, Band 122, Nr. 21 (1980), pp. 948-949

<EIGNER/GLATZ/ea80>   Eigner, M.; Glatz, R.; Kaiser, D.: **RASGOT Version 3, Dokumentation**, Univ. Karlsruhe, Institut für Rechneranwendung in Planung ung Konstruktion (1980)

<EIGNER/MAIER82>   Eigner, M.; Maier, H.: **Einführung und Anwendung von CAD-Systemen**, Carl Hanser Verlag (1982)

<EL-MASRI/WIEDERHOLD80>   El-Masri, R; Wiederhold, G.: **Properties of Relationships and their Representation**, Proc. National Computer Conf. (1980), pp. 319-326

<ELLIOT78>   Elliot, W.S.: **Interactive Graphical CAD in Mechanical Engineering Design**, Computer-Aided Design, Vol. 10, No. 2 (March 1978), pp. 91-100

<EMDE/ERLACHER80>   Emde, G.; Erlacher, V.: **Verknüpfung von CAD-Programmen zu einem CAD-System**, 10. Jahrestagung der Gesellschaft für Informatik, CAD-Fachgespräch, Informatik Fachberichte 34 (1980), Springer Verlag, pp. 41-50

<ENCARNACAO77>   Encarnacao, J.: **Systemtechnologische Aspekte von**, Proc. GI-Fachtagung "Methoden der Informatik für Rechnerunterstütztes Entwerfen und Konstruieren, München (1977), Informatik-Fachberichte, No. 11, Springer Verlag, pp. 20-51

<ENCARNACAO/SCHLECHTENDAHL78>   Encarnacao, J.; Schlechtendahl, E.G.: **Konzepte, Probleme und Möglichkeiten von CAD-Systemen in der industriellen Praxis**, CAD-Fachgespräch, GI-Jahrestagung, Berlin (1978)

<ENCARNACAO/NEUMANN79>   Encarnacao, J.; Neumann, Th.: **A Survey of DB Requirements for Graphical Applications in Engineering**, Proc. "Data Base Techniques for Pictorial Applications, Florenz (1979), Lecture Notes in Computer Science, No. 81, Springer Verlag, pp. 285-297

<ENDERLE/KANSY/ea83>   Enderle, G.; Kansy, K.; Pfaff, G.; Prester, F.-J.: **Die Funktionen des Graphischen Kernsystems**, Informatik-Spektrum, Heft 6 (1983), pp. 55-75

<ENDERS/OTTO77>   Enders, H.H.; Otto, D.: **Rechnerinternes Werkstückmodell und Beispiele aus dem praktischen Einsatz eines 2D/3D-Geometriesystems**, Zeitschrift für wirtschaftliche Fertigung, Band 72, Heft 5 (1977), pp. 225-231

<ENGELI74>   Engeli, M.E.: **A Language for 3D Graphics Applications**, Proc. International Computing Symposium, ICS, North-Holland Publ. Comp. (1974), pp. 459-466

<ETIENNE/HALLMARK83>   Etienne, R.; Hallmark, G.: **A VLSI Layout Editor Based on a Relational Database System**, IBM Research Report RJ3863, San Jose, Cal. (1983)

<EVERSHEIM/WIEVELHOVE/ea77>   Everheim, W.; Wievelhove, W.; Szabo, Z.-J.: **Maschinelle Arbeitsplanerstellung**, CAD-Berichte, Kernforschungszentrum Karlsruhe, KfK-CAD 46 (Nov. 1977)

<FELDMAN/ROVNER69>   Feldman, J.A.; Rovner, P.D.: An
ALGOL-Based Associative Language, Comm. of the ACM, Vol.
12, No. 8 (1969), pp. 439-449

<FINDLER79>   Findler, N.V. (ed.): Associative Networks,
Representation and Use of Knowledge by Computers,
Academic Press (1979)

<FISCHER/DENKER79>   Fischer, W.E.; Denker, A.:
Bildschirmgestütztes Konstruieren von Gesamtschneidwerk-
zeugen, Konstruktion, Band 31, Heft 2 (1979), pp. 67-75

<FISCHER79a>   Fischer, W.E.: Rechnerinterne Werkstückdar-
stellung und ihre Speicherung in der Technischen Datenbank, VDI-Zeitschrift, Band 121, Nr. 13 (1979), pp. 673-
678

<FISCHER79b>   Fischer, W.E.: PHIDAS: A Database Manage-
ment System for CAD/CAM Application Software, Computer-
Aided Design, Vol. 11, No. 3 (1979), pp. 146-150

<FISCHER79c>   Fischer, W.E.: The Interface between CAD/
CAM-Software and CODASYL Data Base Management Systems,
Proc. EUROGRAPHICS (1979), Bologna, pp. 178-189

<FISCHER79d>   Fischer, W.E.: Einführung in die "Tech-
nische Datenbank", CAD-Berichte, Kernforschungszentrum
Karlsruhe, KfK-CAD 128 (März 1979)

<FISCHER82>   Fischer, W.E.: Das Datenbanksystem PHIDAS
als Werkzeug für Entwurf, Realisierung und Integration
von Produktmodellen, in: <GI82>

<FOCKEN79>   Focken, H.G.: Die Einsatzmöglichkeiten der
Graphischen Datenverarbeitung unter Aspekten der Kon-
struktionssystematik, VDI-Zeitschrift, Band 121, No. 9
(1979), pp. 421-433

<FOISSEAU/VALETTE82>   Foisseau, J.; Valette, F.R.: A
Computer Aided Design Data Model: FLOREAL, Proc. IFIP
WG5.2 Conf. on File Structures and Data Bases, Seeheim,
North-Holland Publ. Comp. (1982), pp. 315-330

<FOLEY/WALLACE74>   Foley, J.D; Wallace, V.L.: The Art of
Natural Graphic Man-Machine Communication, Proc. IEEE,
Vol. 62, No. 4 (April 1974), pp. 462-471

<FOLEY/VanDAM82>   Foley, J.; Van Dam, A.: Fundamentals of
Interactive Computer Graphics, Addison-Wesley Publ.
Comp., Systems Programming Series (1982)

<FOSTER75>   Foster, J.C.: **The Evolution of an Integrated Data Base,** Proc. 12th Design Automation Conf. (1975), pp. 394-398

<FRANKE75>   Franke, H.J.: **Methodische Schritte beim Klären konstruktiver Aufgabenstellungen,** Konstruktion Band 27, Heft 10 (1975), pp. 395-402

<FREEMAN80>   Freeman, H.: **Tutorial and Selected Readings in Interactive Computer Graphics,** IEEE Publication, Catalog No. EHO 156-0

<FREI/WELLER/ea78>   Frei, H.P.; Weller, D.L.; Williams, R.: **A Graphics-Based Programming-Support System,** Proc. ACM SIGGRAPH Conf. (1978), pp. 43-49

<FRITSCHE82>   Fritsche, B.: **Verfahren zur dreidimensionalen Geometrieerfassung und -darstellung bei der rechnerunterstützten Konstruktion von Bauteilen,** Dissertation, Ruhr-Univ. Bochum, Institut für Konstruktionstechnik, Lehrstuhl für Maschinenelemente und Konstruktionslehre, Schriftenreihe Heft 82.3 (1982)

<FRY/SIBLEY76>   Fry, J.P.; Sibley, E.H.: **Evolution of Data-Base Management Systems,** ACM Computing Surveys, Vol. 8, No. 1 (March 1976), pp. 7-42

<GARRETT80>   Garrett, M.T.: **A Unified Non-procedural Environment for Designing and Implementing Graphical Interfaces to Relational Data Base Management Systems,** Ph.D. dissertation, The School of Engineering and Applied Science, George Washington University, Washington, D.C. (1980), auch: ACM Transactions on Database Systems (1981)

<GAUSEMEIER77>   Gausemeier, G.-J.: **Eine Methode zur rechnerorientierten Darstellung technischer Objekte im Maschinenbau,** Dissertation, Technische Universität Berlin (1977)

<GI82>   Proc. GI Fachtagung "Geometrisches Modellieren", TU Berlin (Nov. 1982)

<GPM82>   **Geometric Product Models, An Internordic Joint Project,** SI, Central Institute for Industrial Research, Oslo, Information Report (Dec. 1982)

<GRABOWSKI/EIGNER78>   Grabowski, H.; Eigner, M.:
Employing a Relational Data Structure in a CAD System,
Proc. Intern. Conf. Interactive Techniques in Computer
Aided Design, Bologna (Sept. 1978), pp. 367-377

<GRABOWSKI/EIGNER79a>   Grabowski, H.; Eigner, M.:
Anforderungen an CAD-Datenbanksysteme, VDI-Zeitschrift,
Band 121, No. 12 (1979), pp. 621-633

<GRABOWSKI/EIGNER79b>   Grabowski, H.; Eigner, M.:
**Semantic Datamodel Requirements and Realization with a
Relational Datastructure,** Computer-Aided Design, Vol.
11, No. 3 (1979), pp. 158-168

<GRABOWSKI/EIGNER82>   Grabowski, H.; Eigner, M.: **A Data
Model for a Design Data Base,** Proc. IFIP WG5.2 Conf. on
File Structures and Data Bases, Seeheim, North-Holland
Publ. Comp. (1982), pp. 117-144

<GRÄTZ/SEIFERT82>   Grätz, J.-F.; Seifert, H.: **Die
rechnerische Darstellung von Bauteilen als kombinierte
Körpermodelle mit PROREN2,** Zeitschrift CAD/CAM, Heft 2
(1982), pp. 37-40

<GRAY78>   Gray, J.: **Notes on Database Operating Systems,**
Operating Systems, An Advanced Course, Springer Verlag,
Lecture Notes in Computer Science, Vol. 60 (1978)

<GRAY81>   Gray, J.: **The Transaction Concept: Virtues and
Limitations,** Proc. 7th Intern. Conf. on Very Large Data
Bases (1981)

<GRAYER80>   Grayer, A.R.: **Alternative Approaches in
Geometric Modelling,** Computer-Aided Design, Vol. 12, No.
4 (July 1980), pp. 189-192

<GREINDL77>   Greindl, A.: **Datenhandhabung in CAD/CAM-
Prozessen,** Dissertation, Technische Universität Berlin
(1977)

<GREINDL78>   Greindl, A.: **CAD/CAM-Datenbank-System als
Hilfsmittel zur maschinellen Programmierung von NC-
Maschinen,** Zeitschrift für wirtschaftliche Fertigung,
Band 73, Heft 3 (1978), pp. 112-116

<GROSCH82>   Grosch, J.: **Eine Programmiersprache mit
mengentheoretischen Konstrukten und deren effiziente
Implementierung,** Dissertation, Univ. Erlangen/Nürnberg
(1982)

<GSPC77>   Status Report of the Graphics Standard Planning
     Committee, Computer Graphics, Vol. 11, No. 3 (1977)

<GSPC79>   Status Report of the Graphics Standard Planning
     Committee, Computer Graphics, Vol. 13, No. 3 (Aug. 1979)

<GUTTMAN/STONEBRAKER82>   Guttman, A.; Stonebraker, M.:
     Using a Relational Database Mangement System for
     Computer Aided Design Data, Univ. of California,
     Berkeley, College of Engineering, Electronics Research
     Labaratory, Memorandum No. UCB/ERL M82/37 (March 1982)

<HÄRDER78>   Härder, Th.:   Implementierung   von
     Datenbanksystemen, Carl Hanser Verlag (1978)

<HÄRDER/REUTER83a>   Härder, Th.; Reuter, A.: Database
     Systems for Non-Standard Applications, Proc. Interna-
     tional Computing Symposium, ICS (1983), Nürnberg,
     Teubner Verlag, pp. 452-466

<HÄRDER/REUTER83b>   Härder, Th.; Reuter, A.: Concepts for
     Implementing a Centralized Database Management System,
     Proc. International Computing Symposium, ICS (1983),
     Nürnberg, Teubner Verlag, pp. 28-59

<HAKALA/HILLYARD/ea80>   Hakala, D.G.; Hillyard, R.C. et
     al.: Natural Quadrics in Mechanical Design, Proc.
     AUTOFACT, Anaheim, Cal. (1980)

<HAMMER/McLEOD81>   Hammer, M.; McLeod, D.: Database
     Description with SDM: A Semantic Database Model, ACM
     Transactions on Database Systems, Vol. 6, No. 3 (Sept.
     1981), pp. 351-386

<HASKIN/LORIE81>   Haskin, R.L.; Lorie, R.A.: On Extending
     the Functions of a Relational Database System, IBM
     Research Report RJ3182, San Jose, Cal. (1981)

<HATVANY77>   Hatvany, J.: Trends and Developments in
     Computer Aided Design, Proc. IFIP Conf. (1977), B.
     Gilchrist (ed.), North-Holland Publ. Comp., pp. 267-271

<HAYNIE81>   Haynie, M.: The Relational/Network Hybrid
     Data Model, Proc. 18th Design Automation Conf. (1981),
     pp. 646-652

<HEROT80>   Herot, C.F.: Spatial Management of Data, ACM
     Transactions on Database Systems, Vol. 5, No. 4 (Dec.
     1980), pp. 493-514

<HUBKA76>   Hubka, V.: **Theorie der Konstruktionsprozesse**, Springer Verlag (1976)

<IBM81>   **SQL/Data System, Concepts and Facilities**, IBM Form GH24-5013-50 (Jan. 1981)

<IMechE80>   Proc. **"Managing Computer-Aided Design"**, Institution of Mechanical Engineers (Nov. 1980), Mech. Eng. Publications

<ISO82a>   ISO/TC97/SC5: **Concepts and Terminology for the Conceptual Schema and the Information Base**, International Organization for Standardization, TC95/SC5/WG3, Report N695 (1982)

<ISO82b>   ISO DIS 7942: **International Standardization Organisation: Information Processing, Graphical Kernel System (GKS), Functional Description**, (1982)

<JOHNSON>   Johnson, R.H.: **CAD: Computer Aided Drafting or Computer Aided Design ?**, MDSI, Manufacturing Data Systems, Inc., Ann Arbor, Michigan

<JOHNSON/DEWHIRST>   Johnson, R.H.; Dewhirst, D.L.: **Machine Layout with Volumetric Models**, MDSI, Manufacturing Data Systems, Inc., Ann Arbor, Michigan

<JOHNSON/DEWHIRST82>   Johnson, R.H.; Dewhirst, D.L.: **The Product Structured Data Base: A Schema for Design of Mechanical Systems**, Proc. IFIP WG5.2 Conf. on File Structures and Data Bases, Seeheim, North-Holland Publ. Comp. (1982), pp. 117-144

<JONES78>   Jones, P.F.: **Four Principles of Man-Computer Dialogue**, Computer-Aided Design, Vol. 10, No. 3 (May 1978)

<JUNG74>   Jung, A.: **Funktion und Gestalt, Beitrag zur Konstruktionsmethodik**, KEM, (Okt. 1974), pp. 49-52

<KATZ/LEHMAN82>   Katz, R.H.; Lehman, T.J.: **Storage Structures for Versions and Alternatives**, University of Wisconsin-Madison, Computer Sciences Department, Technical Report 479 (July 1982)

<KAY80>   Kay, A.: User Interface Design in the SMALLTALK
Personal Computing System, Proc. IFIP (1980), Lavington,
S.H. (ed.)

<KENT79>   Kent, W.: Limitations of Record-Based
Information Models, ACM Transactions on Database
Systems, Vol. 4, No. 1 (March 1979), pp. 107-131

<KLEIN70>   Klein, M.: Einführung in die DIN-Normen,
Teubner Verlag, 6. Auflage (1970)

<KIMURA/ea82>   Kimura, F. et al.`: Construction and Uses
of an Engineering Data Base in Design and Manufacturing
Environments, Proc. IFIP WG5.2 Conf. on File Structures
and Data Bases, Seeheim, North-Holland Publ. Comp.
(1982), pp. 95-111

<KOENIG/LORIE82>   König, W.; Lorie, R.A.: Storage of VLSI
Physical Designs in a Relational Database, IBM Research
Report RJ3548, San Jose, Cal. (1982)

<KOENIG/ETIENNE82>   König, W.; Etienne, R.: Hierarchical
Decomposition and Parameterization in a VLSI Layout-
Editor, IBM Research Report RJ3549, San Jose, Cal.
(1982)

<KOHLER81>   Kohler, W.H.: A Survey of Techniques for
Synchronization and Recovery in Decentralized Computer
Systems, ACM Computing Surveys, Vol. 13, No.2 (June
1981), pp. 149-221

<KOLLER79>   Koller, R.: Konstruktionsmethode für den
Maschinen-, Geräte und Apparatebau, Springer Verlag,
Berichtigter Nachdruck (1979)

<KORENJAK/TEGER75>   Korenjak, A.J.; Teger, A.H.: An Inte-
grated CAD Data Base System, Proc. 12th Design
Automation Conf. (1975), pp. 399-406

<KRAUSE76a>   Krause, F.-L.: Methoden zur Gestaltung von
CAD-Systemen, Dissertation, Technische Universität
Berlin (1976)

<KRAUSE76b>   Krause, F.-L.: Die Prinzipkonstruktions-
methode und ihre Erweiterungsmöglichkeiten, VDI-Zeitschrift, Band 71, Nr. 5 (1976), pp. 193-199

<KÜHN80>   Kühn, M.: CAD und Arbeitssituation, Informatik
Fachberichte, Band 32, W. Brauer (Hrsg.), Springer
Verlag (1980)

<KUNII/KUNII79>   Kunii, T.L.; Kunii, H.S.: **Architecture of a Virtual Graphic Database System for Interactive CAD**, Computer-Aided Design, Vol. 11, No. 3 (1979), pp. 132-135

<KURTH71>   Kurth, J.: **Rechnerorientierte Werkstückbeschreibung, Ein Beitrag zur Rationalisierung produktionsbezogener Planungsprozesse**, Dissertation, Technische Universität Berlin (1971)

<KUTAY/EASTMAN83>   Kutay, A.R.; Eastman, C.M.: **Transaction Management in Engineering Databases**, Proc. ACM SIGMOD Conf. (1983), Engineering Design Applications, pp. 73-80

<LAFUE79>   Lafue, G.M.E.: **Integrating Language and Database for CAD Applications**, Computer-Aided Design, Vol. 11, No. 3 (May 1979), pp. 127-130

<LANG/GRAY68>   Lang, C.A.; Gray, J.C.: **ASP: A Ring Implemented Associative Structure Package**, Comm. of the ACM, Vol. 11, No. 8 (1968), pp. 550-555

<LANG-LENDORFF79>   Lang-Lendorff, G.: **Mit der Datenverarbeitung Konstruieren, Berechnen, Fertigen**, VDI-Zeitschrift, Band 121, Nr. 7 (1979), pp. 291-296

<LANG-LENDORFF80>   Lang-Lendorff, G.: **CAD im Spannungsfeld zwischen Forschung und Normung**, in: Rechnergestützte Aktivitäten, CAD, Händler, W., Nees, G. (Hrsg.), B.I. Wissenschaftsverlag (1980)

<LEE/FU83>   Lee, Y.C.; Fu, K.S.: **A CSG Based DBMS for CAD/CAM and its Supporting Query Language**, Proc. ACM SIGMOD Conf. (1983), Engineering Design Applications, pp. 123-130

<LEMON/TOLANI/ea80>   Lemon, J.R.; Tolani, S.K.; Klosterman, A.L.: **Integration and Implementation of Computer-Aided Engineering and Related Manufacturing Capabilities into the Mechnical Product Development Process**, 10. Jahrestagung der Gesellschaft für Informatik, CAD-Fachgespräch, Informatik Fachberichte 34 (1980), Springer Verlag, pp. 161-183

<LIEWALD/KENNICOTT82>   Liewald, M.H.; Kennicott, P.R.: **Intersystem Data Transfer via IGES**, IEEE Computer Graphics and Applications, Vol. 2, No. 3 (May 1982), pp. 55-63

<LILLEHAGEN/OIAN77>   Lillehagen, F.M.; Oian, J.: **Focusing
on the Internal Model in CAD and CAM Systems**, Proc. IFIP
Conf. (1977), B. Gilchrist (ed.), North-Holland Publ.
Comp., pp. 273-278

<LILLEHAGEN/ea81>   Lillehagen, F.; Ulfsby, S.; Meen, S.,
Oian, J.: **TORNADO, A DBMS for CAD/CAM Systems**, Proc.
IFIP Conf. "CAD/CAM as a Basis for the Development of
Technology in Developing Nations", Torres, O.F.F.,
Warman, E.A. (eds.), North-Holland Publ. Comp. (1981),
pp. 390-403

<LILLEHAGEN/DOKKEN82>   Lillehagen, F.M.; Dokken, T.:
**Towards a Methodology for Constructing Product Modelling
Databases in CAD**, Proc. IFIP WG5.2 Conf. on File
Structures and Data Bases, Seeheim, North-Holland Publ.
Comp. (1982), pp. 59-88

<LORIE77>   Lorie, R.A.: **Physical Integrity in a Large
Segmented Database**, ACM Transactions on Database
Systems, Vol. 2, No. 1 (March 1977)

<LORIE/CASAJUANA/ea79>   Lorie, R.A.; Casajuana, R.;
Becerril, J.L.: **GSYSR, A Relational Database Interface
for Graphics**, IBM Research Report RJ2511, San Jose, Cal.
(1979), auch: Proc. "Data Base Techniques for Pictorial
Applications, Florenz (1979), Lecture Notes in Computer
Science, No. 81, Springer Verlag, pp. 459-474

<LORIE82>   Lorie, R.A.: **Issues in Database for Design
Applications**, IBM Research Report RJ3176, San Jose, Cal.
(1981), auch: Proc. IFIP WG5.2 Conf. on File Structures
and Data Bases, Seeheim, North-Holland Publ. Comp.
(1982), pp. 213-222

<LORIE/MEIER83>   Lorie, R.A.; Meier, A.: **Using a
Relational DBMS for Geographical Databases**, IBM Research
Report RJ3848, San Jose, Cal. (1983)

<LORIE/PLOUFFE83>   Lorie, R.; Plouffe, W.: **Complex
Objects and Their Use in Design Transactions**, Proc. ACM
SIGMOD Conf. (1983), Engineering Design Applications,
pp. 115-121

<MÄNTYLÄ/TAKALA81>   Mäntylä, M.; Takala, T.: **The
Geometric Workbench (GWB), An Experimental Geometric
Modeling System**, Proc. EUROGRAPHICS, Darmstadt (1981),
North-Holland Publ. Comp., pp. 205-215

<MÄNTYLÄ/SULONEN82>   Mäntylä, M.; Sulonen, R.: **GWB: A Solid Modeler with Euler Operators**, IEEE Computer Graphics and Applications, Vol. 2, No. 7 (1982), pp. 17-31

<MALLMANN80>   Mallmann, F.: **The Management of Engineering Changes Using the PRIMUS System**, Proc. 17th Design Automation Conf. (1980), pp. 348-361

<McLEOD76>   McLeod, D.: **High Level Domain Specification in a Relational Data Base System**, Proc. of ACM SIGPLAN/SIGMOD Conf. on "Data: Abstraction, Definition and Structure, Salt Lake City, ACM SIGPLAN Notices, Vol. II (special issue, 1976), pp. 47-57

<McLEOD/ea83>   McLeod, D. et al.: **An Approach to Information Management for CAD/VLSI Applications**, Proc. ACM SIGMOD Conf. (1983), Engineering Design Applications, pp. 39-50

<MEAGHER82>   Meagher, D.: **Geometric Modeling Using Octree Encoding**, Computer Graphics and Image Processing, Vol. 19 (1982), pp. 129-147

<MEIER/LORIE83>   Meier, A.; Lorie, R.: **Implicit Hierarchical Joins for Complex Objects**, IBM Research Report RJ3775, San Jose, Cal. (1983)

<MERCHANT75>   Merchant, M.E.: **The Future of CAM Systems**, Proc. National Computer Conf. (1975), pp. 793-799

<McGEE68>   McGee, W.C.: **File Structures For Generalized Data Management**, Proc. IFIP Conf. (1968), North-Holland Publ. Comp., Vol. 2, pp. 1233-1239

<MICHENER/FOLEY78>   Michener, J.C.; Foley, J.D.: **Some Major Issues in the Design of the Core Graphics System**, ACM Computing Surveys, Vol. 10, No. 4 (Dec. 1978), pp. 445-463

<MICHENER/VanDAM78>   Michener, J.C.; Van Dam, A.: **A Functional Overview of the Core System with Glossary**, ACM Computing Surveys, Vol. 10, No. 4 (Dec. 1978), pp. 381-387

<MÜLLER80>   Müller, G.: **Rechnerorientierte Darstellung beliebig geformter Bauteile**, Dissertation, Technische Universität Berlin (1980), Carl Hanser Verlag, Reihe Produktionstechnik Berlin (G. Spur Hrsg.), Nr. 8

<MÜLLER/STEINBAUER83>   Müller, Th.;   Steinbauer,   D.:
Control of Versions in a CAM Database Application, Univ.
Erlangen-Nürnberg, IMMD VI, Unveröffentlichter Arbeits-
bericht

<MYERS79>   Myers, W.: **Interactive Computer Graphics:
Flying High**, IEEE Computer, Vol. 12, No. 7 (July 1979),
pp. 8-17, und: Vol. 12, No. 8 (Aug. 1979), pp. 52-67

<MYERS82>   Myers, W.: **CAD/CAM: The Need for a Broder
Focus**, IEEE Computer Graphics and Applications, Vol. 2,
No. 1 (Jan. 1982), pp. 105-117

<NAGEL/BRAITHWAITE/ea80>   Nagel, R.N.; Braithwaite, W.W.;
Kennicott, P.R.: **Initial Graphics Exchange Specification, IGES Version 1.0**, National Bureau of Stan-
dards, Dept. of Commerce, Washington, Report NBSIR 80-
1978R (1980)

<NASH78>   Nash, D.: **Topics in Design Automation Data
Bases**, Proc. 15th Design Automation Conf. (1978), pp.
463-474

<NEDOLUHA60>   Nedoluha, A.: **Kulturgeschichte des tech-
nischen Zeichnens**, Springer Verlag (1960)

<NEES80>   Nees, G.: **CAD als Universalansatz, Für und
Wider**, in: Rechnergestützte Aktivitäten, CAD, Händler,
W., Nees, G. (Hrsg.), B.I. Wissenschaftsverlag (1980)

<NEGROPONTE77>   Negroponte, N.: **On Being Creative with
Computer Aided Design**, Proc. IFIP (1977), Gilchrist, G.
(ed.), North-Holland Publ. Comp., pp. 695-704

<NEUMANN80>   Neumann, Th.: **CAD Data Base Requirements and
Architectures**, in: Computer Aided Design: Modelling,
Systems Engineering, CAD-Systems, Lecture Notes in
Computer Science, Vol. 89, Springer Verlag (1980), pp.
2-78

<NEUMANN/HORNUNG82>   Neumann,   Th.;   Hornung,   C.:
Consistency and Transactions in CAD Database, Proc. 8th
Intern. Conf. on Very Large Data Bases, Mexico City
(1982), pp. 181-188

<NEUMANN83>   Neumann, Th.: **On Representing the Design
Information in a Common Database**, Proc. ACM SIGMOD Conf.
(1983), Engineering Design Applications, pp. 81-87

<NEWELL/BLINN77>   Newell, M.E.; Blinn, J.F.: The
Progression of Realism in Computer Generated Images,
Proc. ACM Annual Conf. (1977), pp. 444-448

<NEWMAN/VanDAM78>   Newman, W.M.; Van Dam, A.: Recent
Effort Towards Graphics Standardization, ACM Computing
Surveys, Vol. 10, No. 4 (Dec. 1978), pp. 365-380

<NEWMAN/SPROULL79>   Newman,   W.M.;   Sproull,   R.F.:
Principles of Interactive Computer Graphics, 2nd ed.,
McGraw-Hill, International Student Edition (1979)

<OIAN82>   Oian, J.: Trends in Scandinavian CAD
Development, IEEE Computer Graphics and Applications,
Vol. 2, No. 5 (July 1982), pp. 51-58

<OLLE78>   Olle, T.W.: The CODASYL Approach to Data Base
Management, John Wiley and Sons, Series in Computing
(1978)

<ORACLE83>   ORACLE Terminal Users Guide, ORACLE Corp.,
3000 Sand Hill Road, Menlo Park, Cal. (1983)

<ORTNER82>   Ortner, E.: Aspekte einer Konstruktions-
sprache für den Datenbankentwurf, Dissertation, Technische Hochschule Darmstadt (1982)

<OTTO/SCHULZE76>   Otto, D.; Schulze, G.: Erweiterung der
rechnerinternen Darstellung im CAD-System Feinwerk-
technik zur Durchführung von Toleranzanalysen, Zeitschrift für wirtschaftliche Fertigung, Band 71, Heft 5
(1976), pp. 200-206

<PAHL/BEITZ77>   Pahl, G.; Beitz, W.: Konstruktionslehre,
Springer Verlag (1977)

<PHONG75>   Phong, B.T.: Illumination for Computer
Generated Images, Comm. of the ACM, Vol. 18, No. 6 (June
1975), pp. 311-317

<PingreePark80>   Proc. of the Workshop on Data
Abstraction, Databases and Conceptual Modelling (1980),
SIGART Newsletter, No. 74, SIGMOD Record, Vol. 11, No.
2, SIGPLAN Notices, Vol. 16, No. 1

<PFEFFER83>   Pfeffer, Th.: Entwurf und Implementierung
eines Grafikgesamtsystems an der VAX11/780, Diplom-
arbeit, IMMD VI, Univ. Erlangen-Nürnberg (1983)

<POHLMANN82>   Pohlmann, G.: **Rechnerinterne Objektdar-
stellungen als Basis integrierter CAD-Systeme**, Dissertation, Technische Universität Berlin (1982), Carl
Hanser Verlag, Reihe Produktionstechnik Berlin (G. Spur,
Hrsg.), Nr. 27

<POMBERGER82>   Pomberger, G.: **Ein Modell zur Simulation
von Konstruktionsprozessen**, Angewandte Informatik, Heft
1 (1982), pp. 26-34

<PRECVISU80>   DI-3000 User's Guide, Precision Visuals,
Inc., 250 Arapahoe, Boulder, Col. 80302, USA (1980)

<REINHARDT83>   Reinhardt, K.: **Ein System zur Verwaltung
Graphischer Objekte in Relationalen Datenbanken**,
Studienarbeit, IMMD VI, Univ. Erlangen-Nürnberg (1983)

<REQUICHA80a>   Requicha, A.A.G.: **Representations of Rigid
Solid Objects**, in: Computer Aided Design: Modelling,
Systems Engineering, CAD-Systems, Lecture Notes in
Computer Science, Vol. 89, Springer Verlag (1980), pp.
2-78

<REQUICHA80b>   Requicha, A.A.G.: **Representations for
Rigid Solids: Theory, Methods, and Systems**, ACM
Computing Surveys, Vol. 12, No. 4 (Dec. 1980), pp.
437-464

<RODENACKER76>   Rodenacker, W.G.: **Methodisches Kon-
struieren**, Springer Verlag, 2. Auflage (1976)

<ROTH79>   Roth, K.: **Neue Modelle zur rechnerunterstützten
Synthese mechanischer Konstruktionen**, Konstruktion Band
31, Heft 7 (1979), pp. 283-289

<ROTH82>   Roth, K.: **Konstruieren mit Konstruktionskata-
logen**, Springer Verlag (1982)

<ROTHsd82>   Roth, S.D.: **Ray Casting for Modeling Solids**,
Computer Graphics and Image Processing, Vol. 18 (1982),
pp. 109-144

<ROTHENBERG/WEISS77>   Rothenberg, R.; Weiß, H.: **Rahmen-
konzeption für das rechnerunterstützte Konstruieren und
Fertigen**, in: CAD-Berichte, Kernforschungszentrum
Karlsruhe, KfK-CAD 30 (Mai 1977), pp. 7-15

<RTI82>   INGRES Reference Manual, Relational Technology, Inc., 2855 Telegraph Avenue, Suite 515, Berkeley, Cal. 94705 (1982)

<SCHEER78>   Scheer, A.W.: Wirtschafts- und Betriebsinformatik, Verlag Moderne Industrie (1978)

<SCHMID/SWENSON75>   Schmid, H.A.; Swenson, J.R.: On the Semantics of the Relational Data Model, Proc. Intern. Conf. on Management of Data, San Francisco (1975), King, W.F. (ed.) , pp. 211-223

<SCHMIDT77>   Schmidt, J.W.: Type Concepts for Database Definition: An Inverstigation Based on Extensions to PASCAL, Univ. Hamburg, Institut für Informatik, Bericht Nr. 37 (IFI-HH-B-37/77), auch: Proc. Intern. Conf. on "Data Bases, Improving Usability and Responsiveness, Haifa (Aug. 1978)

<SCHMIDT/MALL80>   Schmidt, J.W.; Mall, M.: PASCAL/R Report, Univ. Hamburg, Institut für Informatik, Bericht Nr. 66 (IFI-HH-B-66/80), (1980)

<SCHMIDT/BRODIE83>   Schmidt, J.W.; Brodie, M.L.: Relational Database Systems, Analysis and Comparison, Springer Verlag (1983)

<SCHÖNHUT80>   Schönhut, J.: Erlanger Grafik-System (EGS 1.5), Mitteilungsblatt des Regionalen Rechenzentrums Erlangen, Wolf, F. (Hrsg.), Nr. 29 (Feb. 1980)

<SCHNEIDER75>   Schneider, H.J.: Compiler, Aufbau und Wirkungsweise, De Gruyter Verlag (1975)

<SCHULTZ77>   Schultz, R.: NC-Programmierung als Baustein integrierter CAD/CAM-Systeme, Zeitschrift für wirtschaftliche Fertigung, Band 72, Heft 5 (1977), pp. 232-235

<SCHÖN81>   Schön, D.: Beschreibungsmöglichkeiten Geometrischer Objekte und deren Darstellung in Datenbanken, Diplomarbeit, IMMD VI, Univ. Erlangen-Nürnberg (1981)

<SEIFERT77>   Seifert, H.: Fortschritte bei der graphischen Datenverarbeitung im Konstruktionsbereich des Maschinenbaus, VDI-Zeitschrift, Band 119, Nr. 1/2 (Jan. 1977), pp. 9-16

<SENKO/ALTMAN/ea73>   Senko, M.E.; Altman, E.B.; Astrahan,
M.M.; Fehder, P.L.: **Data Structures and Accessing in
Data-Base Systems**, IBM System Journal, No. 1 (1973), pp.
30-93

<SEPP83>   Benutzerhandbuch GRIBS, **Grafisch-Interaktives
Basissystem**, S.E.P.P. GmbH, 8551 Röttenbach, Sandstr. 18
(1983)

<SHNEIDERMAN80>   Shneiderman, B.: **Software Psychology,
Human Factors and Information Systems**, Winthrop
Publishers, Cambridge (1980)

<SIDLE80>   Sidle, T.W.: **Weaknesses of Commercial Data
Base Management Systems in Engineering Applications**,
Proc 17th Design Automation Conf., Minneapolis (1980),
pp. 57-61

<SIEMENS79>   Softwareprodukt IGS (BS2000), **Interaktives
grafisches System, Benutzerhandbuch**, Siemens AG (1979)

<SIGART80>   ACM SIGART Newsletter, No. 70 (Feb. 1980),
Special Issue on Knowledge Representation

<SMITH/SMITH77a>   Smith, J.M.; Smith, D.C.P.: **Database
Abstractions: Aggregation and Generalization**, ACM Transactions on Database Systems, Vol. 2, No. 2 (June 1977),
pp. 105-133

<SMITH/SMITH77b>   Smith, J.M.; Smith, D.C.P.: **Database
Abstractions: Aggregation**, Comm. of the ACM, Vol. 20,
No. 6 (June 1977), pp. 405-413

<SOFTWAREAG82>   ADABAS Reference Manual, Software AG,
Hilpertstr. 20, D-6100 Darmstadt (1982)

<SPUR/KRAUSE76>   Spur, G.; Krause, F.-L.: **Erläuterungen
zum Begriff "Computer-Aided Design"**, Zeitschrift für
wirtschaftliche Fertigung, Band 71, Heft 5 (1976), pp.
190-192

<SPUR/MAYR78>   Spur, G.; Mayr, R.: **Mathematische Ver-
fahren zur Berechnung der Durchdringungskurven von Bauteilen in CAD-Systemen**, Zeitschrift für wirtschatfliche
Fertigung, Band 73, Heft 11 (1978), pp. 570-573

<SPUR80>   Spur, G.: **Rechnerunterstützte Zeichnungs-
erstellung und Arbeitsplanung**, Carl Hanser Verlag (1980)

<SRIHARI81>   Srihari, S.N.: **Representations of Three-Dimensional Digital Images,** ACM Computing Surveys, Vol. 13, No. 4 (1981), pp. 399-424

<STONEBRAKER/ea76>   Stonebraker, M. et al.: **The Design and Implementation of INGRES,** ACM Transactions on Database Systems, Vol. 1, No. 3 (1976), pp. 189-222

<STONEBRAKER80>   Stonebraker, M.: **Operating System Support for Data Base Management,** Univ. of California, Berkeley, College of Engineering, Electronics Research Labaratory, Memorandum No. UCB/ERL M80/47 (Nov. 1980), auch: Comm. of the ACM, Vol. 24, No. 7 (July 1981), pp. 412-418

<STONEBRAKER/ROWE82>   Stonebraker, M.; Rowe, L.A.: **Database Portals: A New Application Program Interface,** Univ. of California, Berkeley, College of Engineering, Electronics Research Labaratory, Memorandum No. UCB/ERL M82/80 (Nov. 1982)

<STONEBRAKER/KALASH82>   Stonebraker, M.; Kalash, J.: **TIMBER: A Sophisticated Relation Browser,** Proc. 8th Intern. Conf. on Very Large Data Bases, Mexico City (Sept. 1982)

<STONEBRAKER/RUBENSTEIN/ea83>   Stonebraker, M.; Rubenstein, B.; Guttman, A.: **Application of Abstract Data Types and Abstract Indices to CAD Data Bases,** Univ. of California, Berkeley, College of Engineering, Electronics Research Labaratory, Memorandum No. UCB/ERL M83/3 (Jan. 1983), auch: Proc. ACM SIGMOD Conf. (1983), Engineering Design Applications, pp. 107-113

<SUCHER/WANN79>   Sucher, D.J.; Wann, D.F.: **A Design Aids Data Base for Digital Components,** Proc. 16th Design Automation Conf., San Diego (1979), pp. 414-420

<TAYLOR/FRANK76>   Taylor, R.W.; Frank, R.L.: **CODASYL Data-Base Management Systems,** ACM Computing Surveys, Vol. 8, No. 1 (March 1976), pp. 67-103

<THURNHERR80>   Thurnherr, B.: **Konzepte und Sprachen für den Entwurf konsistenter Datenbanken,** Dissertation, ETH Zürich (1980)

<TILOVE80>   Tilove, Robert Bruce: **Set Membership Classification: A Unified Approach to Geometric Intersection Problems,** IEEE Transactions on Computers, Vol. C-29, No. 10 (Oct. 1980), pp. 876-883

<TILOVE/REQUICHA80>   Tilove, R.E.; Requicha, A.A.G.:
    Closure of Boolean Operations on Geometric Entitites,
    Computer-Aided Design, Vol. 12, No. 5 (Sept. 1980), pp.
    219-220

<TJALVE75>   Tjalve, E.: Die Gestaltungsstadien im Kon-
    struktionsprozeß, Konstruktion Band 27, Heft 12 (1975),
    pp. 492-498

<TRAIGER82>   Traiger, I. L.: Virtual Memory Management
    for Database Systems, IBM Research Report RJ3489, San
    Jose, Cal. (1982), auch: ACM SIGOPS (1983)

<TRAIGER83>   Traiger, I.L.: Trends in Systems Aspects of
    Database Management, IBM Research Report RJ3845, San
    Jose, Cal. (1983)

<ULFSBY80>   Ulfsby, S.: TORNADO User's Guide, TORNADO
    Implementation, SI, Central Institute for Industrial
    Research, Oslo (Sept. 1980)

<ULFSBY/MEEN/ea81>   Ulfsby, S.; Meen, S.; Oian, J.:
    TORNADO: A DBMS for CAD/CAM Systems, Computer-Aided
    Design, Vol. 13, No. 4 (July 1981), pp. 193-197

<ULFSBY/MEEN/ea82a>   Ulfsby, S.; Meen, S.; Oian, J.:
    TORNADO: A DBMS for CAD/CAM Systems, Proc. IFIP WG5.2
    Conf. on File Structures and Data Bases, Seeheim, North-
    Holland Publ. Comp. (1982), pp. 335-346

<ULFSBY/MEEN/ea82b>   Ulfsby, S.; Meen, S.; Oian, J.:
    TORANDO: A Data-Base Management System for Graphics
    Applications, IEEE Computer Graphics and Applications,
    Vol. 2, No. 3 (May 1982), pp. 71-79

<ULLMAN80>   Ullman, J.D.: Principles of Database Systems,
    Pitman Publ. Ltd. (1980)

<VALLE77>   Valle, G.: Relational Data Handling Techniques
    in Computer Aided Design Procedures, Proc. IFIP Working
    Conf. on Computer-Aided Design Systems (1977), Allan,
    J.J. (ed.), "CAD Systems", North-Holland Publ. Comp.,
    pp. 309-318

<VAX>   VAX Architecture Handbook, VAX Hardware Handbook,
    VAX Software Handbook, Digital Equipment Corp.

<VDI75>   Elektronische Datenverarbeitung bei der Pro-
duktionsplanung und -steuerung III, Informations- und
Stücklistenwesen, VDI-Verlag, 2. Auflage (1975)

<VDI2210>   Analyse des Konstruktionsprozesses in Hinblick
auf den Rechnereinsatz, VDI Richtlinie 2210

<VDI2222>   Konstruktionsmethodik, VDI Richtlinie 2222

<VDI2223>   Begriffe und Bezeichnungen im Konstruktions-
bereich, VDI Richtlinie 2223

<VOELCKER/REQUICHA77>   Voelcker, H.B.; Requicha, A.A.G.:
Geometric Modeling of Mechanical Parts and Processes,
IEEE Computer, Vol. 10, No. 12 (1978), pp. 48-57

<VOELCKER/REQUICHA/ea78>   Voelcker, H.; Requicha, A.A.G.
et al.: The PADL-1.0/2 System for Defining and
Displaying Solid Objects, Computer Graphics, Vol. 12,
No. 3 (1978), pp. 257-263

<WARMAN79>   Warman, E.A.: Computer Aided Design Problems
for the 80's, Proc. EURO-IFIP (1979), Samet, P.A. (ed.),
North-Holland Publ. Comp., pp. 499-502

<WECK79>   Weck, G.: A Graphic System Utilizing an
Associative Data Structure, Computers and Graphics, Vol.
4, No. 1 (1979), pp. 43-50

<WEDEKIND81>   Wedekind, H.: Datenbanksysteme I, B.I.
Wissenschaftsverlag, 2. Auflage (1981)

<WEDEKIND/MÜLLER81>   Wedekind, H.; Müller, Th.:
Stücklistenorganisation bei einer großen Variantenzahl,
Angewandte Informatik Band 9 (1981), pp. 377-383

<WELLER/WILLIAMS76>   Weller, D.; Williams, R.: Graphic
and Relational Data Base Support for Problem Solving,
Proc. ACM SICGRAPH Conf. (1976), Computer Graphics, Vol.
10, No. 2, pp. 183-189

<WELLER/CARLSON/ea79>   Weller, Dan; Carlson, Eric;
Giddings, Gary; et al.: Software Support for Graphical
Interaction, IBM Research Report RJ2670, San Jose, Cal.
(1979), auch: IBM Systems Journal, Vol. 19, No. 3
(1980), pp. 314-330

<WELLER82>   Weller, D.L.: **A Relational Representation** of an **Abstract Type System,** IBM Research Report RJ3503, San Jose, Cal. (1982)

<WESLEY80a>   Wesley, M.A.: **Construction and Use** of **Geometric Models,** in: Computer Aided Design: Modelling, Systems Engineering, CAD-Systems, Lecture Notes in Computer Science, Vol. 89, Springer Verlag (1980), pp. 2-78

<WESLEY80b>   Wesley, M.A.: **High Level Languages and Modeling,** IBM Research Report RC8195, Yorktown Heights, N.Y. (1980)

<WESSEL/STEUDEN80>   Wessel, H.J.; Steuden, M.: **Gegenüberstellung von Systemen zur automatischen Arbeitsplanerstellung,** VDI-Zeitschrift, Band 122, Nr. 8 (April 1980), pp. 302-310

<WESTERMANN80>   Westermann, A.: **Graphische Datenverarbeitung im Konstruktionsbüro,** IBM Nachrichten, 30. Jahrgang, No. 248 (Feb. 1980), pp. 61-67

<WILLIAMS71>   Williams, R.: **A Survey of Data Structures for Computer Graphics Systems,** ACM Computing Surveys, Vol. 3, No. 1 (March 1971), pp. 1-21

<WILLIAMS74>   Williams, R.: **On the Application of Relational Data Structures in Computer Graphics,** Proc. IFIP Conf. (1974), pp. 722-726

<WINGERT80>   Wingert, B.: **Auswirkungen des technischen Wandels auf berufliche Qualifikationen am Beispiel von CAD,** 10. Jahrestagung der Gesellschaft für Informatik, CAD-Fachgespräch, Informatik Fachberichte 34 (1980), Springer Verlag, pp. 146-160

<WIRTH82>   Wirth, N.: **Programming in MODULA-2,** Springer Verlag (1982)

<WOLFE79>   Wolfe, R.N.: **3D Geometric Databases for Mechanical Engineering,** Proc. "Data Base Techniques for Pictorial Applications, Florenz (1979), Lecture Notes in Computer Science, No. 81, Springer Verlag, pp. 253-261

<WOO77>   Woo, T.C.: **Progress in Shape Modeling,** IEEE Computer, Vol. 10, No. 12 (1977), pp. 40-46

<WOODFILL/SIEGEL/ea81>   Woodfill, J.; Siegal, P. et al.:
   INGRES Version 7 Reference Manual, Univ. of California,
   Berkeley, College of Engineering, Electronics Research
   Labaratory, Memorandum No. UCB/ERL M81/61 (Aug. 1981)

<ZEHNDER81>   Zehnder, C.A.: Informationssysteme und
   Datenbanken, Verlag der Fachvereine, Zürich (1981)

<ZINTL81>   Zintl, G.: A CODASYL CAD Data Base System,
   Proc. 18th Design Automation Conf. (1981), pp. 589-594

<ZLOOF75>   Zloof, M.M.: Query-by-Example: Operations on
   the Transitive Closure, IBM Research Report RC5526,
   Yorktown Heights, N.Y. (1975)

Informatik-Handbücher

Herausgegeben von R. Gnatz im Auftrag der
Gesellschaft für Informatik e. V.

CAD-Handbuch

Auswahl und Einsatz von CAD-Systemen

Herausgeber: **J. Encarnação, H. E. Hellwig,
E. Hettesheimer, W. F. Klos, S. Lewandowski,
L. A. Messina, W. Poths, K. Rohmer, H. Wenz**

1984, 102 Abbildungen, XXIII, 230 Seiten
Gebunden, DM 98.–,
ISBN 3-540-13797-2

Dieses Handbuch versteht sich als ein Leitfaden
der Einführung von CAD-Systemen. Es nennt
die Kriterien für die Auswahl und Bewertung von
CAD-Systemen, untersucht die Integrationsmög-
lichkeiten von CAD-Systemen bei unterschied-
lichen gegebenen Randbedingungen und
beschreibt die richtige Vorgehensweise bei der
Einführung des einmal gewählten, unter-
nehmensadäquaten CAD-Systems.

Befaßt mit der Einführung von CAD-Systemen
sind Fachleute aus den Bereichen Konstruktion,
Organisation und Datenverarbeitung. Sie vor
allem sind die Adressaten dieses Handbuchs.
Aus demselben Personenkreis stammen auch die
Handbuchautoren, die es sich zur Aufgabe
gemacht haben, eine an den Bedürfnissen des
Praktikers orientierte Anleitung zu entwickeln.

Springer-Verlag
Berlin
Heidelberg
New York
Tokyo

EurographicSeminars

Tutorials and Perspectives in Computer Graphics
Editors: **G. Enderle, D. Duce**

Eurographics Tutorials '83

Editor: **P. J. W. ten Hagen**
1984. 164 figures. XI, 425 pages
Soft cover DM 98,-. ISBN 3-540-13644-4

Contents: Introduction to Computer Graphics (Part I). – Introduction to Computer Graphics (Part II). – Introduction to Computer Graphics (Part III). – Interactive Techniques. – Specification Tools and Implementation Techniques. – The Graphical Kernel System. – Case Study of GKS Development. – Surface Design Foundations. – Geometric Modeling. – Fundamentals. – Solid Modeling: Theory and Applications.

The first issue of the **EurographicSeminars** series presents the Tutorial Notes from the 1983 EUROGRAPHICS conference held in Zagreb in September 1983. The first section contains a detailed introduction to computer graphics, its concepts, its methods, its tools, and its devices. This allows easy access to the field while at the same time providing an overview of computer graphic's current status.

The introduction is followed by a discussion of three major aspects of computer graphics:

- interactive techniques. An extremely active area of research, the developments in interactive techniques will have a major effect on user interface management in the near future.
- the Graphical Kernel System (GKS). GKS – the first computer graphics standard – is one of the most important software developments in recent years. Its principles, functions and interfaces are described, with case studies of implementations included.
- three-dimensional models. The contributions to this section help bridge the gap between theory and application in their consideration of implemented solutions to problems in surface design and solid modeling.

Detailed yet easily digested, authoritative and profusely illustrated, this premier volume in EurographicSeminars is the ideal introduction for newcomers to an increasingly important growth field.

Springer-Verlag
Berlin
Heidelberg
New York
Tokyo